文 革 ◎著

量化與細化
管理實踐

QUANTITATIVE AND REFINED MANAGEMENT

10餘年企業管理諮詢經驗積累，
提供192幅實用工具圖表，
幫助企業管理者實現量化與細化管理！

財經錢線

前言

對於大多數管理者來說，缺少的不再是先進的管理理念，而是能將這些理念付諸於行動的工具與方法。不管多麼先進的理念，如果沒有辦法應用於企業的管理實踐，都是「水中月，鏡中花」。

當一個企業的願景與戰略確定下來以後，需要思考的就是：企業自身的業務系統是什麼樣子的？如何與戰略匹配？基於這樣的業務系統應該建立怎樣的流程體系？完整的制度體系怎麼建立？與流程怎樣契合成為一個系統，而不是「兩張皮」？如何通過崗位管理支撐這樣的業務系統？如何通過績效管理實現企業的戰略目標？

基於此，筆者總結了十多年來企業管理諮詢的方法，以量化與細化管理為目標，側重於方法的應用，同時將管理理論滲透於概念的辨析與問題的分析當中，以「立足於實踐，又高於實踐」的視角撰寫了本書，期望在與讀者們共同總結實踐經驗的同時，提升對管理理論的認識，因為只有當實踐昇華為理論以後，才具有普遍價值，才能有效地得以傳播。本書具有以下幾個方面的特點。

1. 系統性。本書對企業管理的業務系統分析、流程管理、制度體系建立、崗位管理以及績效管理做了完整的梳理。這幾個方面是企業管理實踐中最重要的部分，也是最容易遇到問題的部分，同時，這幾個方面也是企業管理體系能夠系統成套的重要構成部分。業務系統分析是流程管理的基礎，是建立流程框架的前提；流程體系建立起來以後，企業必定需要對制度體系進行優化，與流程體系融合於一個系統內；所有的工作最終都會落實到組織中各個崗位，對崗位的管理涉及人員的數量、人員的發展以及人員的激勵等使人力資源增值的問題；最後，績效管理是推動所有目標得以實現的重要保證，但其又需要以崗位管理為支撐，才能實現有效且科學的管理。從業務系統分析到績效管理是一個

相互關聯的系統工程。

2. 方法論。本書對企業管理的定位就是在各個環節盡可能實現量化或細化。有一個誤區是將量化管理與細化管理的差異進行比較，這樣的比較就建立了一種對立。事實上，量化管理與細化管理是同一目標下兩種相互補充的問題處理方式。細化使量化更具體，量化使細化更有價值。同時，本書注重方法的應用，對具體問題的處理給出了常用解決方法，體現了管理方法論對於管理提升的支撐作用。

3. 實踐性。本書基於實踐給出了大量的工具表格和具體示例，有助於讀者對方法的理解。讀者在對這些工具表格或示例的深入理解基礎上，可以根據企業的實際情況稍作改動即可使用。為了便於理解，書中的示例主要基於中小企業，而對於大型企業或集團企業則需要增加更多內容，比如對於業務系統圖及流程框架，大型企業與集團企業的分級會更多。同時，本書對實踐中被忽略但又重要的問題做了梳理，比如在建立制度體系時，制度書寫的格式、規範問題。這些問題看似很小，但體現了企業管理細節，並進一步影響執行力。「規範的行為應從規範的制度開始」，這也是細化管理的重要體現。

4. 理論性。剛才說了實踐性，這裡怎麼又談到了理論性？事實上，理論與實踐並不衝突，筆者在多年的管理諮詢中發現：一方面，很多管理者對管理理論是渴求的，他們都需要「知其然」，並且「知其所以然」；另一方面，一些管理者由於概念模糊，陷於困惑中，使得出抬的管理制度或措施混亂，導致其可操作性下降。比如行為指標、業績指標、績效計劃、績效考核，這些概念不清晰的話，績效管理體系建設就會混亂。因此，本書在實踐內容的基礎上，會對一些關鍵的名詞或術語給出定義。

5. 時代性。這是一個快節奏、大信息量的時代，很多人已經沒有時間或

习惯去逐字逐句读一本书了，为此，书中有大量的图示方便读者快速阅读。如果读者只是想泛泛地瞭解某个问题，只需要看图示就可以了，这样可以节约大家的时间。同时，在构建本书的章节时，为了清晰明了，每一章就是一个大的管理项目，并且尽可能突出重点，各章之间相对独立，读者可以选择感兴趣的任何一章开始阅读，基本上不会影响阅读理解。

　　本书适用於企业高层管理者，有助於管理者瞭解企业整体管理系统的内容，形成量化与细化管理的意识；本书适用於从事具体管理工作的管理人员，特别是企业战略管理、人力资源管理、行政管理人员；

目錄

第一章　對量化與細化管理的理解／1

1.1　量化管理／1

　　1.1.1　怎麼理解量化管理／1

　　1.1.2　怎樣理解量化分析／4

1.2　細化管理／5

　　1.2.1　怎樣理解細化管理／5

　　1.2.2　細化管理的途徑／6

1.3　企業管理系統的量化與細化／7

第二章　業務量化：分解業務系統／9

2.1　業務與業務模式／9

2.2　運用價值鏈分解業務的方法／10

　　2.2.1　價值鏈分析的特點／12

　　2.2.2　價值鏈分析法分解業務系統的步驟／13

2.3　業務量化分析的方法與工具／24

　　2.3.1　波士頓矩陣分析法／24

　　2.3.2　標杆分析／28

第三章　流程量化：流程分析與優化 / 30

3.1　流程的六要素 / 30
3.2　流程規劃 / 32
　　3.2.1　為什麼要做流程規劃 / 32
　　3.2.2　流程規劃的三大原則 / 34
　　3.2.3　流程規劃的量化方法 / 35
　　3.2.4　流程規劃的步驟 / 54
3.3　流程描述 / 59
　　3.3.1　什麼是流程描述 / 59
　　3.3.2　流程描述的方法 / 59
3.4　流程優化 / 63
　　3.4.1　流程優化的原則 / 63
　　3.4.2　流程分析 / 64
　　3.4.3　流程優化技術 / 73
3.5　建立流程管理體系 / 80
　　3.5.1　流程運轉體系 / 81
　　3.5.2　流程管理組織體系 / 82
　　3.5.3　流程持續改進體系 / 85

附錄1　某企業完整的流程框架示例 / 90

附錄2　流程描述文件示例 / 97

第四章　管理制度細化：系統化與再造 / 102

4.1　對企業制度體系的理解 / 102

　　4.1.1　什麼是企業制度體系 / 102

　　4.1.2　企業生命週期與制度體系建設 / 103

　　4.1.3　企業制度體系與企業標準體系 / 105

　　4.1.4　企業管理體系 / 108

4.2　建立系統化的制度體系 / 109

　　4.2.1　企業制度管理中存在的問題 / 109

　　4.2.2　制度建設系統化的理念 / 111

　　4.2.3　制度體系框架設計 / 116

　　4.2.4　制度體系建立的步驟 / 120

4.3　基於流程的制度再造 / 125

　　4.3.1　怎樣理解制度與流程在企業中的作用 / 125

　　4.3.2　制度與流程的融合 / 127

4.4　規章制度編寫規範 / 129

4.4.1　編寫要求／129

　　4.4.2　格式規範／130

4.5　企業制度執行力的提升／132

　　4.5.1　企業制度執行力的影響因素／132

　　4.5.2　制度執行力量化分析／134

　　4.5.3　建立制度執行力的促進機制／136

　　4.5.4　「四化」提升／137

第五章　崗位量化管理／143

5.1　認識崗位管理／143

　　5.1.1　崗位管理的作用／143

　　5.1.2　崗位管理的內容框架／147

　　5.1.3　崗位管理應注意的幾個問題／148

5.2　崗位設置／150

　　5.2.1　對崗位設置的理解／150

　　5.2.2　崗位設置的影響因素／151

　　5.2.3　崗位設置的原則／153

　　5.2.4　崗位設置的方法／154

5.2.5　崗位分類 / 159

5.3　**崗位定責** / 160

　　5.3.1　崗位分析 / 160

　　5.3.2　崗位說明書編製 / 170

5.4　**定員管理** / 178

　　5.4.1　定員管理的影響因素 / 178

　　5.4.2　定員管理的原則 / 180

　　5.4.3　勞動定額管理 / 181

　　5.4.4　定員管理的量化方法 / 189

　　5.4.5　企業定員的新方法 / 194

5.5　**崗位評價** / 196

　　5.5.1　崗位評價的重要概念 / 196

　　5.5.2　崗位評價與薪酬設計的關係 / 197

　　5.5.3　崗位評價方法 / 200

　　5.5.4　崗位評價的步驟 / 211

5.6　**崗位體系** / 215

　　5.6.1　基本概念 / 215

　　5.6.2　崗位體系設計時應考慮的因素 / 216

5.6.3 崗位體系設計的步驟與方法 / 217

第六章　績效量化管理 / 222

6.1　績效管理概述 / 222

6.1.1　對績效的理解 / 222

6.1.2　對績效管理的理解 / 226

6.1.3　績效管理中容易出現的問題 / 229

6.2　績效指標體系 / 233

6.2.1　績效指標體系設計的步驟 / 233

6.2.2　目標分解的方法 / 234

6.2.3　指標篩選的方法 / 240

6.2.4　構建關鍵績效指標體系的方法 / 243

6.3　績效計劃管理 / 248

6.3.1　績效計劃對績效目標達成的支撐作用 / 248

6.3.2　績效計劃的內容 / 249

6.4　績效輔導 / 250

6.4.1　績效輔導的作用 / 251

6.4.2　績效輔導的時機 / 251

    6.4.3　績效輔導的主要內容 / 252
    6.4.4　績效輔導的方法 / 253
6.5　績效考核 / 256
    6.5.1　績效考核的週期 / 256
    6.5.2　績效考核的內容 / 257
    6.5.3　考核者的選擇 / 262
    6.5.4　績效考核時容易出現的誤差 / 263
6.6　績效考核結果的應用 / 266
    6.6.1　應用於績效改進 / 266
    6.6.2　應用於員工培訓 / 267
    6.6.3　應用於人員調配 / 268
    6.6.4　應用於薪酬管理 / 269
    6.6.5　應用於員工分析 / 270
6.7　績效管理體系設計 / 271

參考文獻 / 277

後記 / 278

第一章　對量化與細化管理的理解

1.1　量化管理

1.1.1　怎麼理解量化管理

小故事：有一天喬布斯走到為蘋果電腦設計操作系統的拉里面前，對他說，蘋果電腦開機速度慢，能不能將開機等待時間縮短10秒，拉里不理解地望著喬布斯。

喬布斯問拉里：「如果這能救人一命的話，你可以將系統啓動時間縮短10秒嗎？」

在得到肯定的答案後，喬布斯在白板上列出：如果蘋果電腦賣出500萬臺，而每天每臺機器開機多花費10秒，那加起來每年就要浪費大約3億分鐘，而3億分鐘至少相當於100個人的壽命！

通過這個簡單的公式，拉里徹底被震驚了。過了兩週，他把蘋果電腦的開機時間縮短了28秒。

當你在管理下屬時，是否也能像喬布斯這樣使用量化的方法，讓他們心悅誠服？

說起量化，都會將其與數量的多少、距離的長短、數字的大小之類具體的統計數據聯繫在一起。其實，不同的專業，量化的內涵是不一樣的。比如，在數字信號處理領域，量化是指將信號的連續取值近似為有限多個離散值的過程；而把量化放在股市上，則描述的是投資中模型與人的關係。

那麼，把量化放在管理中，又是什麼呢？

前麥當勞董事長兼 CEO 吉姆‧坎塔盧波先生是這樣評價他的成功秘訣的：「無論何時何地，無論何人來操作，產品無差異，品質無差異，我們有嚴格的量化操作手冊。」而被喻為全球企業管理者大學的寶潔公司 CEO 約翰‧白波先生在總結寶潔公司百年長青的原因時說道：「寶潔公司到現在已成功守業 160 年，許多人認為我們是一家神祕的公司，而現在我想告訴大家的是，它的神祕就是我們擁有一套客觀科學的量化管理系統。寶潔 160 多年來的成功正是源自這套不斷完善的量化管理系統。」

量化管理起源於美國，是一種系統的管理理論，其來源於國際先進的管理理念和全球著名公司的管理實踐。量化管理的理論基礎之一是科學管理理論，該理論提出了五項科學管理的原則，即：工時定額化、分工合理化、程序標準化、酬金差額化以及管理職能化。科學管理理論的鼻祖泰勒認為：「管理這門學問注定會具有更富於技術的性質。那些現在還被認為是在精密知識領域以外的基本因素，很快都會像其他工程的基本因素那樣加以標準化，制成表格，被接受利用。」

量化管理的另一理論基礎是實證主義，其創始人是法國哲學家、社會學家奧古斯特‧孔德（Auguste Comte, 1798—1857）。孔德認為實證的精神和作為實證方法的「客觀方法」，不僅是一切自然科學，而且也是一切社會科學的指導精神和基本方法，要求社會科學能夠像自然科學那樣具有可確定、可證實的特性。「某一學科要成為科學，就必須採用自然科學的研究方法。」按照實證主義的思想，在管理過程中盡量強調剛性管理原則，嚴格遵守規章制度，盡量避免思想、情感、意志等人為因素對管理的影響。

除科學管理和實證主義外，量化管理還直接受到科學主義思潮的影響。科學主義是現代西方兩大哲學思潮之一，科學主義在方法論上的主要觀點是崇尚客觀、精確、量化。在科學主義的影響下，量化管理注重吸收和借鑑自然科學的方法和手段來解決管理問題，把管理活動抽象成數學模型，運用各種數學方法對管理結果進行統計、計算、分析，追求管理結果的可量化和精確化，這些都在一定程度上促進了管理的科學性、嚴謹性。

由此，量化管理實際上是一種以科學管理為理論依據，以實證主義為指導思想，以量化分析為基礎方法論，以追求精確、定量、客觀為目標的管理方法。**量化管理就是要將複雜的事情結構化，重複的事情標準化，關鍵的事情精益化**。要讓量化管理成為管理者的管理理念、管理方法，企業的一種管理文化，通過提升組織的管理系統，優化管理模式，改善員工的素養，從整體上提升企業效益。

➤**複雜的事情結構化**。當我們面對複雜的事情時，難免會出現處理遺漏、考慮不周的情況，會將注意力放在自己熟悉或重視的幾個點上，使管理出現缺失。結構化就是在分析解決問題時，以一定的規範樣式、流程順序進行，以假設為先導，對問題進行界定，假設並羅列問題構成的要素，其次對要素進行合理分類，形成要素之間的相互聯繫、相互作用的框架。在分類的基礎上，對重點分類進行深入的分析，尋找對策。

例如，平衡計分卡就是一個很好的結構化工具，它從財務、客戶、內部營運、學習與成長四個方面圍繞公司戰略進行分解，將複雜龐大的戰略規劃系統分成四類，再分別設置落地指標。

➤**重複的事情標準化**。標準化就是對企業生產經營活動範圍內的重複性事情，制定統一的流程、規範或要求，形成企業的技術標準、管理標準、工作標準。標準化是合理利用資源、節約能源原材料的有效途徑。隨著科學技術的發展，生產的社會化程度越來越高，生產規模越來越大，技術要求越來越複雜，分工越來越細，生產協作越來越廣泛，這就要求必須通過制定和使用標準，來保證各生產部門的活動，在技術上保持高度的統一和協調，以使生產正常進行。

➤**關鍵的事情精益化**。為什麼只針對關鍵事情？二八原理告訴我們：在投入和產出、努力與收穫、原因和結果之間，普遍存在著不平衡關係。少的投入，可以得到多的產出；小的努力，可以獲得大的成績；少數關鍵事情，往往是決定整個組織的產出、盈利和成敗的主要因素。往往在企業的管理中，重要的因素只占少數，而不重要的因素則占多數，只要能控制具有重要性的少數因素就能控制全局。精益化要求企業的各項活動都必須運用「精益思維」。精益化的「精」體現在質量上，是追求盡善盡美和精益求精；「益」體現在成本上，就是少投入、少消耗資源，尤其是要減少不可再生資源的投入和耗費，多產出效益，實現企業又好又快的發展。精益化的核心就是要以最小的投入，包括人力、物力、資金、時間，創造出盡可能多的價值，為顧客提供新產品和及時的服務。

量化管理以明確的量化標準代替了定性、模糊的管理標準，改變了原有主觀的管理方式。它以量化的數據作為管理的基礎，將量化標準貫穿於組織管理的全過程，使管理更科學和精確。量化管理從企業戰略目標出發，利用科學的分解方法，分析與明確實現目標的主要工作有哪些，進而通過對主要工作分類，建立起工作之間的關聯，在組織的每個員工的工作與組織目標之間建立起清晰的量化關係。

1.1.2 怎樣理解量化分析

小故事：每個父親都關心自己的孩子，尤其關心孩子的身體健康和安全。為了有效衡量孩子的安全與採取預防措施，湯姆使用了 FEMA 分析方法，對孩子上學路上的風險做了量化分析，並在分析的基礎上，採取了必要的措施。

湯姆想到孩子上學路上可能會貪玩，造成遲到，被老師處罰，因而耽誤學習，湯姆認為發生的可能性較大，他選擇發生頻率 OCC = 5 或 6；他也想到了路上有一個馬路需要孩子橫穿過去，發生交通事故的可能性也有，當然不是很大，湯姆認為 OCC = 3 或 4。當然還有其他可能發生的事情，但發生的可能性都非常小，湯姆認為 OCC = 1 或 2，所以不再考慮。

接著湯姆分析，上學遲到是一件風險不是很大的事情，僅僅影響學習而已，他認為嚴重性 Sev = 4 或 5，而發生交通事故的確是個大問題，他將嚴重性 Sev 設定為 S = 9 或 10。

接下來湯姆開始尋找對策，如何不讓上述情況發生，或一旦發生後損失如何降至最小。

當然最好的辦法是父親每天送孩子上學，可是湯姆因為工作原因做不到這樣，最後湯姆想出了辦法，他每天寫一個紙條讓孩子交給老師簽字，這樣湯姆就可以監控孩子每天是否按時到學校，湯姆認為探測度非常高，確定 D = 3 或 4；湯姆為孩子選擇了一條可以不橫穿馬路的上學路徑，從而使交通事故發生的可能性降到很低，湯姆確定它的發生度為 O = 1。

在理解量化分析前，先說說下面要用到的兩個關鍵詞「數據」與「信息」的含義，因為它有助於我們對量化分析的理解。嚴格意義上，信息包括數據，有定義指出，信息是處理過的數據。但是在這裡，數據表示的是用數字或常量來表示的精確數值；而信息是指一種無法用精確的數值表述的狀態。

在企業管理中的量化分析不是只針對一堆數據的計算，數據計算只是一個方面。**量化分析還包括對信息的處理，對事件的細化與說明。** 因為，有許多的管理過程或結果，是不能用一個具體的數據來表達的。比如，一個銷售員接受培訓後的改變，其中，由培訓導致的業績提升，可以用數據表示；由培訓導致的行為與態度改變，就無法用數據來描述。這時，就需要收集培訓後該銷售員的行為與態度改變的信息，把信息細化後，與培訓前的行為與態度信息進行對比分析，才能得出結論。

量化分析就是對數量特徵、數量關係與數量變化的分析。量化分析的前提是有明確的目標，有需要解決的問題，我們通常把這些需要解決的問題稱為客

戶需求，這裡的「客戶」是廣義的，包括內、外部客戶，外部客戶不用多解釋，大家都理解；對於內部客戶需要多說兩句，內部客戶包括企業的各個部門、員工、上級領導甚至股東，如果放在流程中，我們會說下一個活動是上一個活動的客戶。關注客戶的需求是管理的核心，因此，企業管理中的量化分析目標，也就是為了滿足客戶的需求。量化分析的過程如圖1-1所示。

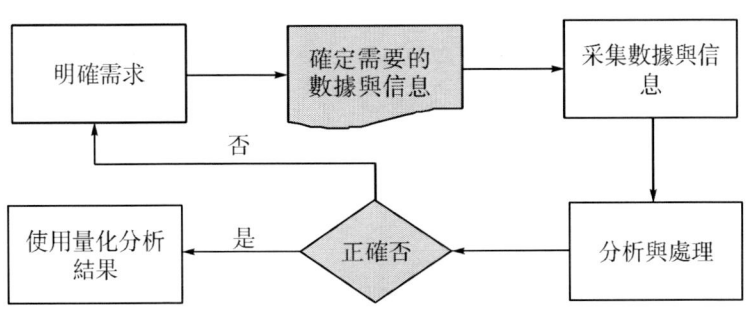

圖1-1　量化分析的過程

用於量化分析的數據或信息，可能是企業日常經營管理中累積，直接可以獲取的，也可能是不能直接獲取，需要轉化或計算；另一種可能是，這些數據與信息並不是企業自己能夠累積的，比如客戶滿意度，這時需要使用調查的方式獲得。

1.2　細化管理

1.2.1　怎樣理解細化管理

細化管理也就是精細化管理，它既是一種管理理念也是一種管理方式，建立在規範化、程式化、標準化的基礎上，使管理更加系統與精細，以實現更加高效的組織管理。「精」可以理解為精益求精；「細」可以解釋為細緻入微。精細化管理最基本的特徵就是重細節、重過程、重基礎、重具體、重落實、重質量、重效果，專注地做好每一件具體事情。**精細化管理使管理目標更精準、過程更精細、結果更精確**，從而降低管理成本，提高管理效益。

精細化管理依託於組織的常規管理，同時又將常規管理向縱深推進，借助於統計分析、信息化、數字化等手段，將精細化管理的理念落實到管理的每一個環節中，要求企業對經營管理全過程實現精細管理，使工作效率、工作質量與管理水準得到有效提高，確保企業在激烈的市場環境中獲得有效的競爭能

力。精細化管理特別強調細節、強調服務、強調規則、強調系統，可以簡單用「五精四細」來概括它的基本特徵。

精細化是一種意識、一種觀念、一種認真的態度、一種做事的方法，也是一種精益求精的文化。精細化管理的特點體現在「五精四細」九個方面，其中的「五精」主要是指：精華、精髓、精品、精通與精密。

➢精華：就是要提煉企業文化與企業宗旨，並建立推行與貫徹機制。

➢精髓：就是要熟練掌握與實踐成熟系統的管理理論與方式。

➢精品：是指產品與服務質量的精品屬性、精品策略，要促進企業保有核心競爭力。

➢精通：就是客戶及市場溝通的途徑要通暢、高效。

➢精密：就是企業內各部門之間配合與協作、市場與企業之間的溝通、客戶與企業往來之間的聯繫緊密。

「四細」則是指目標定位、崗位職責、管理環節、制度訂立要細分。

➢目標定位細分：就是要瞭解市場與客戶需求，對細分市場、市場定位與產品定位要清楚、明確。

➢崗位職責細分：就是要建立崗位職責體系，規定各管理節點崗位人員的崗位責任、工作標準。

➢管理環節細分：就是要建立目標責任體系，分解企業的戰略目標，細分到各個部門、各個崗位，設定績效目標、評價目標落實情況，對過程管理的跟蹤與指導。

➢制度訂立細分：建立管理制度體系，以系統的觀念與方法建立管理制度，確保管理體系完整、全面、無死角，並採取針對措施，確保制度的執行有效地落到實處。

1.2.2　細化管理的途徑

細化管理的目標是將模糊的工作明確化，明確的工作流程化，流程的工作數量化，數量的工作信息化。這四個方面層層遞進，共同構成了精細化管理的基本體系。

➢模糊的工作明確化。管理工作紛繁複雜，需要進行提升和改進的方面很多，但不可能對每一項工作都實施精細化管理，而必須進行篩選，選擇重要的工作作為管理對象，將模糊的管理工作分解成一些明確的管理元素，如人力資源管理、質量管理、預算管理、採購管理、合同管理、設備管理、生產管理、安全管理等。詳細定義這些管理元素，並制定相應的制度，細化相應的管理方

案從而實現精細化管理。

> **明確的工作流程化**。對管理要素實施流程化管理是實現精細化管理的第二個目標，將管理的責任進行具體和明確，並落實到位。流程管理的一種重要工具是流程圖，通過其可以更加清晰地認識到各個工作環節，各環節之間的流轉關係以及各環節的相關負責單位也有更明確的認識。流程圖最大的作用是將隱形的工作變得明確，使相關責任人就流程達成共識，避免因對流程的認識不清和認識不一而造成的效率低下現象出現。同時，還要從時間成本和服務的角度進行分析，根據分析結果使流程得以改進或改造，實現管理的精細化。

> **流程的工作數量化**。對管理工作建立流程體系之後，需要對流程進行量化分析與監控，首先要設置流程的度量指標，通過對指標的觀測，衡量精細化管理的成效，並根據指標結果，分析未達到預期的原因，採取相應的措施，對管理方式進行改進，提升管理效果。

> **數量的工作信息化**。信息化是精細化管理成功執行的技術保障，而信息化的建立需要清晰、規範、標準的管理規則。信息化把溝通效率進一步提高，使數據實現共享，讓監控變得容易，管理效率得到了提高等，優化了管理流程，拓展了流程管理的空間，促進了流程管理的實現，最終實現精細化管理。

1.3　企業管理系統的量化與細化

　　企業的戰略制定是企業實現理想的必經之路，在制定與選擇戰略的過程中需要量化分析企業的內部優勢與劣勢，比較外部的機遇與挑戰，明確企業的戰略目標，將戰略轉化為行動。為了實現戰略目標，需要明確企業在一段時期內的商業模式，即：同行業企業之間、企業的部門之間、企業與顧客之間、企業與渠道之間的交易關係和合作方式應該是怎樣的。例如，企業是只做研發和生產，不做銷售，還是研發、生產與銷售都做，如果要做銷售，是只做渠道，還是要做到終端客戶。

　　不同的商業模式，其業務系統也有較大的差異，同時，需要設計不同的核心流程和組織架構與之匹配。

　　當組織架構確定以後，就需要設定部門目標，界定管理內容，形成系統的崗位管理，使工作與崗位關聯，崗位與人關聯，人與組織發展關聯。

　　企業的各項工作能夠有序運轉，就需要分解細化工作計劃、檢查工作完成情況、分析成果偏差及其產生的原因，及時調整與糾正，防止偏差再度發生，

從而按照 PDCA 的過程持續提升。

企業管理系統細化如圖 1-2 所示。

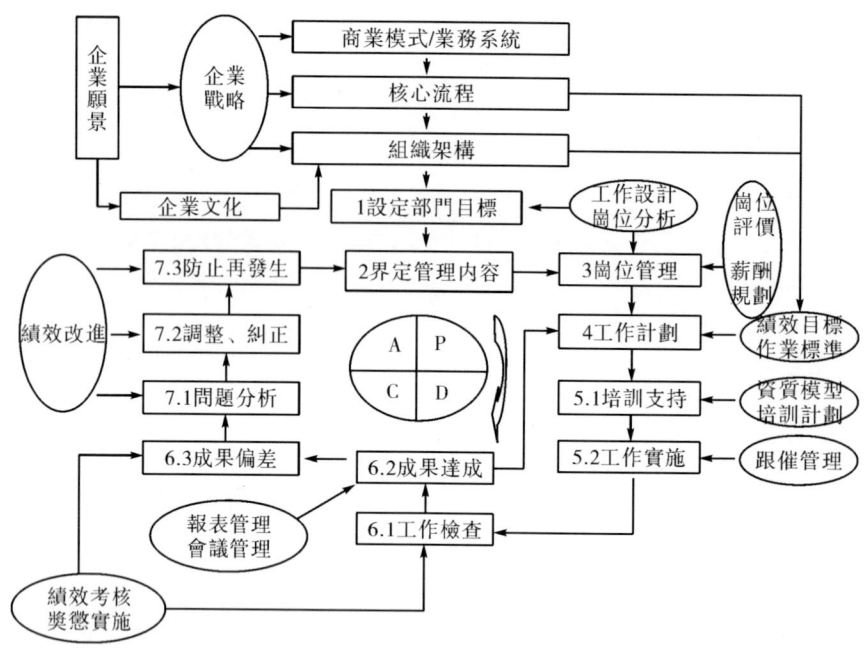

圖 1-2　企業管理系統細化

企業的業務系統、流程、制度體系、崗位管理、績效管理是企業實現戰略的重要組成部分，也是量化與細化管理的關注重點。下面幾章將分別有針對性地描述業務系統、流程、崗位管理、績效管理的量化與細化方法。

第二章　業務量化：分解業務系統

2.1　業務與業務模式

商業模式的創新是互聯網時代最大的特點，商業模式的創新會帶來業務模式的創新，業務模式的創新又會帶來營運、管理機制的創新。由此，對業務與業務模式的分析成為落實商業模式的重要環節，通過對業務系統的分解，為流程架構與組織設計提供了依據。如圖 2-1 所示。

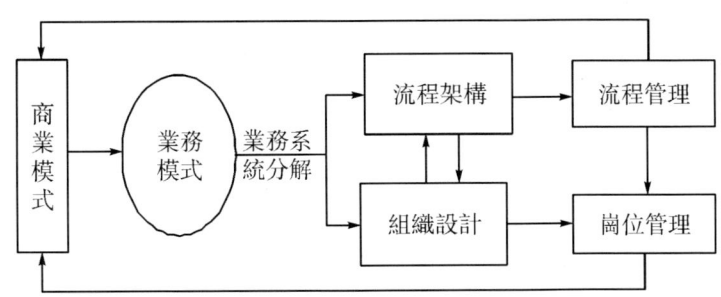

圖 2-1　業務模式對商業模式的支撐作用

什麼是業務？簡單說就是需要處理的一系列工作，開展任何一項業務的目的都是要實現企業的戰略，獲取利潤，終極目的是使企業不斷發展。業務直接支撐戰略的實施，本章將以生產型企業為例說明業務與戰略的關係。

一個或一組開展業務的方案就構成了業務模式。業務模式是企業所採取的獨特的、行之有效的產品或者服務提供方式，這種方式有效滿足了特定顧客的需求，構成企業核心的競爭優勢。業務模式可大可小，大則可以涵蓋整個公司的經營，類同商業模式；小則可以是一個業務領域，如行銷、研發、生產、服務等，也可以是某一個業務子域，如採購、配送、入庫等。業務模式本身沒有

好壞之分，但需要考慮其是否符合企業的實際，適合企業的資源現狀、發展階段以及戰略的業務模式就是好的業務模式。在確定業務模式時需要關注以下幾個要素。

➤ 要與外部環境相適應。外部環境是業務模式賴以生存和發展的土壤，業務所處的政治、經濟、法律、科技、文化環境以及業務所屬行業的發展前景，都會對業務模式產生巨大的影響。如果業務模式不能與其所處的外部環境相適應，甚至發生衝突，那麼無論其設計得多麼精巧細緻，都將難以獲得成功。

➤ 要與內部資源和能力相匹配。業務模式要達到成功僅僅能夠適應外部環境還不夠，還必須與自身所擁有的資源和能力相匹配，包括企業的資金實力、技術能力、人力資源情況、管理能力等。企業所擁有的資源和能力是業務模式成立的內在基礎和條件，它為業務的成長和發展提供了源動力，沒有這份動力，再好的業務模式也只能是無源之水、無本之木，終究難以取得成功。

➤ 與競爭對手保持一定的差異性。一方面，每個企業的成長背景、所處的環境、擁有的資源和能力都不盡相同，所以設計出的業務模式也應該不完全一樣。另一方面，業務模式越是獨特，越是與眾不同，其他企業越難以效仿，越容易形成競爭優勢，業務模式的盈利能力也越強。如果與其他企業的業務模式過於相似，就難免會與其他公司發生正面競爭，很容易最終走上價格戰。

➤ 要保持穩定性與動態性的平衡。穩定性是指企業的業務模式在一定時期內是固定的和基本不變的。一方面，一種業務模式要完全發揮出效果不是一朝一夕的事情，企業在確定了業務模式之後，應該集中各項資源去付諸實現，不能左右搖擺。另一方面，隨著企業的發展，競爭環境的變化，利潤的逐步下滑，原來的業務模式可能變得不再適用，企業需要重新設計業務模式，這就是業務模式的動態性。要保持業務模式在穩定性與動態性上的平衡，穩定是為了把現有能量全部發揮出來，動態變化是為了適應新的要求。

2.2 運用價值鏈分解業務的方法

為了使業務便於實施與執行，能夠按不同的專業屬性要求分配到不同的工作崗位，我們需要對業務進行分解，於是就形成了業務系統。業務系統不僅用於工作的分配，還可以指導企業的組織架構設計、流程框架建立、制度體系建設以及績效管理控制。

價值鏈分析法是一種量化分解業務的有效方法。

價值鏈分析法是由美國哈佛商學院教授邁克爾·波特提出來的，是運用系統性方法來考察企業各項活動和相互關係的工具。我們可以把企業創造價值的過程分解為一系列互不相同但又相互關聯的經濟活動，可稱之為「增值活動」，其總和即構成企業的價值鏈。任何一個企業都是其提供產品或服務所進行各項業務的聚合體。例如，一個銷售型企業，需要開展市場調查預測、渠道開發、市場行銷、售後服務等一系列業務，為了支撐這些業務還需要開展財務管理、人力資源管理、質量管理等業務，這些業務就是這一價值鏈條上的一個環節。企業的價值鏈及其開展單個業務的方式，反應了該企業的歷史、戰略、實施戰略的方式以及業務自身的主要經濟狀況。

　　企業一方面要創造顧客認為有價值的產品或服務，另一方面也需承擔各項價值鏈活動所產生的成本。企業經營的主要目標，在於盡量增加顧客對產品或服務所願支付的價格與價值鏈活動所耗成本間的差距（即利潤），一定水準的價值鏈是企業在一個特定產業內的各種業務的組合。

　　價值鏈的範圍從企業內部向前延伸到了供應商，向後延伸到了分銷商、服務商和客戶。這也形成了價值鏈中的業務之間、公司內部各部門之間、公司和客戶以及公司和供應商之間的各種關聯，使價值鏈中業務之間、企業內部部門之間、核心企業與節點企業之間以及節點企業之間存在著相互依賴的關係，進而影響價值鏈的業績。以商品從原材料到消費者手中的過程為例，其產業價值鏈到業務價值鏈的模型如圖 2-2 所示。

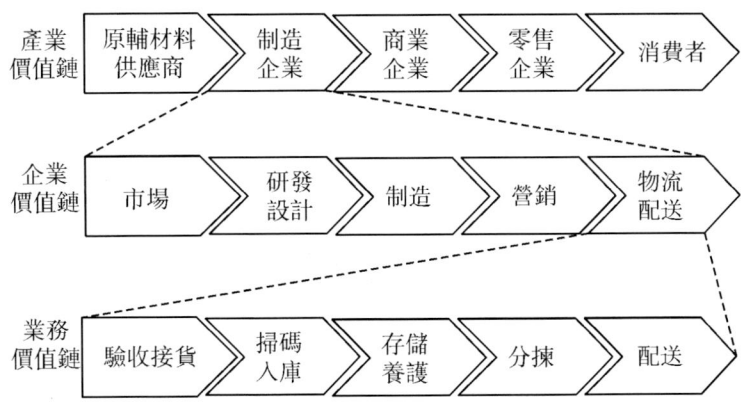

圖 2-2　從產業到企業、業務價值鏈模型

　　當整個產業發生變化時，企業價值鏈也會隨之發生變化，比如電子商務的普遍使用，使商業企業與零售企業的界限變得不那麼明顯，甚至使某些產業消失，產品從製造商直接到消費者。這時，企業的行銷與物流配送也會隨之發生

較大的變化。合理的價值鏈分析結果應該是價值創造、經濟活動以及利潤分配的完美匹配。

2.2.1 價值鏈分析的特點

1. 以價值為基礎

價值鏈分析的基礎是價值，其重點是價值活動分析，各種有價值的業務活動構成價值鏈。價值代表著客戶需求的滿足，企業圍繞價值增值開展各項業務活動。價值活動是企業所從事的經營、管理以及技術上界限分明的各項活動，它們是企業創造對客戶有價值的產品或服務的基石。

2. 業務活動分為基本活動和支持性活動兩種

基本業務活動是直接涉及產品製造或服務提供的各項活動，如生產、物流、銷售等。支持性業務活動是支持基本業務活動開展，為基本業務活動的實現提供支撐的各項活動。以某建築施工企業的價值鏈為例說明基本業務活動與支持業務活動，如圖2-3所示。

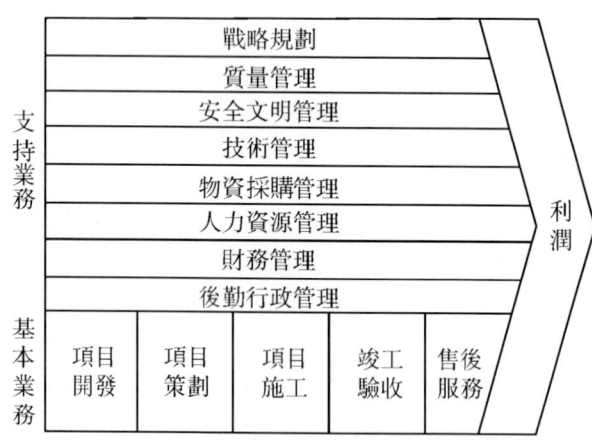

圖2-3 某建築施工企業價值鏈模型

有觀點認為：「並不是每個環節都創造價值，實際上只有某些特定的價值活動才真正創造價值。」另一些觀點指出：「只有基本業務才創造價值。」本書認為，**價值鏈上的所有業務都能創造價值，不同的是，基本業務產生的是直接價值，支持業務產生的是間接價值。**

3. 關注價值鏈的系統性

企業的價值鏈應體現在更廣泛的價值系統中，例如，供應商擁有創造和交付企業價值鏈所需要的外購輸入（上游價值）、產品通過渠道（下游價值）到

達顧客手中，這些處於產業價值鏈條上，相對於企業來說屬於外部的價值鏈，都在影響著企業的價值鏈。如圖 2-4 所示。

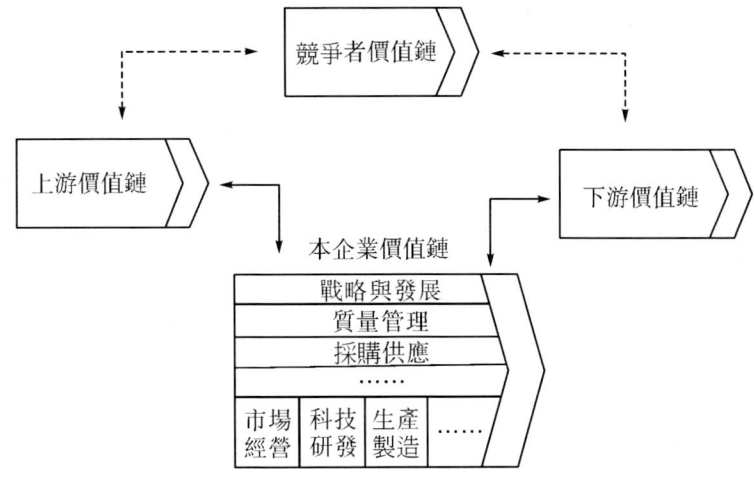

圖 2-4　價值鏈的系統性

4. 價值鏈的異質性

不同的產業具有不同的價值鏈。在同一產業，不同的企業的價值鏈也不同，這反應了他們各自的歷史、戰略以及實施戰略的途徑等方面的不同，同時也代表著企業競爭優勢的一種潛在來源。

2.2.2　價值鏈分析法分解業務系統的步驟

使用價值鏈分析法分解業務系統時需要進行產業價值鏈分析、企業戰略分析、企業價值鏈分析、業務分解、標杆分析五個步驟，如圖 2-5 所示。下面以某中藥飲片企業為例說明整個過程。

圖 2-5　使用價值鏈分析法分解業務系統的步驟

1. 產業價值鏈分析

產業價值鏈代表了產業層面上企業價值融合的整體價值系統，每個企業的價值鏈都被包含在更大的價值活動群中，以保證整個產業鏈的價值創造和實現。產業鏈的價值活動囊括了產業鏈中企業所有的價值活動，但這些活動並不是簡單的大雜燴，而是在產業鏈的價值組織形式下創造價值。在產業價值鏈形

成前，各企業的價值鏈是相互獨立的，彼此間的價值聯結是鬆散的。產業價值鏈的存在，是以產業內部的分工和協作為前提的，沒有分工，就無法區分各個價值增值環節，也就沒有價值鏈的存在。只有通過專業化分工，才能使價值鏈上的各部門充分發揮出各自所長，最終達到讓顧客享受更具有價值的產品或服務的目標。專業化的分工可以大大提高效率，擴大價值增值流量；而協作是產業價值鏈中各個價值增值環節得以連接和連續的必要條件。

中小企業一般只能從事產業價值鏈上的某一項或幾項工作，產業價值鏈上的分工越來越細化，產品的競爭力也就越來越強。同時，產業價值鏈中的專業化分工本身又具有「自我繁殖」能力。一是各行各業分工的內向發展，會為創造新的專業提供條件。產業價值鏈越長，技術上進行工序分解的可能性越大，垂直方向上的勞動分工有可能加長，這樣就能吸引眾多企業聚集在一起。二是分工度會隨技術的改進而深化。分工度的提高反過來會使專業內的技術效率提高。分工的內向和外向發展相互影響，效率與分工度的交互影響，構成企業的「自我繁殖」特性。產業價值鏈中的企業之間相互依存、相互制約，總是保持在一個適度的比例。任何一個企業都不再是孤立的，它的企業行為會影響其他企業，它自身也會受到其他企業活動的影響，這樣也促進了企業間的交流與協作。企業集中於產業鏈的一個或幾個環節，不斷優化內部價值鏈，獲得專業化優勢和核心競爭力，同時以多種方式與產業鏈中其他環節的專業性企業進行高度協同和緊密合作。

以中藥飲片為例，分析其產業價值鏈示例如圖2-6所示。

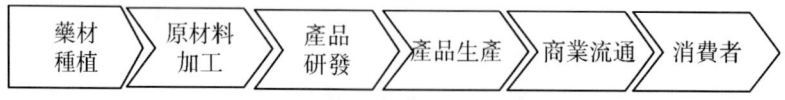

圖2-6　中藥飲片產業價值鏈示例

2. 企業戰略分析

企業戰略包括開發核心競爭力、獲取競爭優勢的一系列綜合的、協調的約定和行動。企業選擇了一種戰略，即在不同的競爭方式中做出了選擇。從這個意義上來說，戰略選擇表明了企業打算做什麼，以及不做什麼。企業戰略是設立遠景目標並對實現目標的軌跡進行的總體性、指導性謀劃，屬於宏觀管理範疇，具有以下特點。

➢指導性。企業戰略界定了企業的經營方向、遠景目標，明確了企業的經營方針和行動指南，並籌劃了實現目標的發展軌跡及指導性的措施、對策，在企業經營管理活動中起著導向的作用。

➢全局性。企業戰略立足於未來，通過對國際、國內的政治、經濟、文化、法律及行業等經營環境的深入分析，結合自身資源，站在系統管理高度，對企業的遠景發展軌跡進行了全面的規劃。

➢長遠性。企業戰略兼顧短期利益，著眼於長期生存和長遠發展的思考，確立了遠景目標，並謀劃了實現遠景目標的發展軌跡及宏觀管理的措施、對策。圍繞遠景目標，企業戰略必須經歷一個持續、長遠的奮鬥過程，除根據市場變化進行必要的調整外，制定的戰略通常不能朝令夕改，應具有長期的穩定性。

➢競爭性。競爭是市場經濟不可迴避的現實，也正是因為有了競爭才確立了戰略在經營管理中的主導地位。面對競爭，企業戰略通過內外環境分析，明確了自身的資源優勢，通過設計適合的經營模式，形成特色經營，增強企業的對抗性和戰鬥力，推動企業長遠、健康的發展。

➢系統性。立足長遠發展，企業戰略圍繞遠景目標設立了階段目標及各階段目標實現的經營策略，以構成一個環環相扣的戰略目標體系。

➢穩定性。企業戰略一經確定，在一個較長的時期內會保持不變（不排除局部調整）。

不同的企業可以根據其戰略定位選擇不同的環節開展業務，如 A、B、C、D、E 企業只選擇了產業價值鏈上的一個環節，G、F 企業選擇了其中的兩個環節，M、L 企業各選擇了其中的三個環節，H 企業在整個價值鏈的各個環節均開展了業務，如圖 2-7 所示。

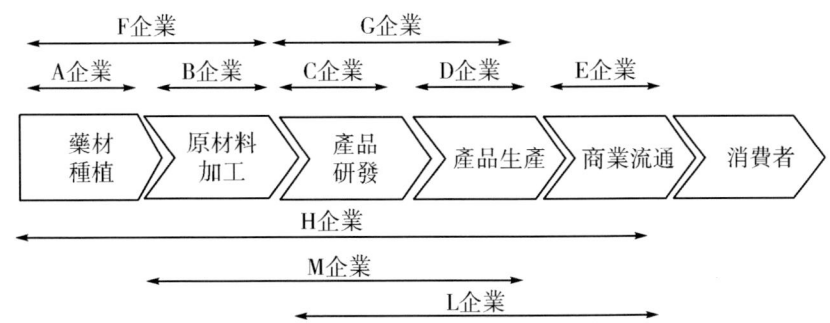

圖 2-7　企業根據其資源優勢確定在哪些環節開展業務

在進行企業戰略分析時，需要關注三個方面，一是企業的競爭戰略。企業的核心競爭力是什麼？區別於同行業其他類似企業所具有的不可替代或複製的優勢是什麼？二是企業的可持續發展戰略。企業未來業務增長點來自哪裡？可以從產業發展趨勢、區域發展定位、自身產品特點以及消費者需求變化等方面

進行分析。三是企業的戰略舉措。也就是為了達成以上所說的競爭優勢或可持續發展戰略，企業準備採取什麼措施，比如通過創新、人才引進、流程再造、組織架構調整等。

當然，存在這樣一種可能性，企業沒有明確的戰略，或者說戰略規劃沒有形成可見的文本，僅存在於公司高層的頭腦中。在這種情況下，需要對公司高層領導做深度的訪談，或者在業務分解過程中，多徵求高層領導的意見。

3. 建立企業價值鏈模型

企業價值鏈模型，重點解決的是戰略落地的業務需求問題，包括五個方面的內容：一是產業價值鏈戰略對業務的要求，二是競爭戰略對業務的要求，三是區域定位應對戰略對業務的要求，四是顧客的現實需求及未來發展對業務的要求，五是實現近、中、長期戰略目標的業務要求。

以前面分析的 L 中藥飲片企業為例，該企業選擇了產業鏈上的研發、生產、銷售三個環節作為企業的業務發展定位，為了保證戰略的落地，其基本業務包括市場經營、科技研發、生產製造與銷售，由於其定位於只將產品銷售到渠道上，不面對終端的消費者，售後服務工作較少，讓銷售人員一併解決，因此在基本業務內未包括售後服務。該企業的支持業務包括戰略與發展、質量管理、技術管理、採購供應管理、儲運配送管理、安全管理、設備管理、財務管理、人力資源管理、行政後勤管理等。詳見圖 2-8 所示。

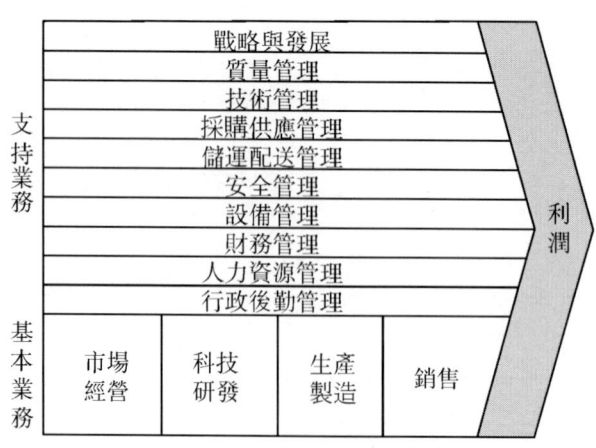

圖 2-8　L 中藥飲片企業價值鏈模型

需要注意的是，許多企業在建立企業的價值鏈模型時，不以戰略落地為依據，而是根據現行的部門設置，以部門設置代替業務模塊，這是本末倒置的做法，企業怎麼能確定現行的組織結構是適合未來戰略發展的？而價值鏈模型的

建立，恰好是對戰略落地的量化分析。我們主張的是**業務系統分解完成以後，再設置組織架構，或對組織架構做調整。**

4. 業務分級

企業價值鏈模型中的業務儘管揭示了企業所要開展的所有業務活動，但還需要細分，達到可執行、可操作。我們稱價值鏈上的業務為一級業務，以此為基礎，逐級向下分解，構成一個從戰略到執行的業務分級實現路徑，如圖 2-9 所示。

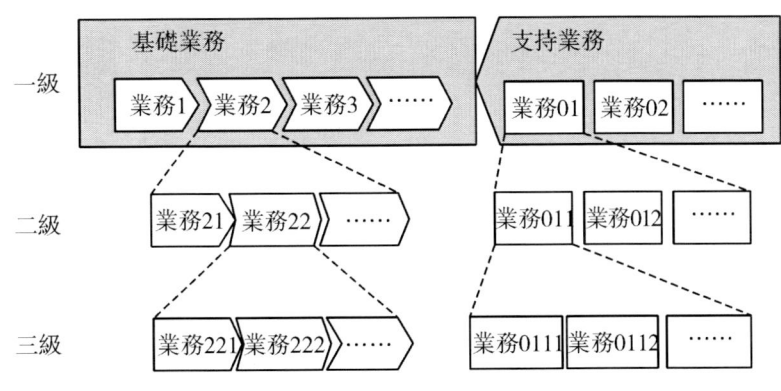

圖 2-9　業務分級通用模型

在進行業務分級時，上一級業務到下一級業務分解時，必須完整且彼此獨立，這也是最容易出問題的地方。可以根據客戶需求的差異、不同工作的特點、時間的先後順序等要素進行分解，常用的方式包括以下幾種。

➤按時間順序劃分。也就是根據業務開展的時間先後順序進行分類，比如物資管理，可以向下一級分解成物資需求計劃、採購、入庫、庫存管理、出庫等幾項業務。

➤按業務模塊劃分。即根據業務的常規屬性進行分類，比如習慣上會將人力資源管理劃分為人力資源規劃、招聘、培訓、薪酬福利、績效管理、員工關係管理等業務模塊，因此在對人力資源管理業務向下一級分解時，也可以按此業務模塊劃分。

➤按客戶的需求劃分。即根據不同客戶的需求所開展的業務進行劃分，比如可將生產製造向下一級分解成按訂單批量生產、按庫存批量生產、按訂單小件生產等幾項業務。

需要注意的是，即使是同一個企業的業務，不同業務模塊其分級方式也可以不同，並且每一級業務的分解，可以使用不同的方法，關鍵是要確保分類完整且彼此獨立。有些管理事項按其自然屬性是一個整體，但由於企業部門職能

的劃分可能導致將整體分拆的情況，在業務分解時，要恢復其整體的自然屬性。例如，有些企業的固定資產實物管理在物資管理部，而帳務管理在財務部，他們在分析固定資產管理業務時，將其分解為固定資產的實物管理和帳務管理，又分別將實物管理和帳務管理分解為固定資產新增、調撥、報廢等活動，如圖2-10所示。

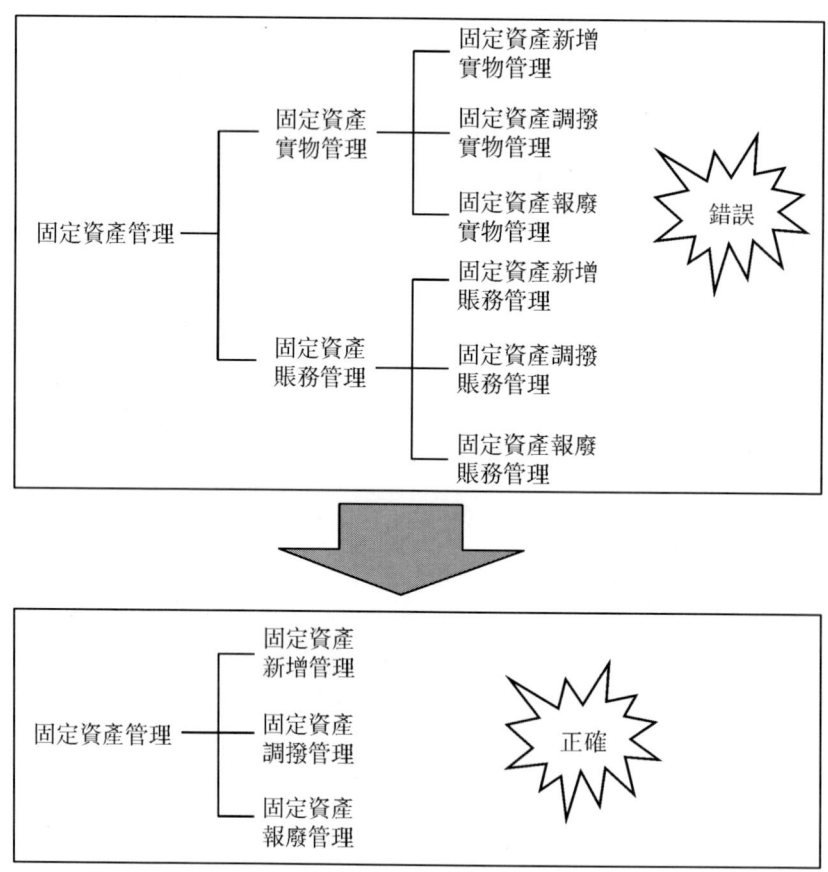

圖2-10　業務分解完整且相互獨立的示例

5. 形成業務系統圖

通過對業務的逐級分解，便形成了企業的業務系統圖，這樣的業務系統圖全景展示了企業的所有業務，對於企業的高層管理者以及各部門瞭解整體業務情況非常重要，對於企業的資源配置、重點工作分析、部門設置調整、崗位調整、流程管理、制度體系建設都具有指導作用。某製造企業的業務系統圖示例如圖2-11所示。

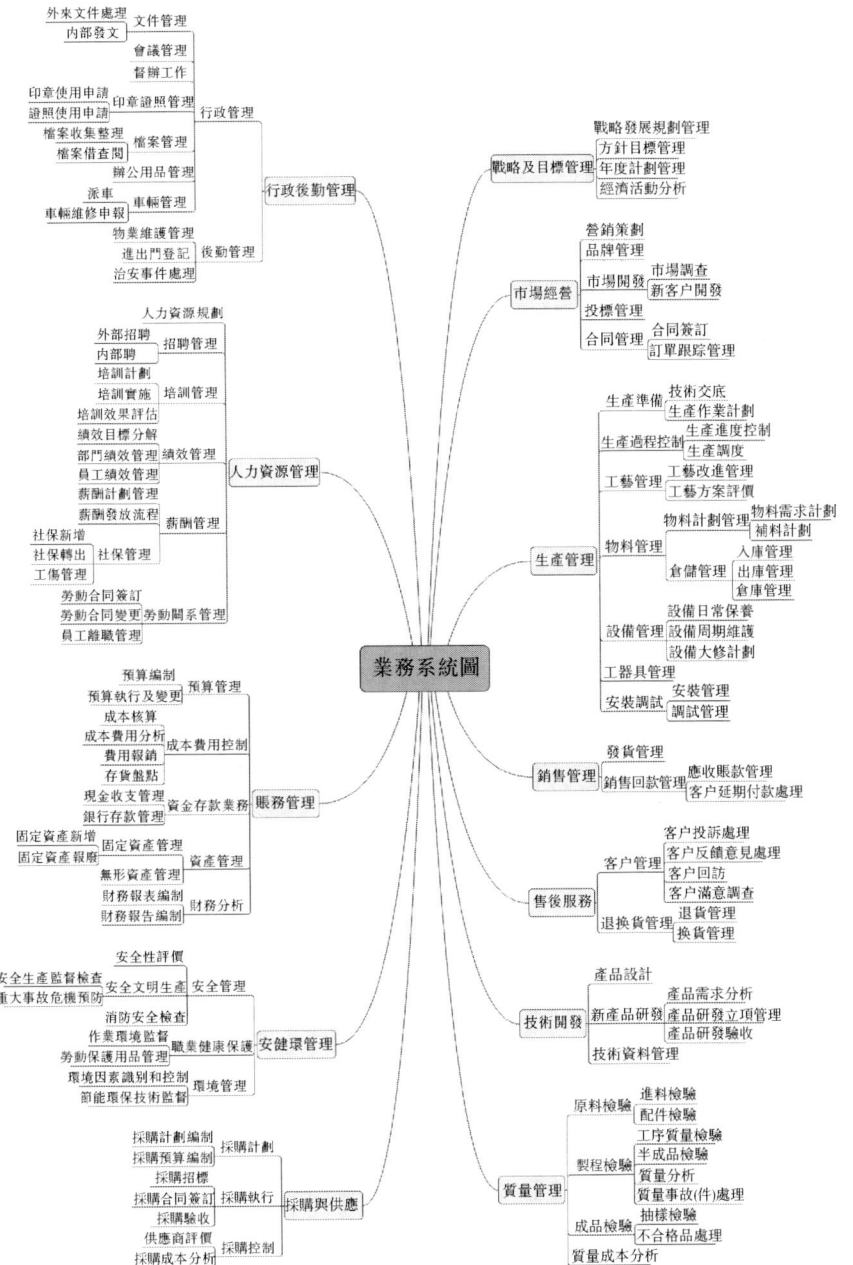

圖 2-11　某製造企業的業務系統圖示例

根據業務系統圖，可以進一步形成組織的業務框架。表 2-1 是某生產製造

第二章　業務量化：分解業務系統 | 19

企業的業務系統框架示例。

表 2-1　　　　　某生產製造企業的業務框架示例

序號	一級業務	二級業務	三級業務	四級業務
1	戰略及目標管理	戰略發展規劃管理		
2		方針目標管理		
3		年度計劃管理		
4		經濟活動分析		
5	市場經營	行銷策劃		
6		品牌管理		
7		市場開發	市場調查	
8			新客戶開發	
9		投標管理		
10		合同管理	合同簽訂	
11			訂單跟蹤管理	
12	生產管理	生產準備	技術交底	
13			生產作業計劃	
14		生產過程控制	生產進度控制	
15			生產調度	
16		工藝管理	工藝改進管理	
17			工藝方案評價	
18		物料管理	物料計劃管理	物料需求計劃
19				補料計劃
20			倉儲管理	入庫管理
21				出庫管理
22				倉庫管理
24		設備管理	設備日常保養	
25			設備週期維護	
26			設備大修計劃	
27		工器具管理		
28		安裝調試	安裝管理	
29			調試管理	

表2-1(續)

序號	一級業務	二級業務	三級業務	四級業務
30	銷售管理	發貨管理		
31		銷售回款管理	應收帳款管理	
32			客戶延期付款處理	
33	售後服務	客戶管理	客戶投訴處理	
34			客戶反饋意見處理	
35			客戶回訪	
36			客戶滿意度調查	
37		退換貨管理	退貨管理	
38			換貨管理	
39	技術開發	產品設計		
40		新產品研發	產品需求分析	
41			產品研發立項管理	
42			產品研發驗收	
43		技術資料管理		
44	質量管理	原料檢驗	進料檢驗	
45			配件檢驗	
46		制程檢驗	工序質量檢驗	
47			半成品檢驗	
48			質量分析	
49		成品檢驗	抽樣檢驗	
50			不合格品處理	
51		質量成本分析		
52		質量事故(件)處理		
53	採購與供應	採購計劃	採購計劃編製	
54			採購預算編製	
55		採購執行	採購招標	
56			採購合同簽訂	
57			採購驗收	
58		採購控制	供應商評價	
59			採購成本分析	

第二章 業務量化：分解業務系統

表2-1(續)

序號	一級業務	二級業務	三級業務	四級業務
60	安健環管理	安全管理	安全性評價	
61			安全文明生產	安全生產監督檢查
62				重大事故危機預防
63			消防安全檢查	
64		職業健康保護	作業環境監督	
65			勞動保護用品管理	
66		環境管理	環境因素識別和控制	
67			節能環保技術監督	
68	財務管理	預算管理	預算編製	
69			預算執行及變更	
70		成本費用控制	成本核算	
71			成本費用分析	
72			費用報銷	
73			存貨盤點	
74		資金存款業務	現金收支管理	
75			銀行存款管理	
76		資產管理	固定資產管理	固定資產新增
77				固定資產報廢
78			無形資產管理	
79		財務分析	財務報表編製	
80			財務報告編製	

表2-1(續)

序號	一級業務	二級業務	三級業務	四級業務
81	人力資源管理	人力資源規劃		
82		招聘管理	外部招聘	
83			內部競聘	
84		培訓管理	培訓計劃	
85			培訓實施	
86			培訓效果評估	
87		績效管理	績效目標分解	
88			部門績效管理	
89			員工績效管理	
90		薪酬管理	薪酬計劃管理	
91			薪酬發放流程	
92			社保管理	社保新增
93				社保轉出
94				工傷管理
95		勞動關係管理	勞動合同簽訂	
96			勞動合同變更	
97			員工離職管理	
98	行政後勤管理	行政管理	文件管理	外來文件處理
99				內部發文
100			會議管理	
101			督辦工作	
102			印章證照管理	印章使用申請
103				證照使用申請
104			檔案管理	檔案收集整理
105				檔案借閱和查閱
106			辦公用品管理	
107			車輛管理	派車
108				車輛維修申報
109		後勤管理	物業維護管理	
110			進出門登記	
111			治安事件處理	

2.3 業務量化分析的方法與工具

業務量化分析的目的主要有兩個方面：一是為了瞭解企業現行業務使戰略落地的能力，是否需要對業務的內在聯繫做相應的調整；二是為了分析企業的各項業務在行業中的地位與能力，瞭解自身的優勢與劣勢，採取相應的行動發揮優勢，克服劣勢。下面介紹兩種常用的業務量化分析方法，**波士頓矩陣主要用於分析基本業務**，與企業的產品、服務等經營事項相關；**標杆分析主要用於分析企業的支持業務**，與企業的職能管理相關。

2.3.1 波士頓矩陣分析法

1. 波士頓矩陣模型

波士頓矩陣是由美國著名的管理學家、波士頓諮詢公司創始人布魯斯‧亨德森於1970年首創的一種用來分析和規劃企業產品組合的方法。這種方法的核心是要解決如何使企業的產品品種及其結構適應市場需求的變化的問題，只有這樣，企業的生產才有意義。同時，如何將企業有限的資源有效地分配到合理的產品結構中去，以保證企業收益，是企業在激烈競爭中取勝的關鍵。

波士頓矩陣認為通常決定產品結構的基本因素有兩個：一是市場引力，包括企業銷售量（額）增長率、目標市場容量、競爭對手強弱及利潤高低等。其中最主要的是反應市場引力的綜合指標——銷售增長率，這是決定企業產品結構是否合理的外在因素；二是企業實力，包括市場佔有率、技術、設備、資金利用能力等，其中市場佔有率是決定企業產品結構的內在要素，它直接顯示出企業競爭實力。銷售增長率與市場佔有率既相互影響，又互為條件：市場引力大，銷售增長率高，可以顯示產品發展的良好前景，企業也具備相應的適應能力，實力較強；如果僅有市場引力大，而沒有相應的高銷售增長率，則說明企業尚無足夠實力，則該種產品也無法順利發展。相反，企業實力強，而市場引力小的產品也預示了該產品的市場前景不佳。由此可見，企業會出現四種不同性質的產品類型，形成不同的產品發展前景，如圖2-12所示。

➢ 明星類產品。銷售增長率和市場佔有率「雙高」的產品群，這類產品可能成為企業的現金流產品，需要加大投資以支持其迅速發展。採用的發展戰略是：積極擴大經濟規模和獲得市場機會，以長遠利益為目標，提高市場佔有率，提高競爭地位。

图 2-12　波士顿矩阵模型

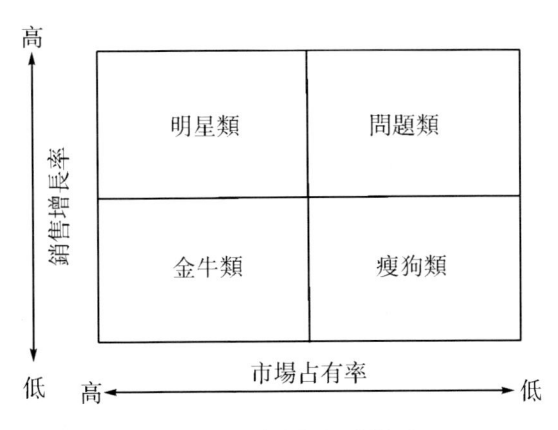

➢金牛类产品。销售增长率低、市场占有率高的产品群，已进入成熟期。其财务特点是销售量大，产品利润率高，负债比率低，可以为企业提供资金，而且由于增长率低，也无需增大投资。因而成为企业回收资金，支持其他产品，尤其明星产品投资的后盾。对于这一象限内的大多数产品，市场占有率的下跌已成不可阻挡之势，因此可采用收获战略，为其投入的资源以达到短期收益最大化为限。

➢问题类产品。销售增长率高、市场占有率低的产品群。销售增长率高说明市场机会大，前景好，而市场占有率低则说明在市场行销上存在问题。其财务特点是利润率较低，所需资金不足，负债比率高。对问题类产品应采取选择性投资战略，首先确定对该象限中那些经过改进可能会成为明星的产品进行重点投资，提高市场占有率，使之转变成「明星产品」；对其他将来有希望成为明星的产品则在一段时期内采取扶持的对策。因此，对问题产品的改进与扶持方案一般均列入企业长期计划中。

➢瘦狗类产品。销售增长率和市场占有率「双低」的产品群。其财务特点是利润率低、处于保本或亏损状态，负债比率高，无法为企业带来收益。对这类产品应采用撤退战略，首先应减少批量，逐渐撤退，对那些销售增长率和市场占有率均极低的产品应立即淘汰，其次是将剩余资源向其他产品转移。

2. 使用波士顿矩阵量化分析现行业务

波士顿矩阵主要用于分析基本业务，分析时需要对业务做分解，然后核算各业务的销售增长率以及市场占有率，在此基础上做比较并决策。分析过程如图 2-13 所示。

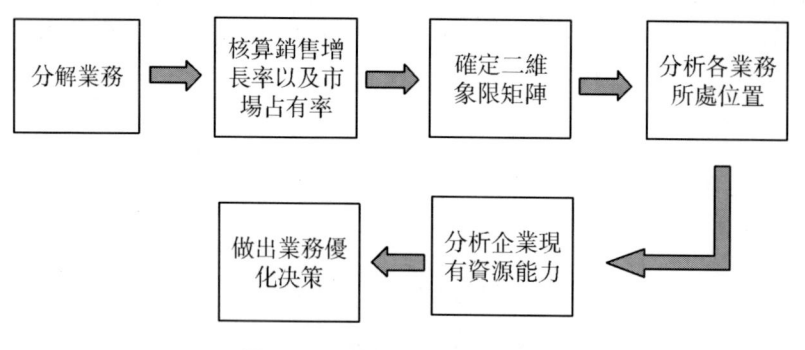

圖 2-13　量化分析業務的流程

➢業務分解。按前面 2.2 運用價值鏈分解業務的方法分解業務。假如某企業業務分解成 8 個子業務，如圖 2-14 所示。

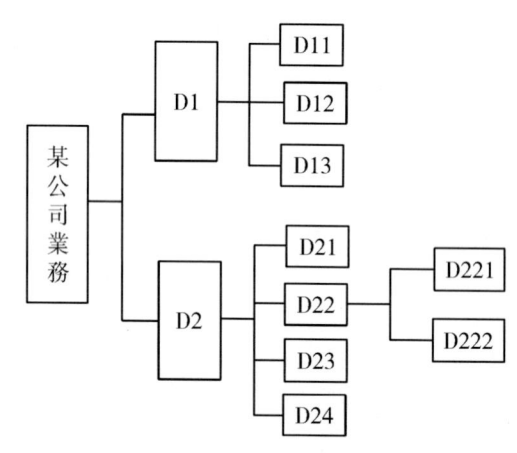

圖 2-14　某企業業務分解後的 8 個子業務示例

➢核算銷售增長率以及市場佔有率。銷售增長率可以用本企業的產品銷售額或銷售量增長率，市場佔有率可以用相對市場佔有率或絕對市場佔有率。兩個數據的時間跨度最好三年甚至更長時間，通常一年的數據不能有效表明趨勢，準確性較差。假如圖 2-14 所列各項業務的銷售增長率與相對市場佔有率計算結果如表 2-2 所示。

表 2-2　　　　　　　　8 個子業務的計算結果示例

業務品類	相對市場佔有率（%）	銷售增長率（%）
D11	18.21	12.60
D12	34.06	−21.31

26　量化與細化管理實踐

表2-2(續)

業務品類	相對市場佔有率（%）	銷售增長率（%）
D13	24.73	-11.92
D21	37.13	2.67
D23	12.40	-13.50
D24	28.33	19.76
D221	12.80	14.92
D222	7.83	-2.36

➢確定二維象限矩陣。首先確定圓點，這裡需要確定基準年份，再將基準年份的銷售增長率與市場佔有率作為圓點。假如對於圖2-14的8個業務，確定的基準年為2013年，其相對市場佔有率為21.6%，銷售增長率為-6.52%，則有圓點（21.6%，-6.52%）。在圓點基礎上繪製X軸及Y軸。

➢分析各業務所處位置。根據計算所得各業務的銷售增長率以及市場佔有率，確定其在矩陣中的位置。以圖2-14所列8個業務為例，波士頓矩陣如圖2-15所示。

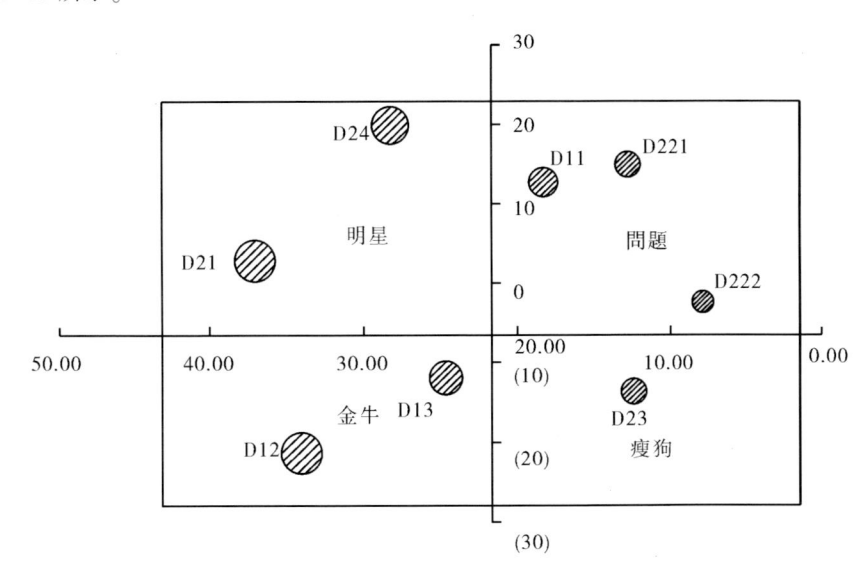

圖2-15 應用波士頓矩陣量化分析業務示例

➢分析企業現有資源能力。通過分析企業資源，確定企業的優勢和劣勢，綜合評估企業可投入業務發展的資源能力。可從三個方面進行分析：一是企業

資源的單項分析，如對實物資源、人力資源、財務資源、無形資產等進行分析；二是企業資源的均衡分析，根據協同理論，資源的合理配置可提高資源能力，一般可以從產品組合、能力與個人特性、資源柔性等方面分析資源配置的合理性；三是企業資源的區域分析，企業的資源不僅限於企業合法擁有的資源，企業還可能控制得有外部資源，供應商、分銷商和顧客形成的價值鏈之間的聯繫常常是企業能力的基石。如果企業的價值活動深深植根於當地文化中，則企業控制的區域資源往往形成其資源優勢。

➢做出業務優化決策。根據資源分析的結果，可以對矩陣中的各項業務做出更為具體的決策。

2.3.3 標杆分析

標杆分析就是通過將本企業與同類型企業中最佳者進行比較，從而提出行動方案，以彌補自身不足的一種方法。菲利普·科特勒曾說：「一個普通的公司和世界級的公司相比，在質量、速度、成本及績效上的差距高達 10 倍之多。標杆分析就是尋找在公司執行任務時如何比其他公司更出色的一門藝術。」通過標杆分析，一是可以改進企業的現有業務設置，二是有助於技術和工藝方面的跨行業滲透，三是可發現企業現狀中的不足，將市場、競爭力與目標的設定結合在一起。

標杆分析的關鍵是標杆企業的選擇，通常有三種方式。

➢行業對標，即選擇企業所處行業中業績優良的企業，但不一定局限於同類型、同規模的企業，範圍可以廣一點，以便博採眾長。

➢競爭性對標，即選擇企業的競爭對手，這種情況下，一般限於生產同類產品或提供同類服務的企業，其目的主要是發現競爭對手的優點和不足，針對其優點，取長補短，根據其不足，選擇突破口。

➢一般性對標，即可以選擇非本行業的一流企業，將其某一專業作為標杆，比如某一流企業的人力資源管理、財務管理、物資管理等專業做得很好，則只選擇相應的某個專業的業務做標杆比對，使來自產業外界截然不同的觀念與做法，對處於自身產業封閉環境下的企業形成刺激，進而引發許多創新性的做法，使企業內原有的運作方式產生較大的轉變與改善。三種方式的比較如表 2-3 所示。

表 2-3　　　　　　　　　　三種對標方式的比較

對標方式	對標企業錨定	合作程度	信息相關性	改進程序
行業對標	同一行業中的企業	中	中	高
競爭性對標	競爭對手	低	高	中
一般性對標	所有行業的所有企業	中	低	高

對於業務系統分解的標杆分析，基礎業務與支持業務的標杆企業選擇有所不同。在對支持業務的標杆分析時，主要採用行業對標與競爭性對標；而對於支持業務則可以將三種方式結合起來使用。

第三章 流程量化：流程分析與優化

3.1 流程的六要素

流程是把一個或多個輸入轉化為對客戶有用的輸出的活動。**企業的流程是一系列完整的端到端的活動，聯合起來為客戶創造價值**。作為一個完整的流程，包括六個要素：輸入資源、活動、活動的結構、輸出的結果、客戶、價值。如圖 3-1 所示。

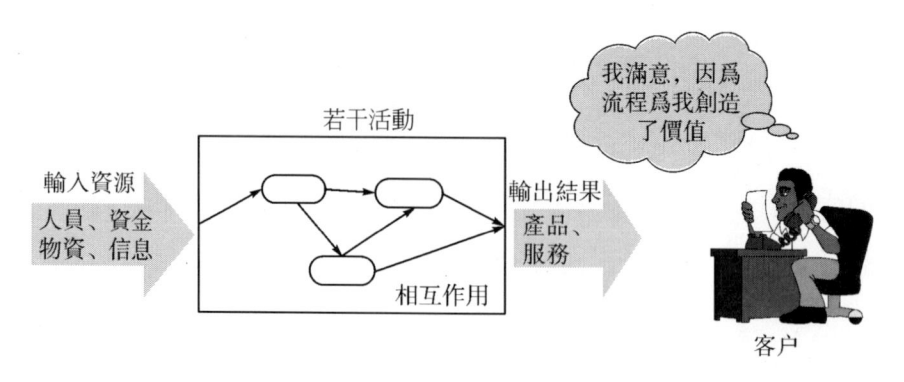

圖 3-1 流程的六個要素

1. 輸入資源

流程的輸入體現了完成整個流程各項活動所需要的資源支持，對於人員、資金、物資等輸入要素，大家都很容易理解，也不會遺漏，但對於「信息」輸入卻是容易忽略的。所謂的「信息」是指企業的戰略、客戶的需求、企業的制度、工作的要求、計劃、表單等經營管理信息。比如，招聘管理流程，需要輸入的信

息就有：職位說明書、崗位定員、現有人員狀況等信息。如果缺少了其中的某些信息，就會使該項工作達不到預期的效果，例如，沒有職位說明書，招聘什麼樣的人，就缺少了依據，有可能導致招聘來的人員不符合職位要求。

2. 活動

活動是流程得以實現的基本動作，也是進行流程分析時關注的重要因素之一。活動體現了職責和權限，流程中各個活動節點的設計會直接影響企業的執行力。比如，在物資採購流程中，我們增加一個「是否有預算」的活動，就能有效保證預算的管控力，引起各部門年初對預算的重視。漸漸地，大家也就養成了「做好預算，用好預算，減少隨意性」的習慣。

3. 活動的結構

活動的結構就是活動之間的邏輯關係，分為串行、並行及反饋三種。分別如圖 3-2、3-3、3-4 所示。我們在分析流程時，要重視各個活動間的邏輯關係。活動間的邏輯關係表明了工作的流轉順序，是工作能夠繼續進行下去的條件。一般來說，並行活動比串行活動節約時間，過多的反饋會降低工作效率，這些都是流程優化時需要重點關注的問題。

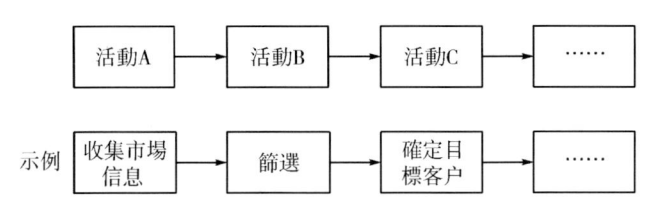

圖 3-2　流程活動的串行關係及示例

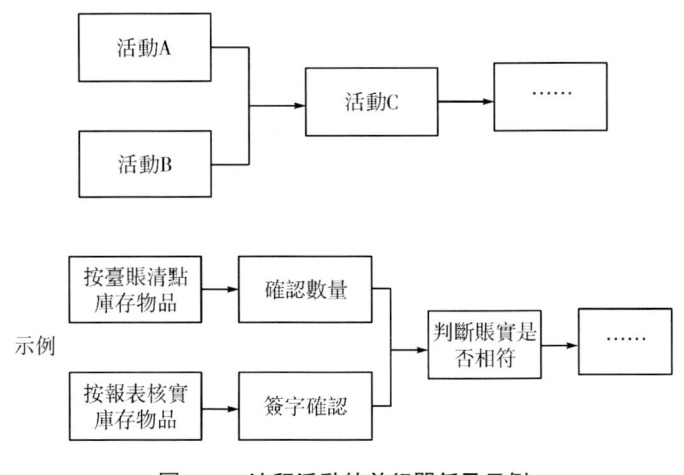

圖 3-3　流程活動的並行關係及示例

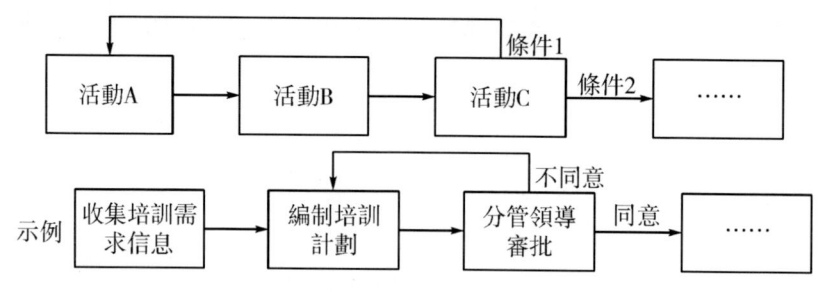

```
         ┌─────────────────────────────┐
         │                    條件1     │
   ┌──▼──┐   ┌─────┐   ┌─────┐        
   │活動A │──▶│活動B │──▶│活動C │──條件2──▶ ……
   └─────┘   └─────┘   └─────┘
                  ▲
                  │
         ┌────────┴────────────────┐
   ┌──────┐  ┌──────┐  ┌──────┐  不同意
示例│收集培訓│─▶│編制培訓│─▶│分管領導│─────▶ ……
   │需求信息│  │計劃  │  │審批  │  同意
   └──────┘  └──────┘  └──────┘
```

圖 3-4　流程活動的反饋關係及示例

4. 輸出的結果

流程輸出的結果可能是產品、半成品或者服務，也可能是數據、表單或者報告等信息。當流程輸出的信息沒有使用於其他活動時，我們要引起重視，分析到底是該項工作沒有存在的價值，還是在工作中忽略了一些重要的環節，沒有形成工作的閉環。如果是前者，則應該進行工作的調整，如果是後者，則應該改進，形成閉環管理。例如，我們曾經遇到一個經營活動分析流程，最後的輸出結果是經營活動分析報告，但是我們發現，這個報告形成以後，除了存檔，再沒有使用於其他地方。經過分析，我們發現原來是少了一些重要的工作環節：第一，經營活動分析的結果沒有運用於企業經營活動的調整，第二，企業在進行考核時，不習慣使用經營活動分析出來的數據。

5. 客戶

在流程中的客戶，既有外部客戶又有內部客戶。下一個活動節點是上一個活動節點的客戶，流程中的客戶意識可以提升團隊的合作氛圍，建立快速的反應機制。

6. 價值

可以說，沒有一種管理活動，比流程管理更容易提升價值。流程將我們的視野從點到面，從內部延伸到外部，使我們能夠在一個系統的層面通過提升流程的效率來提升企業的營運效率。

3.2　流程規劃

3.2.1　為什麼要做流程規劃

企業到底要建立哪些流程？這是每一個企業在全面梳理流程、建立流程管

理體系時都會提出的問題。流程規劃就是為了解決這個問題。所謂流程規劃就是以企業戰略為依據，系統地分析、識別公司的業務現狀，全面完整地梳理企業的總體流程，形成流程框架，以體現業務之間的邏輯聯繫，對流程進行分層、分類，理順流程之間的接口關係。流程規劃的作用主要體現在以下五個方面。

1. 確保戰略與流程無縫對接

流程框架要以企業的戰略為依據，同時，流程框架形成以後，又能夠幫助企業實施戰略的落地，支撐企業核心能力的強化行動。比如我們需要強化企業的客戶服務能力，就可以通過流程框架，分析影響客戶服務能力的流程，對其開展精細化或精益化的管理，提高流程效率，減少浪費，配置優質的資源，在短時間內迅速提升客戶服務方面的核心能力。

2. 形成有機的企業流程體系

流程框架體現了各個業務之間的邏輯關係，包括縱向的相關業務關係，以及橫向的從屬業務關係，當企業需要對某個範圍內的流程開展優化時，可以直觀地瞭解與該範圍內流程相關的其他流程，並做出相應的優化，而不需要把所有的流程都弄出來折騰一番。如圖3-5所示。

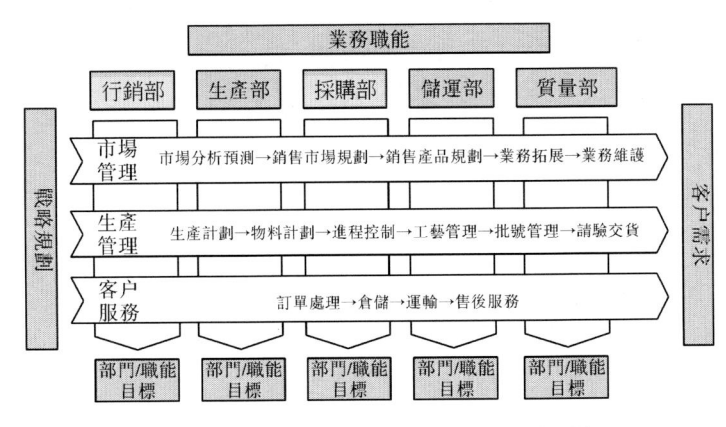

圖3-5 流程框架體現了業務之間的邏輯關係

3. 有助於對業務的動態管理

一方面，隨著外部環境或企業自身能力的變化，企業的基礎業務會在明星、金牛、問題及瘦狗四種類型業務中相互轉化，另一方面，當企業規模發生變化時，都需要增加或縮減現有業務。當這些情況發生時，流程必然會隨之增加或減少，流程框架為此提供了支撐，我們只需要針對流程框架開展分析，再對相關的流程做出調整即可。

4. 實施分層管理

不同層級的人員在管理中發揮的作用是不同的，對於企業的高層管理者來說，重點關注與企業價值鏈前端更接近的業務、直接影響企業經營業績的高階流程（也叫一級流程），設定高階流程的目標，並對其開展績效考核；對於中層管理者來說，重點關注的是承上啓下的、處於業務中段的流程，設計流程的輸入與輸出，對流程的執行力負責，收集流程執行中存在的問題，提出優化的意見；而對於基層員工來說，主要是操作層面的流程，重點在於執行相關流程中具體的活動內容。具體如圖3-6所示。**通過流程規劃就可以把這些不同層級對流程體系的不同關注重點體現在流程框架中。**

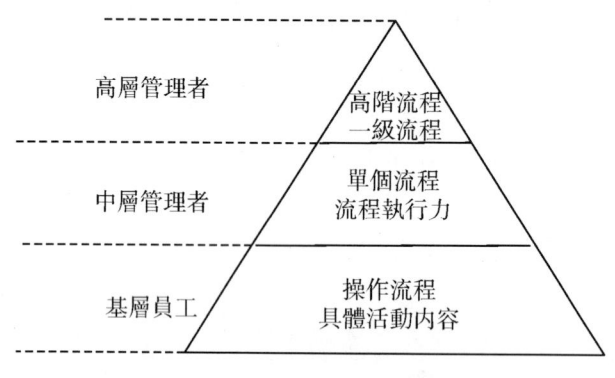

圖 3-6　流程體系中的分層管理

5. 有效落實責任

部門職責的分割使得部門壁壘無處不在，越是責任重大的事情，越是容易受到部門的逃避；越是無關痛癢的事，越是容易被部門主動提出來。通過流程規劃，可以防止部門逃避責任，打破部門職能的壁壘，建立協同的責任體系。

3.2.2 流程規劃的三大原則

1. 戰略導向原則

在做流程規劃時，既要基於現狀，又要能夠支撐公司未來的戰略發展要求，一是流程框架的設計導向與企業的戰略導向要一致，例如企業的戰略導向是創新驅動，則應該有支持創新的相應流程設計；二是在流程框架中要規劃與企業戰略發展相匹配的業務，例如企業的戰略要求快速回應市場，則客戶服務的相關流程以及供應鏈流程的設計就要提高柔性；三是流程框架中的管理模式與業務模式要能適應未來戰略發展的需要。

2. 完整性原則

流程框架是站在高層對企業的整體認識，反應了企業的整體業務，在流程規劃時，要涵蓋企業的所有工作，不管是基礎業務還是支持業務，都要完整地展示出來。**流程框架的責任人是企業的高層**，為了確保完整性原則的落實，企業高層領導既要審核分管部門或專業的流程規劃結果，也要交叉審核非分管領域的流程規劃結果，必要時可以通過在總經理辦公會上集體討論的方式來確定。

3. 獨立性原則

所謂獨立性，是指流程與流程之間是相對獨立的，沒有較多的活動交叉。如果發現流程之間有較多活動交叉，通常有兩種可能性：一是流程的分類依據不一致，這時，應該重新對流程分類；二是分級太細，導致兩個或多個流程可以合併，例如，有些公司將競聘上崗管理分為中層管理者競聘上崗流程與基層員工競聘上崗流程，結果流程圖畫出來後，發現兩個流程的活動節點是相同的，只是中層管理者與基層員工填寫的表格不同、參加競聘的條件不同、面試的內容不同。因此，公司沒有必要對競聘上崗再進行分級。

3.2.3　流程規劃的量化方法

1. 流程分級

流程分級就是把流程從粗到細，從宏觀到微觀，從頂端到末端地逐漸細分成具體的流程明細，搭建一個從戰略到執行的流程分級實現路徑。流程分級後形成流程清單，並且針對每一個流程確定相應的責任人，以便流程具有可操作性。圖3-7為流程分級的邏輯模型。通常一級流程一定會向下分級，形成二級流程，二級流程也會向下分級，形成三級流程，但三級流程也可能不必再向下細分，所以，在圖3-7中，不是所有的三級流程均有向下分級。

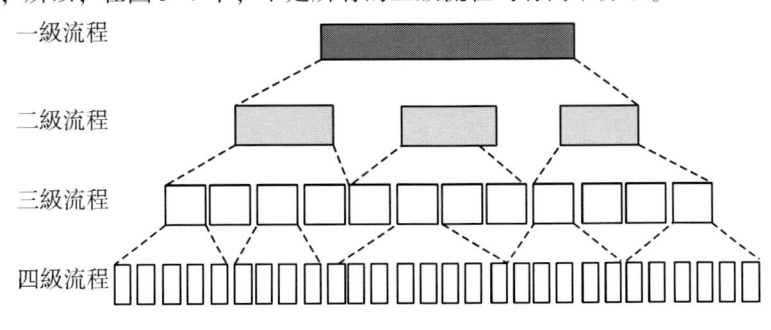

圖3-7　流程分級模型

在進行流程分級時需要注意以下幾個方面：一是嚴格的自上而下，每個上一級流程都要完整地包含所有的下一級流程，不存在跨越多個上級流程的下一級流程，每一個下級流程都是對上級流程的分解；二是不同頻次的工作要分開，例如年度計劃、月度計劃和周度計劃，雖然都是計劃流程，但需要建立不同的流程；三是流程的邊界要清晰，各級流程的邊界應該清晰，並且具有有效輸出，根據流程顆粒度劃分的不同，產出可以是階段性產出，也可以是端到端產出；四是通用流程模塊化，有些流程是與其他很多流程通用的，這些流程最好模塊化，以方便調用，同時也可以提高流程設計的效率和柔性，例如某個公司的合同管理流程都是一樣的，在不同的流程中涉及合同管理的流程就調用該流程即可，不必再重複描述。

圖3-8是某企業基礎業務的流程分級示例。

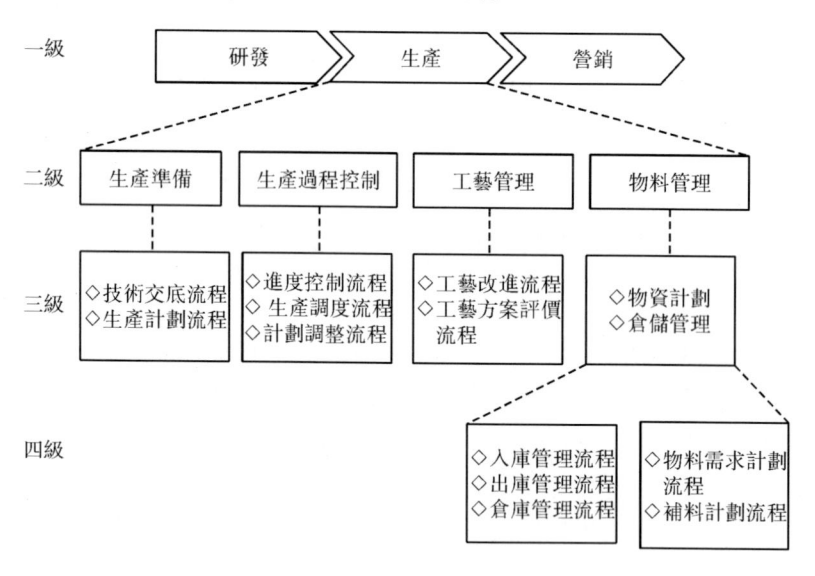

圖3-8　流程分級示例

流程分級完成後，就形成了企業的整體流程框架，同時需要形成流程清單，流程清單的內容除了應包括各級流程之外，還應包括流程的責任部門、責任人、流程輸入或輸出的表單，以圖3-8為例，形成的流程清單如表3-1所示。

表 3-1　流程清單示例

一級	二級	三級	四級	流程責任部門	責任人	相關表單
生產管理	生產準備	技術交底流程		生產部		
		生產計劃流程				生產作業計劃表
	生產過程控制	生產進度控制流程				進度檢查表
		生產調度流程				
		計劃調整流程				計劃調整申請表 計劃調整表
	工藝管理	工藝改進管理流程				
		工藝方案評價流程				
	物料管理	物料計劃管理	物料需求計劃流程			物資採購申請表
			補料計劃流程			物資採購申請表
		倉儲管理	入庫管理流程			物資入庫交接單
			出庫管理流程			領料出庫單
			倉庫管理流程			倉庫物資臺帳

註：附錄 1 列出了某生產製造企業的完整流程框架

從表3-1可以看到，有些流程分解到了第四級，如「物料需求計劃流程」「入庫管理流程」，有些流程在三級，如「生產調度流程」「工藝改進管理流程」，流程在哪一級源於業務的自然關聯屬性，不能誤認為三級流程比四級流程重要。

2. APQC流程分類框架

（1）APQC的來源

APQC是美國生產力與質量中心（American Productivity and Quality Center）的簡稱，該中心於1992年開始研究開發流程分類框架（Process Classification Framework，PCF），最早的設計方案涉及來自美國和全球各地的80多家組織和機構。目前，該框架已發展到V7.0.5版，有意思的是，在V7.0版中，PCF把「交付」分成了流程4.0和流程5.0，分別是「4.0交付（Deliver）實體產品（Physical products）」和「5.0交付（Deliver）服務」，這裡體現了電子商務成熟後，企業產品交付途徑的變化所導致的流程改變。如果仔細研究PCF的V1.0版到目前的V7.0.5版，該框架在應用中不斷更新，以反應組織營運模式的不斷變化，從而使得這個架構與全球企業組織的商業模式保持同步。可以說，APQC代表了美國各行業高績效企業的流程實踐水準。

起初，PCF是作為業務流程的一種分類系統，APQC會員組織可通過這個系統對流程進行標杆管理。2008年，APQC和IBM的合作加強了跨行業的PCF，並開發了一系列針對具體行業的流程分類架構。

（2）APQC的框架模型

APQC流程框架將營運流程分為6項企業級的流程類別，將管理與支持服務分為7項企業級的流程類別，每個流程類別分別包含一系列的流程群組。除了跨行業的通用版APQC流程框架外，2008年起，APQC相繼提出了10多個行為的流程分類框架，包括電力行業、消費品行業、航空航天和國防行業、汽車行業、傳媒行業、醫藥行業、電信行業、石油行業、石化行業等。圖3-9是APQC跨行業通用版的流程框架模型V7.0.5版。

（3）APQC的分級

從企業級的業務到最終的任務分解，APQC流程框架共分了五級：

➢第一級（Category，類別）：是企業中最高級別的流程，如願景與戰略規劃、客戶關係管理、人力資本開發與管理等。

➢第二級（Process group，流程組）：是上一級流程的分解，是一組流程，如制定行銷策略、供應鏈資源計劃、提供客戶服務等。

➢第三級（Process，流程）：是對上一級流程組的分解，通常是具體的流

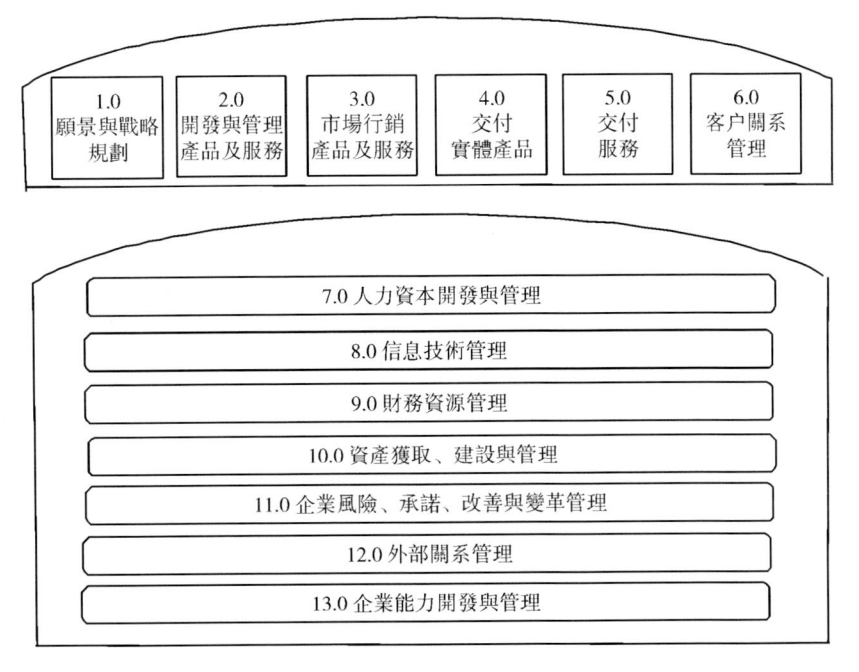

```
┌─────────────────────────────────────────────────────────────┐
│  1.0      2.0        3.0       4.0      5.0      6.0        │
│ 願景與   開發與管理   市場行銷   交付     交付    客戶關係    │
│ 戰略     產品及服務   產品及服務 實體產品  服務    管理       │
│ 規劃                                                         │
└─────────────────────────────────────────────────────────────┘

┌─────────────────────────────────────────────────────────────┐
│            7.0 人力資本開發與管理                            │
│            8.0 信息技術管理                                  │
│            9.0 財務資源管理                                  │
│            10.0 資產獲取、建設與管理                         │
│            11.0 企業風險、承諾、改善與變革管理               │
│            12.0 外部關係管理                                 │
│            13.0 企業能力開發與管理                           │
└─────────────────────────────────────────────────────────────┘
```

圖 3-9　APQC 跨行業通用版的流程框架模型 V7.0.5 版

程，如調查市場與客戶需求、建立銷售預算、制訂生產計劃等。

　　▶第四級（Activity，活動）：是開展上一級流程所要完成的一系列活動，例如第三級的「評估內部環境」下有第四級的一系列活動，分別是「分析組織特性、分析內部營運、建立現有流程邊界、分析系統和技術、分析財務狀況、識別企業核心競爭力」（可參見表 3-1）。

　　▶第五級（Task，作業）：對活動的下一級分解，從工作的內容來說，通常作業比活動更細。

　　在 APQC 中，大部分是分解到第四級。具體如圖 3-10 所示。圖中的「X」來表示某一數字序號。

（4）APQC 的整體架構

　　對於每一項業務應開展怎樣的工作，APQC 都做了詳盡的細分，並對每一個流程元素賦予了一個五位數的編號，下面以 V7.0.5 版中 1.0 的願景與戰略規劃為例，說明 APQC 的流程分解後的架構，具體如表 3-2 所示。

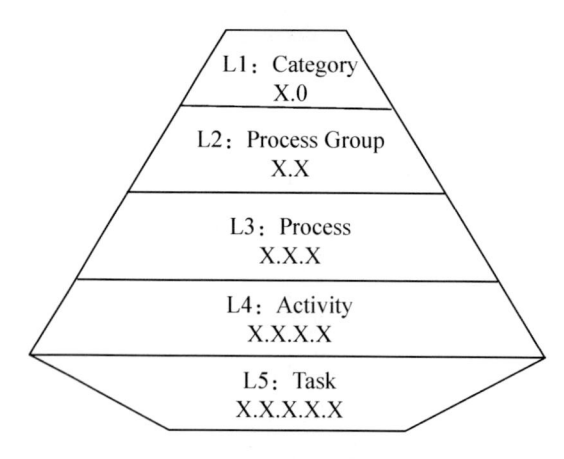

```
        L1：Category
             X.0
       L2：Process Group
             X.X
         L3：Process
             X.X.X
         L4：Activity
             X.X.X.X
          L5：Task
           X.X.X.X.X
```

圖 3-10　APQC 流程框架的分級示意圖

表 3-2　APQC 框架中願景與戰略規劃的流程分級（V7.0.5）

1.0	願景與戰略規劃（10002）		
1.1	定義企業理念和長期願景（17040）		
	1.1.1	評估外部環境（10017）	
		1.1.1.1	識別競爭者（19945）
		1.1.1.2	分析和評估競爭態勢（10021）
		1.1.1.3	識別經濟趨勢（10022）
		1.1.1.4	識別政治和監管問題（10023）
		1.1.1.5	評估新的技術變革（10024）
		1.1.1.6	分析人口特徵（10025）
		1.1.1.7	識別社會和文化改變（10026）
		1.1.1.8	識別涉及的生態因素（10027）
		1.1.1.9	識別涉及的智力因素（16790）
		1.1.1.10	分析 IP 採集選項（10791）
	1.1.2	調查市場與客戶需求（10018）	
		1.1.2.1	開展定性/定量評估（10028）
		1.1.2.2	瞭解客戶需求和願望（19946）
		1.1.2.3	評估客戶需求和願望（19947）
	1.1.3	評估內部環境（10019）	

表3-2(續)

		1.1.3.1	分析組織特性（10030）		
		1.1.3.2	分析內部營運（19948）		
		1.1.3.3	建立現有流程邊界（10031）		
		1.1.3.4	分析系統和技術（10032）		
		1.1.3.5	分析財務狀況（10033）		
		1.1.3.6	識別企業核心競爭力（10034）		
	1.1.4	確立戰略願景（10020）			
		1.1.4.1	定義戰略願景（19949）		
		1.1.4.2	圍繞戰略願景結盟利益相關者（10035）		
		1.1.4.3	與利益相關者溝通戰略願景（10036）		
	1.1.5	實施組織重構的機會（16792）			
		1.1.5.1	識別重構機會（16793）		
		1.1.5.2	開展盡職調查（16794）		
		1.1.5.3	分析交易期權（16795）		
			1.1.5.3.1	評估獲得期權（16796）	
			1.1.5.3.2	評估併購期權（16797）	
			1.1.5.3.3	評估解除併購期權（16798）	
			1.1.5.3.4	評估處理期權（16799）	
1.2	制定業務戰略（10015）				
	1.2.1	制定整體使命描述（10037）			
		1.2.1.1	識別當前業務（10044）		
		1.2.1.2	規劃使命（10045）		
		1.2.1.3	傳達使命（10046）		
	1.2.2	定義並評估戰略備選方案（10038）			
		1.2.2.1	確定戰略選擇（10047）		
		1.2.2.2	分析並評估戰略選擇的影響（10048）		
			1.2.2.2.1	識別需要改變的關鍵業務模型及業務元素（13289）	
			1.2.2.2.2	識別關鍵技術方面的影響（13290）	

表3-2(續)

		1.2.2.3	形成B2B戰略（16800）
		1.2.2.4	形成B2C戰略（16802）
		1.2.2.5	夥伴/聯盟戰略（16803）
		1.2.2.6	合併/收購/發展/分拆/退出戰略（16805）
		1.2.2.7	形成創新戰略（16806）
		1.2.2.8	形成持續性戰略（14189）
		1.2.2.9	形成全球支持戰略（19950）
		1.2.2.10	形成共享服務戰略（19951）
		1.2.2.11	形成精益/持續改進戰略（14197）
		1.2.2.12	形成持續改進戰略（19952）
	1.2.3	選擇長期業務戰略（10039）	
	1.2.4	協調及調整職能及流程戰略（10040）	
	1.2.5	形成組織架構（10041）	
		1.2.5.1	評估組織架構的廣度和深度（10049）
		1.2.5.2	開展具體的工作崗位匹配和增值分析（10050）
		1.2.5.3	開發評估活動銜接的崗位行動圖（10051）
		1.2.5.4	開展組織再造研討（10052）
		1.2.5.5	設計組織內各單元之間的關係（10053）
		1.2.5.6	開發用於關鍵流程的崗位分析與行動圖（10054）
		1.2.5.7	評估組織再造相關方案的可行性（10055）
		1.2.5.8	向新的組織架構切換（10056）
	1.2.6	開發並設置組織目標（10042）	
		1.2.6.1	識別組織目標（19953）
		1.2.6.2	確立度量邊界（19954）
		1.2.6.3	監控績效目標（19955）
	1.2.7	規劃業務單元策略（10043）	
		1.2.7.1	分析業務單元策略（19956）
		1.2.7.2	識別每個業務單元的核心能力（19957）

表3-2(續)

		1.2.7.3	細化業務單元策略以支持公司戰略（19958）		
	1.2.8	開發客戶體驗策略（19959）			
		1.2.8.1	評估客戶體驗（19960）		
			1.2.8.1.1	識別並檢視客戶接觸點（19961）	
			1.2.8.1.2	評估客戶體驗接觸點（19962）	
			1.2.8.1.3	開展客戶體驗中存在問題的根源分析（19963）	
		1.2.8.2	設計客戶體驗（19964）		
			1.2.8.2.1	界定與管理客戶體驗框架（16612）	
			1.2.8.2.2	形成客戶體驗地圖（19965）	
			1.2.8.2.3	確定客戶體驗管理機構（19966）	
			1.2.8.2.4	確定客戶體驗的遠景（19967）	
			1.2.8.2.5	向客戶驗證（19968）	
			1.2.8.2.6	將體驗與品牌價值和業務策略結合（19969）	
			1.2.8.2.7	開發客戶體驗內容（19970）	
		1.2.8.3	設計客戶體驗支持體系（19971）		
			1.2.8.3.1	識別所需的能力（19972）	
			1.2.8.3.2	識別對客戶體驗過程的影響（19973）	
		1.2.8.4	制定基於現實能力的客戶體驗路線圖（19974）		
	1.2.9	內外部溝通策略（18916）			
1.3	執行和衡量戰略舉措（10016）				
	1.3.1	形成戰略舉措（10057）			
		1.3.1.1	確定戰略重點（19975）		
		1.3.1.2	形成基於業務/客戶價值的戰略舉措（19976）		
		1.3.1.3	與利益相關方一道評價戰略舉措（19977）		
	1.3.2	評估戰略舉措（10058）			
		1.3.2.1	判斷每個優先戰略的業務價值（19978）		
		1.3.2.2	判斷每個優先戰略的客戶價值（19979）		

表3-2(續)

	1.3.3	選擇戰略舉措（10059）	
		1.3.3.1	選擇優先戰略舉措（19980）
		1.3.3.2	與業務單元及利益相關方溝通戰略舉措（19981）
	1.3.4	建立高水準的測量（10060）	
		1.3.4.1	識別業務價值驅動因素（19982）
		1.3.4.2	確定業務價值驗動因素的基準值（19983）
		1.3.4.3	根據基準值評估績效（19984）
	1.3.5	執行戰略舉措（19507）	

　　APQC將各項業務描述得非常細緻，從業務分解到各個業務的活動均包括在內，為流程規劃提供了一個很好的框架，不僅如此，在進行流程描述時，也可以參考其中的活動與作業的內容。

　　3. 基於SCOR模型的流程框架

　　（1）SCOR來源

　　SCOR（Supply-Chain Operations Reference-model）是由國際供應鏈協會（Supply-Chain Council）開發，適合於不同工業領域的供應鏈運作參考模型。1996年春，兩家位於美國波士頓的諮詢公司——Pittiglio Rabin Todd & McGrath（PRTM）和AMR Research（AMR）為了幫助企業更好地實施有效的供應鏈，實現從基於職能管理到基於流程管理的轉變，牽頭成立了供應鏈協會（Supply Chain Coucil, SCC）。SCC選擇了一個參考模型，經過發展、試驗、完善，於當年年底發布了供應鏈運作參考模型SCOR。SCC將SCOR模型看作描述和改進運作過程效率的工業標準。

　　SCOR模型是第一個標準的供應鏈流程參考模型，是供應鏈的診斷工具，它涵蓋了所有行業，為供應鏈夥伴之間有效溝通提供了標準、統一的工具，是一個幫助管理者聚焦管理問題的標準模型。SCOR模型包括一整套以流程為核心的框架、測量指標和比較基準，描述、度量、評價供應鏈配置，以幫助企業開發基於流程改進的策略，使企業間能夠準確地交流供應鏈問題，客觀地評測其性能，確定性能改進的目標，並影響了供應鏈管理軟件的開發。如圖3-11所示。

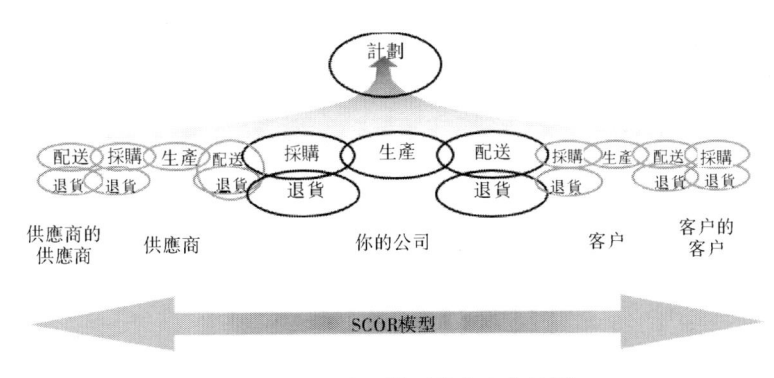

圖 3-11　SCOR 模型的內容與範圍

（2）SCOR 模型框架

SCOR 模型把業務流程重組、標杆比較、最佳業務分析等理念與技術集成到一個跨功能的框架之中。如圖 3-12 所示。

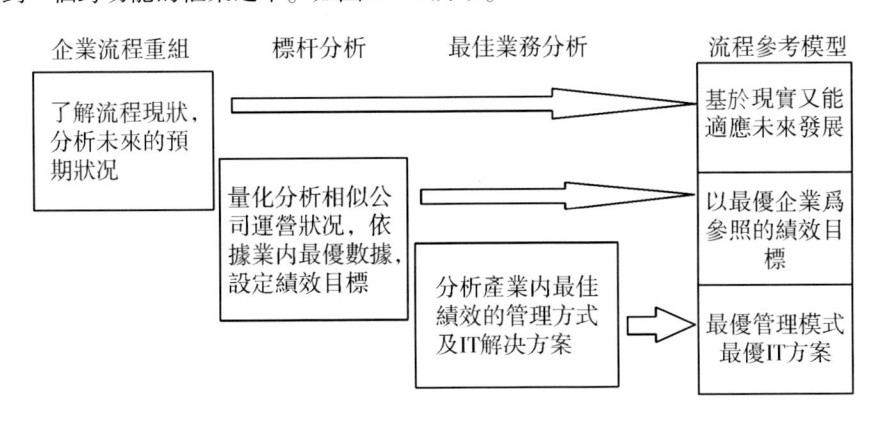

圖 3-12　SCOR 模型的四個組成部分

SCOR 模型按流程定義可分為三個層次，每一層都可用於分析企業供應鏈的運作。在第三層以下還可以有第四、五、六等更詳細的屬於各企業所特有的流程描述層次，這些層次中的流程定義不包括在 SCOR 模型中，具體如表 3-3 所示。

表 3-3　　　　　　　　　SCOR 模型的 4 個層次

範圍	層次	描述	含義
SCOR 模型範圍以內	1	最高層（流程類型）	◇定義了 SCOR 的範圍和內容 ◇確定了企業競爭性目標的基礎
	2	配置層（流程目錄）	◇企業可以從 24 種流程類型中選擇構造自己相應的供應鏈流程框架 ◇企業按此配置實施運作戰略
	3	流程要素層（流程分解）	定義了企業在選定市場上成功競爭的能力，包括： ◇流程要素定義 ◇流程要素信息輸入與輸出 ◇標杆應用 ◇最佳實施方案 ◇支持實施方案的系統能力
SCOR 模型範圍以外	4	實施層（流程元素分解）	◇企業在這個層次上實施具體的供應鏈管理運作 ◇定義了具體的運作方式以獲得競爭優勢和適應不斷變化的方案

➤第一層：描述了五個基本流程：計劃（Plan）、採購（Source）、生產（Make）、配送（Deliver）和退貨（Return）。它定義了 SCOR 模型的範圍和內容，並確定了企業競爭性目標的基礎，是企業建立供應鏈目標的起點。如圖 3-13 所示。

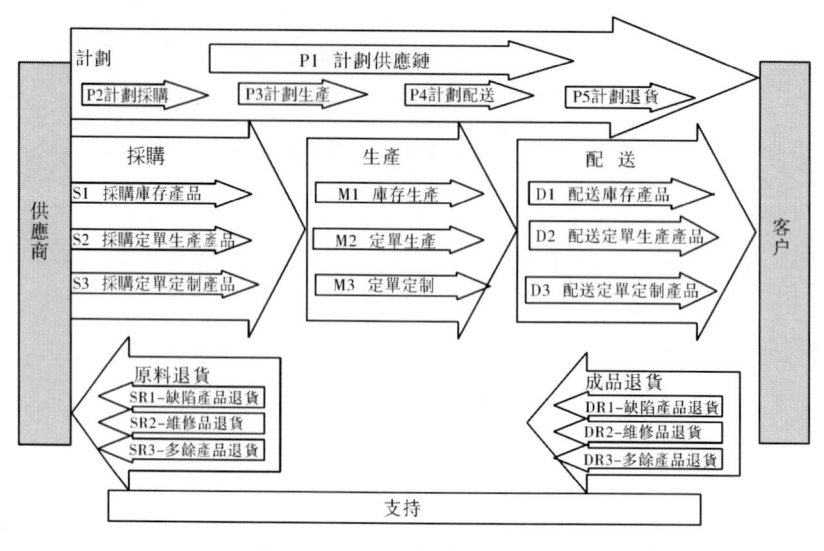

圖 3-13　SCOR 模型的流程框架

➤第二層：定義了 24 種核心過程目錄，這些都有可能是供應鏈的組成部分，企業可以從這些核心過程中選擇適合自己需要的，構建實際的或理想的供應鏈系統。

➤第三層：為企業提供提高供應鏈績效所需要的計劃和設置目標的信息。計劃部分包括流程要素定義、問題診斷、行業目標選擇、系統軟件能力等。

➤第四層：強調實施。因為每一個企業的個案都是不同的，所以沒有固定的要素，企業自身的運作特點在第四層中可以充分體現。

圖 3-13 描述了 SCOR 模型的流程框架。

（3）SCOR 模型績效指標

SCOR 模型有成體系的指標衡量不同層次流程的績效，第一層的績效從可靠性、反應速度、靈活性、成本、資產管理五個維度設定了不同的指標，如表 3-4 所示。

表 3-4　　　　　　SCOR 模型流程績效指標（第一級）

績效維度	一級指標
可靠性	完好訂單履行率
反應速度	訂單履行週期
靈活性	提升供應鏈柔性
	提高供應鏈適應性
	降低供應鏈適應性
成本	供應鏈總成本管理
	產品銷售成本
資產管理	資金週轉
	固定資產收益率
	營運資金回報率

在 SCOR 模型中，對每個一級流程績效指標順著流程的架構進行了分解，形成三級流程績效指標體系，下面以成本維度為例，如表 3-5 所示。

第三章　流程量化：流程分析與優化　47

表 3-5　　SCOR 流程績效評價中「成本」維度三級指標體系

一級指標	二級指標	三級指標
供應鏈總成本管理	計劃成本	計劃採購成本
		計劃交付成本
		計劃供應鏈成本
		計劃退貨成本
		計劃製造成本
	採購成本	供應商管理成本
		材料獲取成本
產品銷售成本	製造成本	直接原料成本
		間接生產成本
		直接人力成本
	交付成本	銷售訂單管理成本
		客戶管理成本
	退貨成本	採購退貨成本
		退貨成本
	供應鏈風險價值（VAR）	計劃風險
		製造風險
		退貨風險
		交付風險
		採購風險

　　以上僅為指標的名稱，具體的指標值則需要根據企業的自身實際情況、發展目標以及對標杆企業分析後再設定，並且每年應該是動態調整的。

　　（4）SCOR 模型的最佳實踐

　　SCOR 模型針對每個流程的各個活動提出了最佳實踐參考，以利於企業參照建立流程或對現有流程進行優化，從而實現管理水準的提升，以「計劃交付流程」為例說明 SCOR 模型的最佳實踐要求，如表 3-6 所示。

表 3-6　　SCOR 模型中「計劃交付流程」的最佳實踐參考

流程名稱	活動內容	最佳實踐建議
計劃交付流程	所有活動	物料供應過程中各狀態的信息傳遞是快速和準確的
		預先告知客戶來設定期望，同時鼓勵建立貼切的工作關係，供應鏈資源的可視化，供應柔性的協定
		燃油使用最小化
	確定排序/計算交付需求	客戶關係數字連接提供準確的可視化到實際需求經由客戶預測、產品計劃、生產計劃以及庫存位置
		供應鏈需求計劃與客戶的庫存系統以及銷售時點信息緊密連接
		VMI（庫存管理得到持續改進的合作性策略）
		合理庫存——基於日和周的供應
		保證季節性以及促銷供應的柔性
		POS 數據以及庫存數據之間的電子匹配
		消除「特殊交易銷售」來減少退貨以及提高預測的準確性（減少不確定性，降低安全庫存需求）
		射頻條碼以及其他標籤使用
		未計劃的插單只允許在對整體生產計劃沒有影響的情況下
		預測被實際客戶補貨信號或者訂單替代
		計算需求減少運輸成本
	確定排序/計算交付資源	使用可回收包裝
	平衡交付資源及能力與交付需求的匹配	需求優先級反應客戶關係策略，據此自動分配資源，FIFO 作為默認計劃優先策略
	建立交付計劃	考慮那些在當前計劃週期內不能充分滿足的條件，每個功能區發展優先級推薦給後繼的計劃期間
		計劃應遵循商業規則
		最大量裝載，最小量發貨
		明確的計劃變更得到跨模塊的相關職能部門的確認
		計劃如果違背了 JSA，將會跨智能模塊討論，考慮多方面商業影響（利潤、成本、質量、客戶服務等）

最佳實踐的提出來源於對眾多標杆企業成功管理模式與方法的總結，同時，由於 SCOR 模型也在不斷地更新版本，因此最佳實踐參考的內容也在不斷發展。

（5）運用 SCOR 模型規劃流程框架的案例

SCOR 模型最大的價值在於為我們提供了關注流程績效、標杆分析、持續改進的理念，同時，也在此理念下提供了一攬子的量化實現技術，以逐步實現企業最優的管理模式及為此提供支撐的 IT 解決方案。SCOR 模型不包括銷售管理流

程、技術開發流程、產品和工藝設計流程、開發、貨物運送後技術支持等流程。

在使用SCOR模型規劃流程框架時，對於企業中與供應鏈有關的那部分可以參考SCOR模型，而對於其他模塊，則可以參照SCOR模型的理念設計。表3-7是在借鑑SCOR模型基礎上對S製造企業採購、生產製造兩個模塊設計的流程框架。在SCOR模型內的二級流程有現成的「計劃」「採購」「製造」模塊，但S企業習慣將計劃分別放在不同的專業模塊下，因此，將SCOR模塊中有關採購計劃的，列於「採購」模塊下，另外，SCOR中沒有「採購招標流程」「採購合同簽訂流程」，但S企業有這兩個業務，並且是很重要的兩個業務，因此增加在「採購」模塊中。關於生產製造，S企業沒有OEM外包，因此，將SCOR模型中的此項內容略去，而將「產品自製業務」做了細分，分成「生產準備」「物料管理」「生產過程控制」等幾個二級流程；在SCOR模型中沒有與工藝有關的流程，而S企業的實際業務中有此業務，因此增加「工藝管理」二級流程。由此案例可以發現，SCOR模型本身給我們提供了一個流程框架的標杆，但在使用SCOR模型時需要靈活處理，分析企業自身的戰略定位與業務特點，建立能夠用於指導企業自己實際業務的流程框架。

表3-7　　　某製造企業採購、生產兩個模塊的流程框架
(SCOR模型運用案例)

一級	二級	三級
採購	採購計劃	採購計劃編製流程
		採購預算編製流程
	供應商選擇與評估	確定採購需求流程
		生產物料採購流程
		非生產物料採購流程
		供應商初選及資格認證流程
	採購執行業務流程	採購招標流程
		採購合同簽訂流程
		下達採購訂單流程
		採購預付款管理流程
		採購訂單管理流程
		採購付款流程
	供應商管理流程	收集供應商考核數據流程
		供應商評估流程

表3-7(續)

一級	二級	三級
生產製造	生產準備	技術交底流程
		生產作業計劃流程
	物料管理	採購貨物驗收入庫流程
		倉儲管理流程
		物料領用流程
	生產過程控制	生產進度控制流程
		生產調度流程
	工藝管理	工藝改進管理流程
		工藝方案評價流程
	質量管理	來料質量控制流程
		過程質量檢驗流程
		成品出庫質量控制流程

4. IPD集成產品開發流程框架

(1) IPD的來源

IPD（Integrated Product Development，集成產品開發）是一套產品開發的模式、理念與方法。IPD的思想來源於美國研發諮詢機構PRTM公司的PACE（Product And Cycle-time Excellence）理論，在這套理論中詳細描述了業界最佳的產品開發模式所包含的各個方面。經過IBM公司的實踐，IPD已經成為一個包含企業產品開發的思想、模式、工具的系統工程。IPD強調以市場需求作為產品開發的驅動力，將產品開發作為一項投資來管理。IPD的目標是實現產品開發的「準、快、低」，其中「準」是指開發滿足細分市場客戶需求的產品，「快」是指向市場快速提供成功的產品，「低」是實現低成本的產品開發以及低成本的產品設計。

1992年IBM公司遭遇到了嚴重的財政困難，銷售收入停止增長，利潤急遽下降。經過分析，IBM發現他們在研發費用、研發損失費用和產品上市時間等幾個方面遠遠落後於業界最佳水準。為了重新獲得市場競爭優勢，IBM提出了將產品上市時間壓縮一半，在不影響產品開發結果的情況下，將研發費用減少一半的目標。為了達到這個目標，IBM公司應用了IPD方法，在綜合了許多業界最佳實踐要素的框架指導下，從流程重組和產品重組兩個方面來達到縮短產品上市時間、提高產品利潤、有效地進行產品開發的目的。IBM使用IPD的3年之後，一是產品上市時間大大縮短：高端產品上市時間從70個月減少到20個月，中端產品從50個月減少到10個月，低端產品降低到6個月以下；二

是研發費用占總收入的百分比從12%減少到6%；三是研發損失從起初的25%減少到6%。在研發週期縮短、研發支出減少的同時，卻帶來了產品質量的提高、人均產出率的大幅提高和產品成本的降低。

在國內，華為從1998年率先引進並實施IPD，使產品創新能力和企業競爭力獲得大幅提升。目前，國內的軟件、電子、通信、自動化、機電設備、材料等眾多行業均通過使用IPD取得了不同程度的成效。

（2）IPD的核心理念

流程只是IPD系統的一部分，更重要的是IPD具有先進的產品開發理念，其核心思想包括以下幾個方面。

➢全流程產品開發。IPD強調產品開發是全流程的開發，包括六個階段、四個決策評審點、六個技術評審點，全流程產品開發從系統層面認識產品開發，提升了新產品的市場成功率。

➢產品開發是一項投資決策。在IPD系統中設計了專門負責新產品開發投資的集成組合管理團隊（IPMT），這是一個跨部門團隊，其角色類似於一個投資銀行家；而產品開發團隊（PDT）則類似於被投資的企業。IPMT的投資活動包括三個方面：一是根據新產品的投資優先級別，使投資組合合理化；二是對新產品開發分階段進行投資，在每個階段設有決策評審點，只有通過了決策評審，IPMT才會進行下一階段的投資，這樣就可以提前發現新產品開發的問題，避免投資的浪費；三是在決策評審點，IPMT更多的是考慮產品的投資回報率，評審的對象是新產品的業務計劃，而不是產品開發計劃，產品經理（PDT leader）要對產品的市場成功和財務成功負責，而不僅對產品的研發成果負責。

➢基於市場的開發。IPD強調基於市場的創新，為此，IPD把正確界定市場需求、定義產品概念作為流程的第一步，著眼於一開始就把事情做正確，並且在產品的整個生命週期都從客戶的需求出發制訂產品開發的有關計劃。

➢跨部門、跨系統協同。在IPD中有四個跨部門團隊，即：集成組合管理團隊IPMT（Integrated Porfolio Management Team）、組合管理團隊PMT（Porfolio Management Team）、產品開發團隊PDT（Product Development Team）、技術開發團隊TDT（Technology Development Team）。採用跨部門、跨系統的團隊，可以提高溝通效率，實現資源與能力互補，快速把產品推向市場。

➢構建公用的產品平臺CBB（Common Building Block）。將產品開發與平臺開發分離，產品平臺是一系列的具有成熟應用的、可被不同的產品共享的子系統和界面，產品開發與產品平臺開發分離後，產品開發就只需要在產品平臺開

發的基礎上根據細分市場的特點增加新的特性，這樣就大大減少了新產品開發的工作量，縮短了新產品的研發週期。

➢異步開發。異步開發是縮短新產品上市週期 TTM（Time To Market）的重要手段，它通過嚴密的計劃、準確的接口設計把原來的許多後續活動提前進行。異步開發不僅是產品設計活動的並行展開，也包括其他相關部門的活動，如市場策略、銷售策略、服務策略的開發和準備活動都與產品設計和研發並行開展，這樣就縮短了很多企業等產品開發出來後再制定市場、銷售、服務等方面策略所延長的時間。

➢結構化的流程。IPD 開發流程分為四個等級：階段、步驟、活動、任務。每個步驟有 10 到 20 個任務，而每個任務又由若干個活動組成，活動是由要素、模板、經驗數據組成的，由此構成了產品開發流程的不同層次。

（3）IPD 的內容

IPD 系統包括三個層面的核心流程，即：規劃層、運行層、支持層。在規劃層，有產品規劃與市場管理兩個流程；在運行層有集成開發的概念、計劃、開發、驗證、發布及產品生命週期管理六個階段流程；在支持層有決策評審流程、技術評審流程、項目管理流程、財務管理流程、質量管理流程、系統工程流程、硬件開發流程、軟件開發流程、結構開發流程、工業設計流程、測試與驗證流程、資料開發流程、技術支持流程、製造流程、採購流程、市場流程、銷售流程 17 個流程。圖 3-14 是 IPD 流程框架。

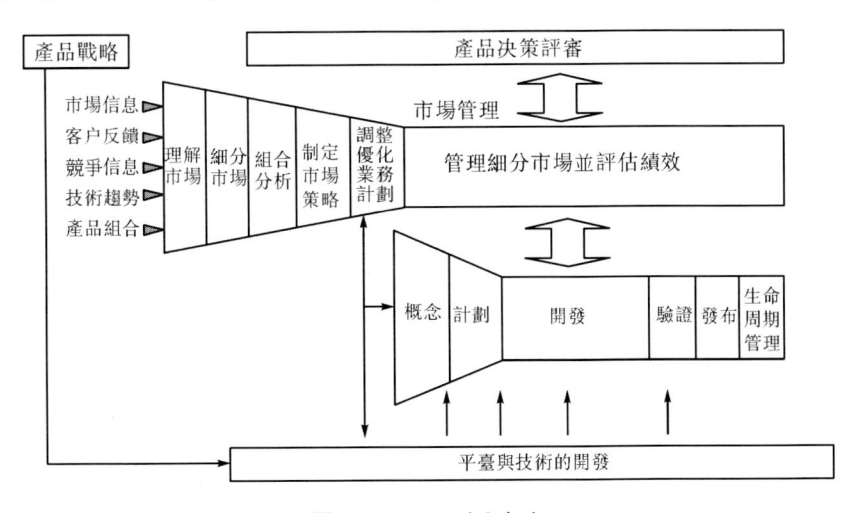

圖 3-14　IPD 流程框架

需要注意的是，從產品開發的視角看，IPD 給了我們很好的理念以及運作

體系的參考，但在用於流程規劃時，我們需要根據企業具體的新產品開發工作的權重、戰略定位、現有資源情況，有選擇性地借鑑 IPD 的流程框架，不能生搬硬套。

3.2.4 流程規劃的步驟

流程規劃的過程包括成立項目組、流程規劃培訓、流程盤點、企業級流程框架搭建四個步驟，如圖 3-15 所示。

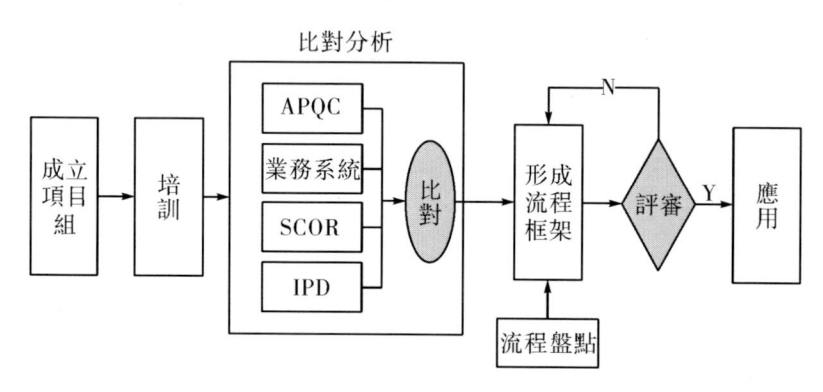

圖 3-15 流程規劃的步驟

1. 成立項目組

流程規劃既需要站在企業高層的視角縱觀全局，又需要非常熟悉企業內各個專業領域的運作，可以說是一項既需要有高度、全面系統，又需要有深度的工作。而流程規劃的結果直接影響後續的流程系統質量，甚至會影響企業 IT 系統的運作效率，因此，成立跨專業並由企業高層直接領導的項目組是該項工作的第一步。項目組的責任分配、工作機會會直接影響流程規劃的結果。項目組至少應包括三個角色。一是流程規劃領導小組，一般由企業高層領導組成，主要負責把握流程總體方向、評審流程框架，並為流程規劃全過程提供資源支持。二是流程規劃執行小組，一般由中層管理者組成，主要負責本部門或專業流程架構的標杆比對，組織本部門的流程盤點，對現有流程進行評審，形成專業領域內的流程架構，參與其他專業領域的流程架構討論並提出意見。三是流程規劃責任部門，一般由企業的戰略管理部或總經理辦公室承擔，主要負責流程規劃培訓工作的組織，制定時間節點，組織各專業討論流程架構，形成最終的企業級流程框架。

2. 流程規劃培訓

這項工作容易被忽略，一些企業發個通知就開始工作，不對項目組人員及

其他相關人員進行培訓，使得各個環節的工作出現較大的偏差。培訓的目的，一方面是傳授流程規劃的相關知識、理念與方法，另一方面也是達成共識的過程。通過培訓，還可以把需要做的工作逐項分解落實到各部門或人員。

3. 比對分析

這個環節的工作也是比較容易被忽略的，或者由於項目組人員對流程規劃的技術與方法的缺乏，而做得不到位。對於沒有系統地開展過流程體系建設的企業來說，最常見的情況是，各部門有一些常用的流程，但都是零星的，這些流程的數量與質量取決於某個部門或某個專業負責人的管理水準與責任心。流程規劃就是要把這些零星的、碎片化的流程連接起來，從企業的戰略出發，一直到實現客戶的價值，形成端到端的流程系統。但是，如何能夠確保形成的流程系統是覆蓋企業所有業務的？

首先，以企業的業務系統為基準，將APQC、SCOR、IPD等成形的、先進的流程框架作為標桿，開展全業務的比對；然後在比對的基礎上找出差異，分析原因，結合企業的實際情況，盡量向先進的流程框架看齊。可能有人會問了，這樣的比對分析，為什麼沒有看到企業戰略呢？當然，企業戰略是不能缺位的，但在業務系統形成時，已經對企業戰略以及企業的業務定位做了全面、完整的分析，可以說企業戰略的落實已經包括在業務系統內了。由此也說明一個問題，儘管有諸如APQC、SCOR、IPD等先進的流程框架，但是我們不能直接拿來就用，企業自身的業務系統是流程規劃時最重要的基準。但是反過來，可不可以直接將業務系統轉換成流程框架呢？原則上不可以，因為我們做流程規劃的目的不僅僅是要建立一個流程框架，更重要的目的是整體管理系統的改進與完善，將先進的流程框架用來做比對分析的過程，也是尋找企業自身管理問題、提出解決方案的過程。而且，由於項目組內的成員都是來自企業的高、中層管理者，這正好是各個部門，包括企業高層在內的全面提升過程。在流程規劃時應注意分析以下幾個方面的問題，包括：企業現行的管理系統的集成性分析、現行管理模式分析、橫向業務協作分析、客戶導向性分析、目標一致性分析。

4. 形成流程框架

在完成了比對分析以後，流程框架的初步方案就形成了，在形成了初步方案以後，再做流程盤點。這項工作最容易出現的錯誤就是，先做流程盤點，再形成流程框架的初步方案。為什麼不能先做流程盤點呢？如果先做了流程盤點，流程框架勢必會受到現有流程的影響，不利於發現缺失的流程，甚至於影響企業戰略的落實。比如某企業的市場部在流程規劃時，先做了流程盤點，梳

理出部門現有的 15 個流程，包括「客戶需求計劃管理流程、銷售票據管理流程、定期回訪管理流程、投訴處理流程、新產品定價管理流程、產品調價管理流程、價格政策制定及管理流程、應收帳款監管流程、應收帳款催收管理流程、客戶資質審核管理流程、銷售合同審核流程、銷售人員業務績效考核管理流程、銷售業務人員勞動紀律考核管理流程」等，相比較其他部門，市場部的流程算是比較多的，他們就認為已經很完整了。但是通過分析發現，他們的「市場開發」業務因為是公司盈利模式發生改變的一年前才開始重視的，目前並未形成規範的流程，出現了缺失，而這項工作恰好是流程規劃需要重點解決的問題。因此應在流程框架初步形成後再盤點流程，通過流程的盤點進一步核實流程框架中是否有遺漏的流程。

5. 流程框架評審

評審環節必須開會，而且可能不止一次會議。評審會議的目的有三個：一是檢驗流程框架的建立過程是不是嚴謹且符合要求的，各個部門或專業負責人，以及匯總流程框架的責任人都要詳細說明每一個一級流程、二級流程、三級流程甚至四級流程是怎麼形成的，依據是什麼，做了哪些分析，現狀是什麼，做了哪些改善等。二是解決存在的分歧，在流程框架建立的過程中，各部門或各專業之間必然會產生一些分歧，通過評審會議的討論與分析，可以自然發現分歧的根源，得出最佳的解決方案。三是達成共識，通過評審討論，可以使部門與專業之間互相瞭解，並且相互補充；同時，還可以對少數工作責任不明確或刻意推卸責任的部門，明確其工作職能，並讓其他部門知曉。在評審環節中最容易出現的問題是，把形成的流程框架文本提交給不同的公司高層領導，請他們分別簽字審核，這是一定要避免的，不要把評審審核當做告知與免責聲明。

6. 應用

當企業的流程框架形成後，建議做成流程清單或流程目錄，並把相關的流程責任部門、責任人、流程表單集合在流程清單裡。表 3-8 為某企業的流程清單示例。

表 3-8　　　　　　　　某企業流程清單示例

一級流程	二級流程	三級流程	流程中使用的表單
1 戰略與目標管理	1.1 戰略管理	1.1.1 戰略規劃流程 Q/XXXX-ZLGL-LC-1.1.1	
	1.2 目標管理	1.2.1 全面預算管理流程 Q/XXXX-ZLGL-LC-1.2.1	預算調整申請表 LCJL-ZLGL-1.2.1-1
		1.2.2 年度經營目標管理流程 Q/XXXX-ZLGL-LC-1.2.2	服務支持滿意度評價表 LCJL-ZLGL-1.2.2-1
			關鍵行為指標表 LCJL-ZLGL-1.2.2-2
			目標值調整申請及審議表 LCJL-ZLGL-1.2.2-3
			績效申訴表 LCJL-ZLGL-1.2.2-4
	1.3 投資管理	1.3.1 對內投資管理流程 Q/XXXX-ZLGL-LC-1.3.1	
		1.3.2 對外投資管理流程 Q/XXXX-ZLGL-LC-1.3.2	對外投資計劃表 LCJL-ZLGL-1.3.2-1
			對外投資完成情況表 LCJL-ZLGL-1.3.2-2
			立項請示（模板） LCJL-ZLGL-1.3.2-3
2 市場行銷管理	2.1 市場規劃與行銷策劃	2.1.1 市場調研分析流程 Q/XXXX-SCYX-LC-2.1.1	
		2.1.2 新產品規劃流程 Q/XXXX-SCYX-LC-2.1.2	
		2.1.3 行銷策劃流程 Q/XXXX-SCYX-LC-2.1.3	

第三章　流程量化：流程分析與優化

表3-8(續)

一級流程	二級流程	三級流程	流程中使用的表單
2 市場行銷管理	2.2 銷售管理	2.2.1 銷售計劃管理流程 Q/XXXX-SCYX-LC-2.2.1	XX月度銷售情況匯總表 LCJL-SCYX-2.2.1-1
			XX月已簽合同項目 LCJL-SCYX-2.2.1-2
			XX月已中標擬簽合同項目 LCJL-SCYX-2.2.1-3
			XX月儲備的重大項目 LCJL-SCYX-2.2.1-4
			銷售合同管理報表統計 LCJL-SCYX-2.2.1-5
		2.2.2 應收帳款管理流程 Q/XXXX-SCYX-LC-2.2.2	
		2.2.3 大客戶回訪流程 Q/XXXX-SCYX-LC-2.2.3	
		2.2.4 合同審批用印流程 Q/XXXX-SCYX-LC-2.2.4	
	2.3 品牌管理	2.3.1 企業內外宣傳管理流程 Q/XXXX-SCYX-LC-2.3.1	新媒體信息發佈申請單 LCJL-SCYX-2.3.1-1
		2.3.2 展會管理流程 Q/XXXX-SCYXL-LC-2.3.2	展會信息及參展提案表 LCJL-SCYX-2.3.2-1
			展會費用預算表 LCJL-SCYX-2.3.2-2
			展會方案模板 LCJL-SCYX-2.3.2-3
			展會信息收集概要表 LCJL-SCYX-2.3.2-4
			參展客戶信息登記表 LCJL-SCYX-2.3.2-5
			展會效果評估表 LCJL-SCYX-2.3.2-6
			總結報告模板 LCJL-SCYX-2.3.2-7
			展會檔案存檔目錄模板 LCJL-SCYX-2.3.2-8
		2.3.3 危機公關處理流程 Q/XXXX-SCYX-LC-2.3.3	品牌危機事件通報表 LCJL-SCYX-2.3.3-1
			品牌危機公關處理表 LCJL-SCYX-2.3.3-2

註：該清單中列出的僅為兩個業務模塊的流程，完整的流程清單示例見本章的附錄1

3.3 流程描述

3.3.1 什麼是流程描述

流程規劃完成後，需要對流程框架中的流程做具體的描述，形成能夠指導日常活動開展的流程文件。流程描述就是運用一系列特定的符號及文字說明，形象、清晰地將流程的各個環節以及輸入與輸出完整地表述出來的過程。流程描述是流程管理活動中的一項重要工作，準確、有效的流程描述，體現了流程的重要控制點以及各項工作輸出的成果，有助於指導各個環節的工作。同時，我們不能把流程描述等同於簡單地畫流程圖。**流程描述的前提是流程分析，流程描述的過程融入了工作界面梳理、流程優化、權限分配、記錄表單優化等工作**。好的流程描述，為流程落地打下了基礎，流程描述的意義主要體現在以下幾個方面。

➤通過流程描述明確了工作過程中相關任務的責任人以及關鍵決策點，這樣不僅能減少工作責任不明導致的低效，還為績效考核提供了支持。

➤通過流程描述使我們能夠理解並分析公司核心活動背後的關鍵細節，這些細節有可能平時是被大家忽略或沒有做到位的，例如，某公司在描述物資出庫流程時，發現物資領用單的簽批手續很亂，有的是由物資領用人所在部門的負責人簽字，有的是由物資管理部門簽字，有的是由公司分管領導簽字，而有的就完全沒有簽字，為此，該公司針對這一情況，將物資做了分類，明確了各類物資的簽批手續。

➤通過流程描述還可以將相關工作的記錄表單進行系統地梳理，將沒有的表單補充完整，將時而使用時而不使用的表單固定下來。例如，某公司在流程描述工作結束後的總結中發現，在所有的流程記錄表單中，新增記錄表單占28%，規範記錄表單占37%，總計占到了65%的比例。

3.3.2 流程描述的方法

流程表述的方法有文本法、表格法及圖形法。文本法即是通過文字詳細描述流程各個環節的工作內容、輸入、輸出等信息。表格法則將流程的責任人、流程活動在二維的表格上表現出來，比文本法直觀。圖形法是用特定的符號表述流程的活動，並輔助以文字的說明，比文本法及表格法更直觀。正因為圖形法具有直觀的優點，因此被人們廣泛採用。

圖形法常用的有 IDEF 法、EPC 法、LOVEM 法、矩陣式表述法，表3-9列出了各種方法的特點。

表 3-9　　　　幾種常用流程描述圖形方法的比較

特點＼方法	IDEF 法	EPC 法	LOVEM 法	矩陣式表述法
系統性	好	一般	好	好
可理解性	一般	好	一般	好
流程責任人是否明確	不夠明確	不夠明確	不夠明確	明確
對流程優化的支持程度	弱	一般	一般	強
對各個活動細節信息表述能力	較強	較弱	較強	強

相較於其他幾種方法，矩陣式流程圖明確描述了流程責任人，對流程優化的支持程度、流程細節信息的表述能力都比較強。流程描述就是要清晰地描述流程各個環節的活動、流程的責任人以及流程活動的輸入與輸出，並將流程固化下來作為企業管理活動中的行為準則。因此本文**推薦矩陣式流程圖作為流程描述的方法**，在不做特殊說明的情況下，流程圖指的就是矩陣式流程圖。

1. 矩陣式流程圖的描述規則

矩陣式流程圖分成縱、橫向兩個方向，縱向表示工作的先後順序，橫向則表示承擔該項工作的部門和職位，通過縱、橫兩個方向的坐標，既可以瞭解一項工作先做什麼、後做什麼的順序問題，又可以瞭解由誰來做的責任問題。在流程圖中，不同的符號有不同的含義，企業在進行流程描述時應統一使用。美國國家標準學會（ANSI）對於矩陣式流程圖規定了流程描述的標準符號。

➤ 開始框。表示每個流程的開始，在一個流程中，開始框只能使用一次。

➤ 結束框。表示每個流程的結束，在一個流程中，結束框只能使用一次。

➤ 活動框。表示流程中的一個工作活動，框內的文字由「序號+活動內容」構成，應盡可能精簡。

➢業務流向線。表示工作活動或業務的流轉方向。應使用動態連接線，並且不得使用雙向箭頭。

➢判斷框。表示兩種情況的判斷，框內文字由「序號+判斷內容」構成，Y與N匹配使用。原則上要求遵循「上進下出，左右反饋」規則。

➢基礎資料框。表示形成的記錄表單等基礎資料，要求在框內寫明記錄表單的名稱。

➢資料歸檔。表示需要將此流程中的基礎資料歸檔保存。

➢頁內引用。當業務流向線交叉，不能輕易識別時，使用頁內引用符號。此符號只能在當頁內使用，符號內使用小寫英文字母。

➢離頁引用。當流程不能在一頁紙中全面展示時，使用此符號表示活動框之間的銜接途徑。離頁引用使用大寫英文字母。

➢相關流程。表示作為該流程的一個子流程或接口流程。

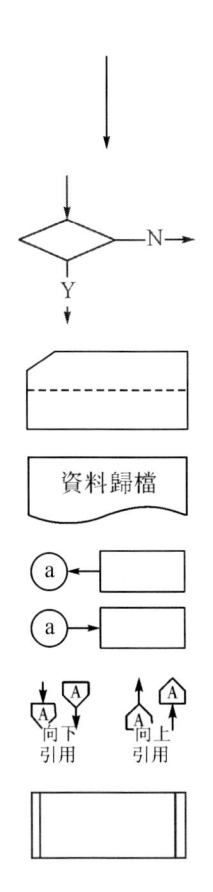

2. 流程圖描述的過程

流程圖描述需要經過以下七個過程，原則上流程描述由企業中主導該項工作的人員完成。

➢確定流程的開始和結束。一個流程的開始（起點）和結束（終點）是一項工作的邊界，它表明了一項工作從什麼時候開始，到什麼時候結束。比如「投標流程」的開始是「收到招標邀請」，結束是「完成投標文件遞送」。

➢梳理從開始到結束的整個過程。從流程開始到流程結束，會有一系列的活動，這些活動中有執行、有協助執行、有組織執行還有決策，有的活動還需要信息反饋，流程描述人需要對各個環節的活動都有一個深入的分析。

➢識別該流程所涉及的部門和崗位。一個流程中的活動大部分是需要在不同部門、不同崗位之間流轉，對流程的整個過程梳理清楚後，對於流程所涉及的部門和崗位基本上就有了認識與瞭解，在此基礎上，再進一步明確所涉及的部門和崗位以及對應的流程活動，並將相應的部門或崗位標註在流程圖上。

➢確定過程的先後順序。在流程梳理時會發現,有些活動、決策過程的先後順序是自然存在的,而有些過程的先後順序並不明顯,這時需要與相應過程的責任人開展討論,明確過程的先後順序。

➢繪製表示該過程的流程圖草案。以上過程完成後,就可以形成流程圖的草案了,這也是後續幾個過程需要依據的重要文本。

➢與流程中的有關人員一起評審流程圖草案。「流程中的有關人員」包括流程活動涉及的本部門人員、其他部門人員,也包括需要對流程重要環節實施審核或審批事項的部門負責人、企業高層領導。通常可以在所有流程草稿形成後,將其裝訂成冊並附上評審表提交有關人員評審。評審表參見表3-10。評審後針對表中最後一項「建議從公司層面對本流程重點討論」的流程進行會議討論。一般需要這項審核的流程,要麼是目前的工作界面很不清晰,要麼是非常關鍵核心的流程。

表 3-10　　　　　　　　　　流程評審表

序號	流程名稱	審核內容				
		本流程的各個環節與公司目前的各項活動是否符合	本流程中各層級、各部門的職責權限是否清晰	本流程中使用的記錄表單是否與實際管理符合	本流程描述的內容是否與實際管理一致	建議從公司層面對本流程重點討論
		□是 □否	□是 □否	□是 □否	□是 □否	□是 □否
		□是 □否	□是 □否	□是 □否	□是 □否	□是 □否
		□是 □否	□是 □否	□是 □否	□是 □否	□是 □否
		□是 □否	□是 □否	□是 □否	□是 □否	□是 □否
		□是 □否	□是 □否	□是 □否	□是 □否	□是 □否
		□是 □否	□是 □否	□是 □否	□是 □否	□是 □否
		□是 □否	□是 □否	□是 □否	□是 □否	□是 □否
其他建議						

➢根據評審結果對流程圖加以改進。評審結束後,流程責任人應根據評審結果,對流程圖草案做修改,形成可用於正式發布的流程圖。

3. 流程描述文件

流程圖描述完成以後,還需要形成流程描述文件,使流程與其他的制度文

件、相關的記錄表單嚴密契合。一方面，一個流程可能會對應幾個制度或標準；另一方面，流程在流轉過程中必然會形成相關的表單記錄，而流程文件就是流程圖與其相關制度文件和表單的連接載體。可能有人會說，那麼為什麼不把流程直接放到相關的制度裡去呢？這樣做當然是可行的，而且在實踐中我們也在這樣做。但是，**我把流程描述文件看成是一個企業更高一個層次的制度規範，形象地說，它就是一個企業制度體系的檢索**。在實際工作的指導中，企業更多地使用流程描述文件，把與之相關的制度或標準的細則作為備查，在需要時或新員工入職培訓時使用，這樣可以提高制度體系的使用效率。企業的制度或標準之所以不能被落實，有一個很重要的原因就是它太複雜，當然，這種複雜是必須有的，因為很多事項都是需要規定細則。

流程描述文件的內容包括流程基本信息、流程概述、規範性引用文件、流程歸口管理及配合部門或崗位、使用的記錄表單、流程圖及附錄。示例參見本章附錄2。

➤流程基本信息。主要包括流程名稱、流程編號、流程的編製部門、流程責任人、審核人、生效日期以及版本號等。

➤流程概述。主要是對流程的適用範圍、主要管理事項或流轉環節進行概要描述。

➤規範性引用文件。引用文件是指流程的流轉過程中會使用的制度或標準。需要注意的是，這裡的制度與標準既可以是企業內部自己建立的制度或標準，也可以是相關的行業標準、國家的法律法規等。

➤流程歸口管理及配合部門或崗位。將流程中各項活動所涉及的部門或崗位完整地列示在這裡，最好能明確到具體的崗位。

➤使用的記錄表單。在這裡主要是將流程使用的記錄表單編號與名稱列出來，具體的記錄表單則放在附錄。

➤流程圖。指對應的流程圖。

3.4 流程優化

3.4.1 流程優化的原則

在流程的設計和實施過程中，需要不斷分析流程績效，以達到最佳的效果。對現有流程的梳理、完善和改進的過程，稱為流程的優化。在傳統的以職能為中心的管理模式下，流程隱藏在冗雜的工作背後，過程運轉複雜、效率低

下、顧客抱怨等問題層出不窮。在流程優化過程中，無論是對整體流程的優化還是對其中部分環節的優化，如減少環節、改變時間順序、增加控制點，都是以提高工作質量、提升工作效率、降低成本、降低勞動強度、節約資源、確保安全生產、減少污染等為目的。

1. 持續性原則

流程的運作效率不僅取決於流轉的過程，更取決於企業的文化、崗位的設置、信息化程度等流程運作的環境。因此，流程優化是持續性的，不會一蹴而就。一方面，企業通過流程優化推動企業文化、崗位設置、信息化等流程運作環境的改善，另一方面，當流程運作環境得以完善後，企業又需要進一步提升流程的績效，從而形成持續的不斷完善的良性循環。

2. 目標導向原則

流程優化可以改善產品質量、降低成本、提升效率、節約資源等，但我們並不能指望做一次流程優化就達到所有的目標。不同的時期，企業的資源能力不同，企業所要達成的目標也會有所不同，對於流程優化的具體目標也有差異。因此，企業在優化流程時需要先明確目標，比如要以質量改進為目標，在流程優化時就要在質量目標達成的情況下節約成本與資源，而不能為了節約成本與資源降低品質。

3. 資源整合原則

要將分散於不同部門、不同地區的資源視為一體，利用數據庫、遠程通信網絡以及信息分佈處理系統，將分散的資源統一處理，在能夠獲得更大規模效益的同時，保持靈活並滿足更多範圍的服務需求。

4. 客戶導向原則

在流程中，我們常會說下一環節的活動是上一環節活動的客戶，客戶意識是流程的核心之一。在流程優化時，不僅要關注內部的這些客戶，還要關注外部的客戶需求與客戶體驗。原則上企業與顧客之間只能有一個聯繫點，即業務專員或業務經理，與外部客戶有關的所有活動最後均指向這個業務專員或業務經理，他們必須具備這樣的能力：能使用流程中相關的信息系統，並且有能力與流程的其他執行人員保持聯繫並相互協助工作。

3.4.2 流程分析

流程分析是流程優化的基礎工作，是量化與細化流程問題的重要過程。 在進行流程分析時，需要注意幾點：一是需要有一個具有經驗、懂流程、瞭解企業運作的組織者，引導流程分析的整個討論過程；二是與流程相關的人員必須

參與，並積極發言；三是流程責任人應在討論前對流程存在的問題現象做全面的梳理，並呈現在流程分析的討論會上；四是流程責任人應對大家提出的問題做詳實記錄，對於會上達成的共識要在流程分析結束後，形成討論結果的會議紀要發給參與討論的所有人員，以便確認後將討論結果運用於流程的具體優化工作中。

流程分析常用的方法有關鍵流程分析、ASME 流程分析法以及流程能力分析。

1. 關鍵流程分析

流程優化涉及面廣，不僅涉及與流程流轉活動相關部門人員的工作，還涉及表單優化、工作分配優化，甚至組織架構的優化，對所有流程的全面優化會耗費大量的時間、人力、財力等企業資源。根據帕累托法則，20%重要的流程決定了企業80%的運作效率，因此，對於20%的關鍵流程進行優化後，便可獲得80%的流程改善。在流程優化時，對關鍵流程的優化深入透澈，使其成為標杆，再推廣至其他流程，會取得更好的效果。

關鍵流程的初步篩選主要從五個方面來考慮：一是分析流程在企業經營管理中的功能，即戰略性流程、經營性流程、管控性流程；二是確定流程是面向基礎業務還是支持業務；三是評估流程優化後的收益，是多、中等或少；四是評估流程改進的風險，是大、中或小；五是相關業務部門對流程改進的意願是否強烈。如圖3-16所示。

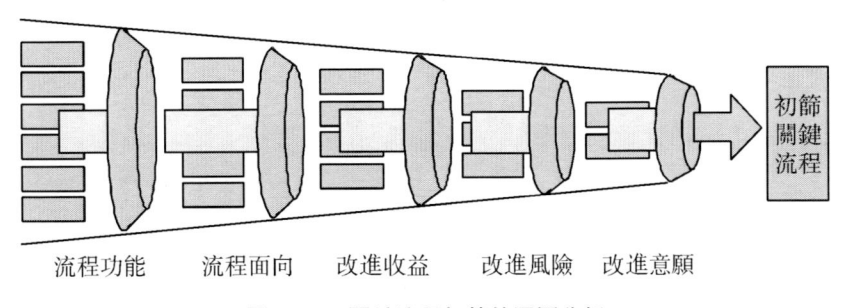

圖3-16　關鍵流程初篩的漏斗分析

首先運用矩陣分析方法，針對流程清單中的流程，從流程功能與流程面向兩個維度分析流程的重要程度。如圖3-17所示。第Ⅰ、Ⅱ矩陣的重要程度高，為核心流程；第Ⅲ、Ⅳ、Ⅴ矩陣的重要程度為中等，為重要流程；第Ⅵ矩陣的流程的重度程度最低，為一般流程。

	戰略性流程	經營性流程	管控性流程
基礎業務	Ⅰ	Ⅱ	Ⅲ
支持業務	Ⅳ	Ⅴ	Ⅵ

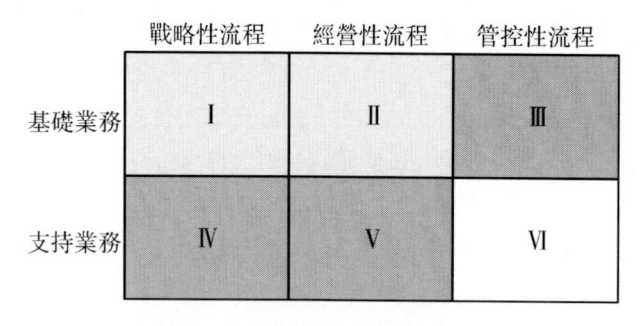

圖 3-17　流程重要性分析矩陣

針對核心流程與重要流程，再做改進收益與改進風險的分析，如圖 3-18。將第一、二、三優先級的流程與流程責任部門（人）的改進意願結合，最終篩選出關鍵流程。

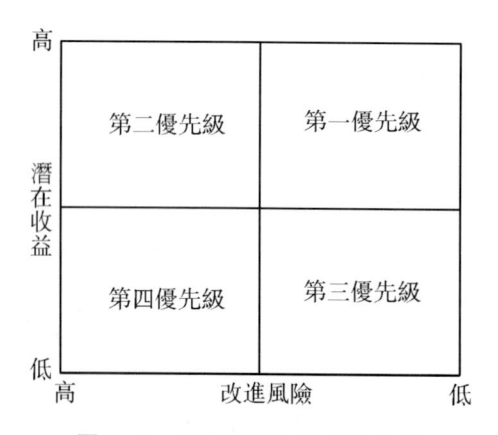

潛在收益		
高	第二優先級	第一優先級
低	第四優先級	第三優先級
	高　　改進風險　　低	

圖 3-18　流程改進收益/風險分析

2. ASME 流程分析法

ASME（American Society of Mechanical Engineers），是美國機械工程師學會的縮寫，該學會成立於 1880 年，自成立以來，ASME 領導了機械標準的發展，從最初的螺紋標準開始到現在已發展了超過 600 多個標準。ASME 流程分析方法最大的優點是可以清晰地表達流程中各個活動是否為增值活動及所在的環節。ASME 方法採用表格的方式記錄了活動使用的時間、每個活動對整個流程的貢獻，包括增值活動、非增值活動、檢查、輸送、耽擱和儲存等，並註明了每個活動的具體操作者，如表 3-11 所示。

表 3-11　　　　　　　　　　ASME 流程分析的表格

序號	流程活動描述	增值活動	非增值活動	檢查	輸送	耽擱	儲存	時間	操作者
	步驟合計								
	時間合計								

在進行 ASME 分析時，每一個流程活動只能選擇六種屬性中任意一種，最後計算出每一個屬性下的步驟合計與時間合計數。對於表中六種流程屬性的理解如下。

➢增值活動，指直接為顧客創造價值的活動。一個活動是否增值，在不同的目標取向與不同的運作模式下，其判斷是有差異的，很難絕對地說哪一個活動就一定是增值的。原則上判斷一個流程是否增值的標準是我們的顧客是否願意為該項活動支付費用，正如「企業再造之父」哈默博士所說「客戶願意付費的活動」是增值的活動。比如，為了提高質量，增加了一個質檢的環節，而顧客願意為了產品的高品質保證而付費，哪怕產品的價格高於市場同類產品的平均水準，那麼「質檢」這個活動就是增值的。同時，任何流程都是由一系列活動所構成的，如果孤立地討論某一個活動是否增值就很難做出正確的判斷。

➢非增值活動，指不能給顧客帶來價值的那些活動。非增值活動包括必要但非增值的活動和不必要的非增值活動（如浪費）兩種，比如由於前期信息收集不完整造成的設計變更、計劃變更活動，就是不增值的活動。同樣的，與增值活動的判斷相同，在判斷一個活動是否增值時需要考慮目標取向與運作模式。經過統計研究發現，增值活動約占企業生產和經營活動的 5%，必要但非增值活動約占 60%，其餘 35% 為浪費。

➢檢查，指對數量或質量的檢查活動。

➢輸送，指人員、物料、文件或信息的移動。

➢耽擱，指在相繼的操作之間暫時的存放、耽擱或停滯。

➢ 儲存，指受控存儲，如文件的歸檔、物資的入庫等，這類存儲不屬於耽擱。

表 3-12 是某企業的一個零件定制加工流程的 ASME 分析示例。

表 3-12　　　　　　　　　ASME 流程分析示例

序號	流程活動描述	增值活動	非增值活動	檢查	輸送	耽擱	儲存	時間（單位：小時）	操作者
1	下達派工單							0.2	
2	領料							0.3	
3	設備就位							0.2	
4	下料							0.3	
5	核實							0.05	
6	組對							0.3	
7	點焊							0.5	
8	自檢							0.15	
9	待檢							0.8	
10	檢驗							0.1	
11	組裝焊接							0.9	
12	驗收							0.1	
13	辦理入庫手續							0.05	
14	入庫待發							6	
15	出庫打包							0.2	
16	填寫發貨單							0.06	
17	辦理發送貨物手續							0.1	
18	通知財務							0.3	
步驟合計		4	6	3	3	1	1		
時間合計（單位：小時）		2	2.9	0.35	0.36	0.8	6		

ASME 分析主要適用於對生產、物流相關流程的分析。

3. 流程能力分析

流程能力是指正常情況下，流程滿足客戶需求的能力。**流程能力分析是評價流程滿足預期要求的能力及其表現的方法。**

（1）流程能力分析時需要明確的要素。在進行流程能力分析時，必須明確以下要素。

➢流程輸出特性，即流程產生的成果、相關的客戶、客戶的需求等要素。

➢對流程輸出特性的要求，在流程能力分析時，必須識別並明確客戶（內部或外部）對流程輸出特性的要求，包括目標值和規格限或容限。通常將規格上限記為 USL、下限記為 LSL。對於生產流程來說，識別目標值和上下規格限是比較容易的。一般工程上對此都有明確的規定。但對於非生產類的流程來說，則需要企業自己對這些規格限進行測量。

➢抽樣方案，不同的抽樣方案反應了流程的不同情況和狀態。比如，在研究流程的短期能力時，抽取的樣本應盡可能僅受到隨機波動因素的影響。

➢流程是否穩定或具有可預測的分佈。流程能力分析的假設前提是輸出服從正態分佈，因此，流程應是穩定或受控的。對一些非正態分佈的情況，應將其轉換為正態分佈的情況。

（2）涉及的概念。流程能力分析就是在識別上述要素的基礎上，運用統計工具進行分析，在分析時涉及一些概念，具體描述如下。

➢流程固有波動是指僅由普通因素影響而產生的流程波動，這些波動可以通過控制圖的 $\bar{R}/d_2$ 估計。

➢流程的總波動是指由普通因素和特殊因素共同影響而產生的波動，它可以由樣本標準差 s 估計。

➢流程能力是流程固有波動的 6σ 範圍。對受控的流程來說，$\sigma = \bar{R}/d_2$。

➢流程績效是流程總波動的 6σ 範圍。這裡，通常由樣本標準差 s 來估計。在六西格瑪管理活動中，更多的是使用西格瑪水準 Z 來評價流程能力。應用 Z 來評價流程能力的優點是，它與流程的 DPPM（百萬件產品中的不合格品率）或 DPMO（百萬次機會中的缺陷數）是一一對應的。西格瑪水準 Z 可以按如下方式表達。

僅有單側上規格限時：$Z_{USL} = (USL - \mu)/\sigma$

僅有單側下規格限時：$Z_{LSL} = (\mu - LSL)/\sigma$

雙側規格限時：$Z_{USL} = (USL - \mu)/\sigma$，$Z_{LSL} = (\mu - LSL)/\sigma$

以上式中，USL 為上規格限，LSL 為下規格限，μ 為數據的均值，σ 為數據樣本的標準差。此時，雙側規格限下綜合的西格瑪水準 Z_{bench} 還需通過總缺陷

率進行折算。方法是：首先，分別計算出上下規格限的 Z（Z_{USL} 或 Z_{LSL}），Z 是標準正態分佈中對應分位點，通過查閱標準正態分佈表，可以得到此西格瑪水準 Z 下的缺陷率，然後將上下規格限的缺陷率相加得到總缺陷率，最後用總缺陷率查表得到 Z 值。

➤流程的長期能力與短期能力。長期能力是指流程在較長時間裡表現出的流程輸出波動的大小，此時流程不僅受到隨機因素的影響，也受到其他因素的影響。通常地說，長期能力是顧客感受到的結果。所謂流程的短期能力是指流程僅受隨機因素的影響時其輸出特性波動的大小，是流程的固有能力。由於短期能力僅受正常波動的影響，因此短期的標準差 σ_{ST} 較小，西格瑪水準 Z 值較大。長期能力不僅受正常波動的影響，而且受異常波動的影響，因此長期的標準差 σ_{LT} 較大，西格瑪水準 Z 值較小。一些企業根據實踐經驗認為：流程的長期和短期能力之間平均約有 1.5σ 的漂移，所以 $Z_{LT} = Z_{ST} - 1.5$。但是，仍然建議企業要根據自身的實際情況，對流程的長短期能力進行具體的分析和測算，從而獲得更準確的數據。

（3）流程能力分析的方法

在分析流程能力時，需要判斷流程輸出特徵值的數據類型，計量型數據與計數型數據的分析指數不同，步驟略有差異。流程能力分析的步驟如圖 3-19 所示。

通常用流程能力指數 C_p（$M=\mu$）或 C_{PK}（$M \neq \mu$）描述流程能力，當 $C_p < 1$ 時，流程能力不足；當 $1 \leq C_p < 1.33$ 時，流程能力尚可；當 $1.33 \leq C_p < 1.67$ 時，流程能力充足。對 C_{PK} 的判斷相同。C_p 與 C_{PK} 計算方法如下。

$$C_p = \frac{容差}{流程能力} = \frac{USL - LSL}{6\sigma}$$

$$= \min\left\{\frac{USL - \mu}{3\sigma}, \frac{\mu - LSL}{3\sigma}\right\}$$

C_p 與 C_{PK} 的示意圖如圖 3-20 及圖 3-21 所示。

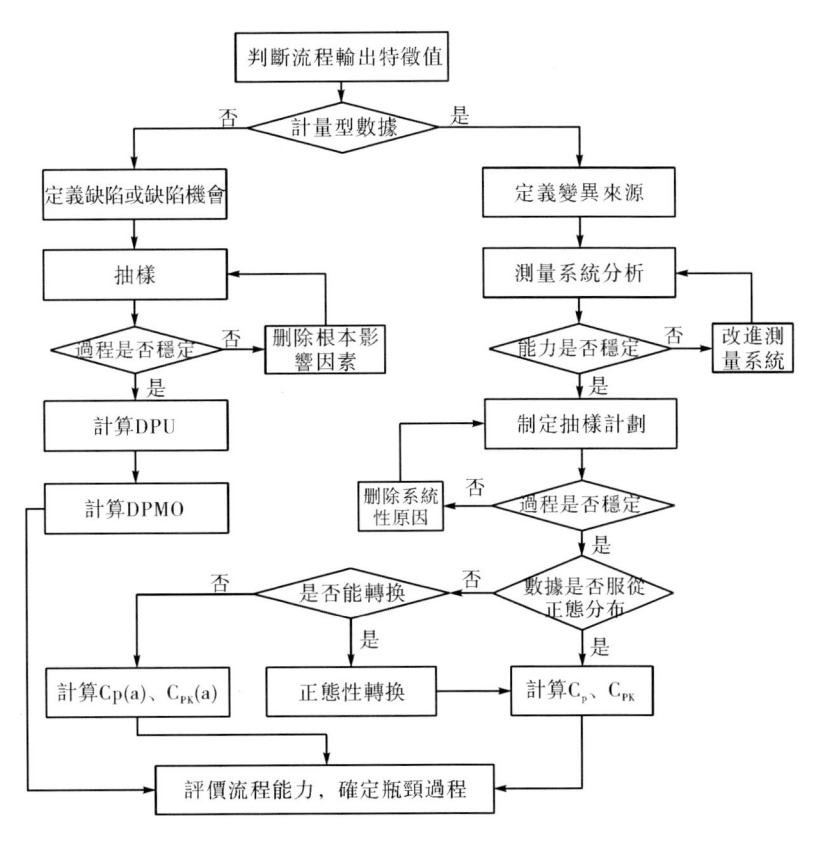

圖 3-19　流程能力分析的步驟

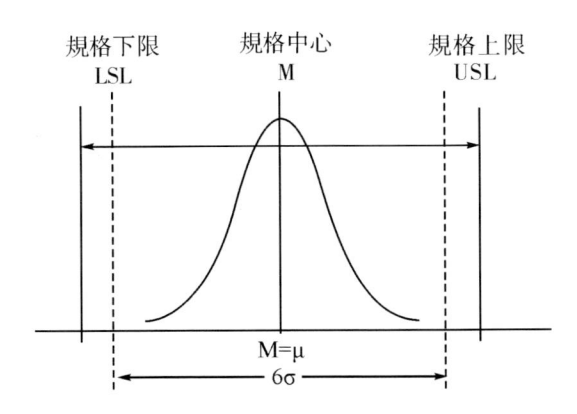

圖 3-20　流程能力指標 C_p 示意圖

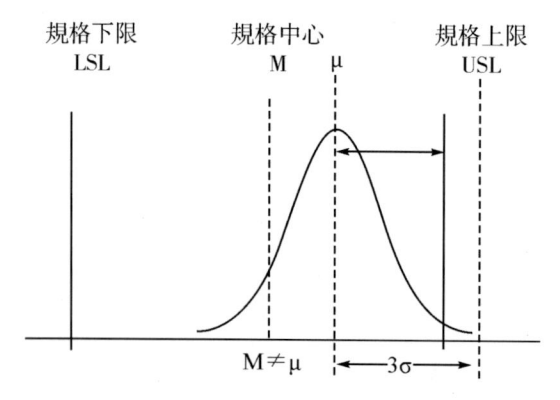

圖 3-21 流程能力指標 C_{pk} 示意圖

案例：某零件的加工規格要求為 $\phi=11\pm0.03$。該零件某個時段的數據如表 3-13 所示，其流程能力分析結果如圖 3-22 所示。在分析時可直接使用 MINITAB 軟件。

通過分析發現，該零件在這個時段的流程能力嚴重不足。

表 3-13　　　　　　　某零件的樣本數據

樣本編號	測量值 X_1	X_2	X_3	$\bar{X}$	R
1	11.012	11.003	11.024	11.013	0.021
2	11.016	11.012	10.982	11.003	0.034
3	10.993	10.997	11.029	11.006	0.036
4	11.02	10.981	11.023	11.008	0.042
5	11.018	11.022	11.014	11.018	0.008
6	11.014	10.989	10.994	10.999	0.025
7	10.987	10.992	11.032	11.004	0.045
8	10.989	11.002	11.029	11.007	0.040
9	11.029	10.889	11.016	10.978	0.140
10	10.973	11.021	10.993	10.996	0.048
11	11.018	10.989	11.033	11.013	0.044
12	10.971	11.017	10.996	10.995	0.046
13	10.992	11.014	10.992	10.999	0.022

表3-13(續)

樣本編號	測量值 X₁	測量值 X₂	測量值 X₃	$\bar{X}$	R
14	11.018	10.986	11.033	11.012	0.047
15	10.984	10.995	11.022	11.000	0.038
16	11.03	11.017	10.993	11.013	0.037
17	11.024	11.019	10.982	11.008	0.042
18	11.033	10.982	11.021	11.012	0.051
19	10.974	11.031	11.019	11.008	0.057
20	11.023	10.982	10.968	10.991	0.055

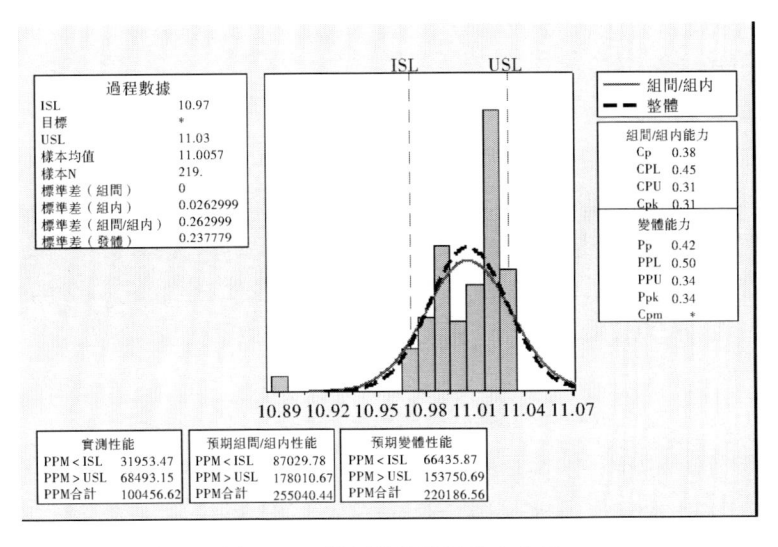

過程數據
ISL 10.97
目標 *
USL 11.03
樣本均值 11.0057
樣本N 219.
標準差（組間） 0
標準差（組內） 0.0262999
標準差（組間/組內） 0.262999
標準差（整體） 0.237779

組間/組內能力
Cp 0.38
CPL 0.45
CPU 0.31
Cpk 0.31

變體能力
Pp 0.42
PPL 0.50
PPU 0.34
Ppk 0.34
Cpm *

實測性能
PPM < ISL 31953.47
PPM > USL 68493.15
PPM合計 100456.62

預期組間/組內性能
PPM < ISL 87029.78
PPM > USL 178010.67
PPM合計 255040.44

預期變體性能
PPM < ISL 66435.87
PPM > USL 153750.69
PPM合計 220186.56

圖3-22 某零件的流程能力分析

如果要使用流程能力分析來預測未來的流程質量水準，那麼前提是流程要是穩定且可預測的。但如果僅是將流程能力分析作為診斷工具，條件可以不用太苛刻。

3.4.3 流程優化技術

對現有工作流程的梳理、完善和改進的過程，稱為流程的優化。對流程的優化，不論是對流程整體的優化還是對其中某些內容的改進，如減少環節、改

變時序、優化表單,其目的都是降低成本、降低勞動強度、節約能耗、保證安全生產、減少污染、提高工作質量、提高工作效率,使流程真正實現價值增值。當一個組織總是出現以下情況時,就需要對流程進行優化了。

➢部門之間總是推諉、扯皮,工作效率低下;
➢組織內部經常出現同樣的問題,犯同樣的錯誤;
➢對於同一件事情,組織內不同的人有不同的做法,且結果差異很大;
➢管理者忙於救火;
➢大部分時間都浪費於各種會議,以協調跨部門的工作;
➢出現過多的返工現象,產品質量持續下降。

對於沒有將流程顯性化,即沒有開展過流程描述的企業來說,最好先進行流程描述,再開展流程優化;對於已經完成流程描述的企業來說,可以在需要的時候,直接開展流程優化。

常用的流程優化技術包括 SIPOC 圖、ESIRA 法、標杆瞄準法。

1. SIPOC 圖

在流程優化時,首先需要知道哪些部門需要參與,該流程與哪些流程有關,該流程所涉及的內容有哪些,整個流程運轉的時間應該有多長。可能有人會說,這些簡單嘛,從流程圖或者流程清單上就能看出來。實際並不是如此,因為我們既然要對流程優化,前提假設就是這個流程是不完善的,我們需要完整的信息,才能確定目前使用的某個或某些流程應該如何優化。我們怎麼辦呢?這時我們可以借助於 SIPOC 圖(又叫高階流程圖)來確定這些信息。

SIPOC 是五個英語單詞的縮寫,它們分別表示供方(Supplier)、輸入(Input)、流程(Process)、輸出(Output)、客戶(Customer)。具體的內容如下。

供方(Supplier)。向流程提供關鍵信息、材料或其他資源的組織、團隊或個人。供方可以是企業內部的也可以是企業外部的。

輸入(Input)。供方提供的信息和資源,包括人員、機器、材料、方法、環境等。

流程(Process)。使輸入轉化為輸出的一系列活動,企業追求通過這個流程使輸入增加價值。

輸出(Output)。流程的結果,這個結果可能是產品、服務,也可能是信息。

客戶(Customer)。接受輸出的組織、團隊或個人。這裡的客戶可以是外部客戶也可以是企業內部客戶。

SIPOC 圖的模型如圖 3-23 所示。

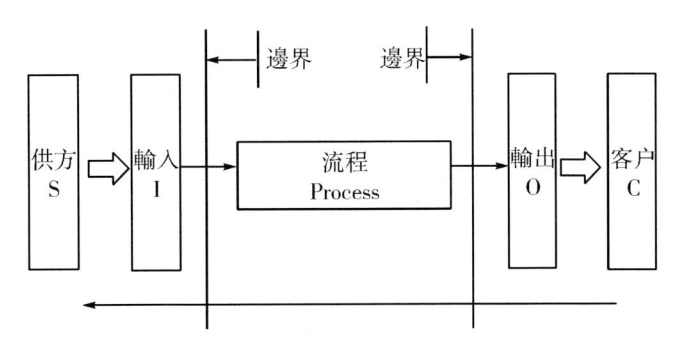

圖 3-23　SIPOC 圖的模型

SIPOC 圖的優點是，能在一張簡單的圖中展示從輸入到輸出的跨職能活動，有助於保持流程相關方的「全景」視角。為了方便繪製與閱讀，常使用 SOPIC 工作表來描述流程的供方、輸入、輸出以及結果。為了使流程優化的目標更清晰，在使用 SIPOC 時，對輸入與輸出要提出明確的要求。SIPOC 分析表如表 3-14 所示。

表 3-14　　　　　　　　　　SIPOC 分析表

供方（S）	輸入（I）	要求	流程（P）	輸出（O）	要求	客戶（C）

在繪製 SIPOC 圖時，流程的相關方都要參與，SIPOC 圖繪製的步驟如下。需要注意的是，繪製 SIPOC 時並不是按從左到右的順序列出各項內容。

➢給 SIPOC 命名，通常以流程的名稱命名，流程名稱通常來源於流程清單；

➢從流程欄開始，對圖示方法表述流程的過程，這時的過程可以不必太細，比如對於審核、審批、評審的反饋環節就不用描述了；

➢針對流程的每一個環節列出輸出的內容，以及對於每一項輸出的要求；

➢列出接收以上輸出的所有客戶；

➢列出滿足以上輸出的所有輸入，以及對於每一項輸入的要求；

➢列出提供以上輸入的所有供方。

表 3-15 是對固定資產報廢流程的 SIPOC 分析舉例。

第三章　流程量化：流程分析與優化　75

表 3-15　　　　　　　固定資產報廢的 SIPOC 分析示例

供方 S	輸入 I	要求	流程 P	輸出 O	要求	客戶 C
物資使用部門	①需要報廢物資 ②空白報廢申請表	符合報廢要求	報廢申請	報廢申請表	①名稱數量一致 ②逐一簽字、簽署意見	鑑定小組
相關部門及公司領導	報廢處置申請表	簽署意見	報廢處置	報價表	邀請三家以上	廢舊物資回收商
相關部門及公司領導	報廢處置記錄表	確定商家價格、簽署意見	殘值回收	繳款單	繳款單	物資管理部、財務部
庫管員	財務交款收據	收據金額與繳款單金額一致	資料移交	報廢物資清單	報廢物資清單	財務部

2. ESIRA 法

ESIRA 是五個英語單詞的縮寫，其含義分別是清除（Eliminate）、簡化（Simplify）、整合（Integrate）、細化（Refine）、自動化（Automate），這五個關鍵詞就是五種流程優化的原則與技術。表 3-16 是運用這 5 種技術進行優化時相應解決問題的內容匯總。

表 3-16　　　　　流程優化技術及對應優化內容

優化技術	優化內容
清除	①活動間等待的時間；②過量的產出；③庫存積壓；④重複的活動；⑤反覆處理；⑥反覆的審核
簡化	①表格；②溝通；③程序；④物流
整合	①工作（子流程）；②活動；③團隊；④客戶（流程的下游）；⑤供應商（流程的上游）
細化	①增加作業、決策點；②活動步驟明晰化、具體化
自動化	①髒活、累活、對人身體有傷害及乏味的工作；②數據採集與傳輸；③數據分析

（1）清除：主要清除現有流程中的非增值活動，據統計，企業圍繞價值

鏈所開展的活動中，約有20%的活動是增值的，另外80%的活動是不增值的，而在這80%的不增值活動中，有一部分活動是不得不存在的，而另一部分活動則是多餘的無效活動，約占10%~20%。我們在優化流程時，要清除的就是這些多餘的非增值活動。在優化時，我們可以組織流程相關方共同討論這樣一些問題：①這個環節為什麼存在；②這個環節所產出的結果是什麼，對整個流程的作用是什麼；③如果該環節清除了，是否會對工作質量、客戶滿意度產生不良影響；④該環節是否增加了工作的時間、工作的成本。在對這些問題進行分析以後，如果清除了該環節的工作不會給企業帶來負面影響，甚至清除後還會提高效率，那麼就要當機立斷清除這些不增值的活動。「清除」在流程優化時是使用得較多的一種技術，一般需要清除的活動如表3-17所示。

表3-17　　　　　　流程優化時通常需要清除的活動內容

序號	可考慮清除的活動	說明
1	活動間等待的時間	流程內由於某種原因導致的對人或物的等待，這樣的等待帶來的問題是待處理的文件或庫存物品增加，通行時間延長，追蹤與監測變得更加複雜，即沒有增加客戶的價值
2	過量的產出	超過需要的產出對於流程來說就是一種浪費，它會占用流程有限的資源，比如增加庫存或資金占用
3	庫存積壓	在這裡所指的庫存不僅僅包括物品的庫庫，還包括流程運轉過程中的大量文件與信息的積壓
4	重複的活動	重複的活動一般要通過跨部門、跨流程的檢視才能發現，比如不同流程環節或不同部門、崗位上需要重複錄入的數據資料，在流程優化時，確定某一個流程中的一個節點做數據資料的錄入，其他節點共享數據，則將相關的數據資料錄入節點清除
5	反覆處理	在流程的運轉過程中，一些產品或文件會被多次處理，出現這種情況時，就需要確認這樣的反覆處理是否增值，如果不增值則可以清除
6	反覆的審核	有些審核可能並不一定必要，僅僅是為了逃避責任，這時應區分哪些審核是必須的，哪些審核可以授權，通過清除不必要的審核環節，可以避免事無鉅細都要上報，既可以減少上一級領導繁瑣的工作，使其關注更重要的事情，又可以建立相關人員的責任心

（2）簡化：由於部門之間的界限，會造成業務環節上的重複、業務時間上的停滯、信息上的冗餘和業務過程中的阻隔。簡化就是將原來繁瑣的、龐雜的作業任務，去繁就簡，強化關鍵環節，最終達到清晰流程執行主線、提高流

程效率和企業績效、更好滿足客戶和市場需求的目標。簡化的內容如表 3-18 所示。

表 3-18　　　　流程優化時通常會考慮簡化的內容

序號	可考慮簡化的內容	說明
1	表格	雖然在流程梳理時一再強調不要把流程輸出的表格漏掉了，但一些表格在流程運轉中根本沒有起到實際作用，或表格設計上就有許多重複的內容。通過重新設計表格和 IT 技術的介入，可以減小工作量，減少很多環節或共享表格數據
2	溝通	簡化溝通，提高溝通的效率，避免反覆溝通
3	程序	在原有流程設計時，由於流程內員工的信息處理能力有限，一個流程通常被割裂成多個環節，以便讓足夠多的人來參與流程任務。隨著 IT 手段的運用，信息處理能力得以提高，可以簡化流程的程序，整合一些工作內容，提高流程結構性效率
4	物流	雖然大部分物流的初始設計都是自然流暢且有序的，但在使用過程中為了局部改進而進行的零敲碎打式的變動，在很大程度上使流程變得低效。有時，調整任務順序或增加一條信息的提供，就能簡化物流

（3）整合：整合就是對流程進行分析後各個流轉環節的重新排列，即原先的若干種不同的職位或任務被整合或壓縮成一種，該合併的合併，該去除的去除，對流程重新進行整理。從而提高流程執行的準確性，大幅度提高流程的運作效率。整合的內容如表 3-19 所示。

表 3-19　　　　流程優化時通常會考慮整合的內容

序號	可考慮整合的內容	說明
1	工作（子流程）	對相關工作或子流程進行整合，以使流程順暢、連貫，更好地滿足客戶（包括內部客戶）的需要
2	活動	通過工作分析，將能夠由一個人完成的一系列簡單活動進行整合，從而減少活動交接的出錯率和縮短工作時間，實現流程與流程之間的「單點接觸」
3	團隊	合併工作關聯密切需要反覆配合的工作團隊，形成「專項團隊」或「責任團隊」。這樣可以使得物料、信息和文件傳遞距離最短，改善同一流程工作上人與人之間的溝通效率
4	客戶（流程的下游）	面向客戶，與之建立完整的合作關係，整合客戶與企業的關係，將企業的服務交送於客戶的流程

表3-18(續)

序號	可考慮整合的內容	說明
5	供應商（流程的上游）	消除企業與供應商之間的一些不必要的官僚程序，建立信任和夥伴關係，整合雙方的流程

（4）細化：細化看上去與清除、簡化矛盾，其實不然。因為有一些工作是需要重視過程中的細節才能滿足流程的目標。流程優化的細化方法，主要思路是將原來集中於專業人員或單一部門的流程作業任務，擴散融入到更大的範圍和更加深入、具體的執行環節之中。對於流程管理工作並不深入的企業，或者才開始梳理流程的企業，細化往往是必要的。細化的內容如表3-20所示。

表 3-20　　　　流程優化時通常會考慮細化的內容

序號	可考慮細化的內容	說明
1	增加作業、決策點	簡單而言，就是增加作業任務或作業的參與者，提高流程輸出的質量或流程效率。例如，在採購物資入庫流程中，對於大宗物資的驗收，將驗收環節細分為數量驗收與質量驗收，並分別對物資的合格性做出判斷，這樣可以確保物資驗收工作的整體水準
2	活動步驟明晰化、具體化	就是對現有作業任務的具體步驟進行明晰化、具體化，從而使作業任務更加規範和具有可操作性

（5）自動化：自動化就是將需要手工操作完成的工作通過信息系統或智能設備來實現。需要注意的是，在自動化之前，要先對流程做清除、簡化或整合優化，這樣才能確保通過自動化以後的流程運轉結果更有效。自動化的內容如表3-21所示。

表 3-21　　　　流程優化時通常會考慮自動化的內容

序號	可考慮自動化的內容	說明
1	髒活、累活、對人身體有傷害及乏味的工作	企業將這些工作由自動化的設備代替，將人從工作中解放出來，既可以提高工作的效率，又可以減少工作對人的傷害
2	數據採集與傳輸	運用信息系統記錄日常工作中產生的數據並共享，減少反覆的數據採集，縮短單次採集的時間
3	數據分析	通過分析軟件對數據進行收集、整理與分析，加強對信息的利用率

在流程優化的實踐中，不能孤立地看待各種流程優化技術的應用範疇，通常

需要將幾種優化技術綜合在一起使用，其中最常用的組合是「細化+信息化」「整合+信息化」「清除+整合+細化」「整合+簡化+信息化」「清除+簡化」。

3.5 建立流程管理體系

知道你的企業有多少個流程嗎？對這些流程實現集中管理了嗎？當流程需要優化時是誰在推動這項工作？每個流程都有相應的流程責任人嗎？公司各個層級的人員瞭解自己在流程管理中的角色嗎？企業內部不同專業的流程表述一致嗎？企業現有的流程是受控的嗎……

一些企業花了很多時間組織大家認真梳理了流程，並且反覆討論，但過了一段時間後，發現效果並不好；還有一些企業，大家都在抱怨流程有問題，甚至企業的高層也在抱怨，但就是沒有歸口部門組織流程優化工作……所有這些狀況，都是沒有把上述的一系列問題解決好。企業該怎麼辦呢？

首先，我們需要對流程管理有深刻的認識。所謂流程管理是指從流程角度出發關注流程是否增值，通過規劃流程、梳理流程、運作流程、E化流程[①]、評審流程、優化流程，持續提高組織績效的系統化管理方法，在流程建立起來後，我們需要不斷地在流程運用中發現問題，通過流程優化提升流程績效，再把優化的流程固化到信息系統中。流程管理的 PDCA 循環如圖 3-24 所示。

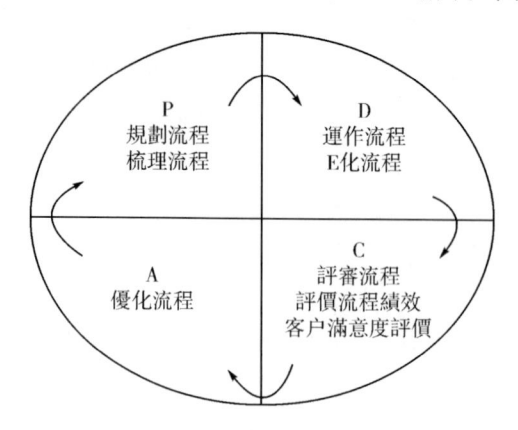

```
            P
         規劃流程            D
         梳理流程         運作流程
                         E化流程

            A              C
         優化流程         評審流程
                       評價流程績效
                       客戶滿意度評價
```

圖 3-24　流程管理的 PDCA 循環

[①] E化流程（或流程E化）：指的是應用現在的IT技術，將流程嵌入企業的信息系統，借助計算機的監控確保流程的落實。

流程管理是從流程規劃到流程運作、流程 E 化、流程評審再到流程優化的系統管理工程，它不是某個部門的內部管理，而是以客戶為導向的端到端的流程績效管理；也不是孤立的管理方法，而是多管理主題的融合。

流程管理體系是什麼？流程管理體系是為實現流程管理目標，規範流程管理的組織體系、流程運轉監督考核方法，確保流程是面向客戶，流程中的各項活動是增值的，為流程管理提供支持的制度系統。流程管理體系強化了流程的系統思考，如圖 3-25 所示。

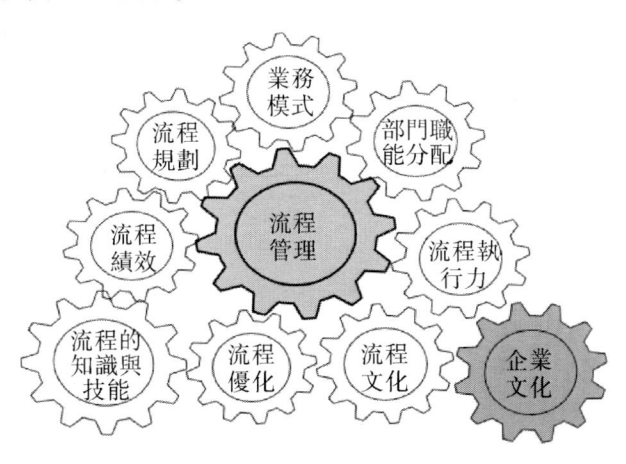

圖 3-25 流程管理體系強化了流程的系統思考

流程管理體系主要包括流程運轉體系、流程管理組織體系、流程持續改進體系三個方面的內容。

3.5.1 流程運轉體系

流程的運轉體系主要由流程清單、流程規範、流程圖、流程描述文件以及流程管理流程構成。流程清單是很好的流程管理工具，它系統地揭示了企業有哪些流程，流程的分級是怎樣的，與流程相關的記錄表單有哪些，通過流程清單還可以系統地瞭解企業的核心業務有哪些。流程規範主要由統一的流程圖模板、模具構成，它使企業的流程描述更加規範、統一。流程管理流程規定了一個企業內部的流程從規劃、梳理、運作、評審到優化的整個過程應如何運轉，是流程管理的重要工具。流程管理流程示例如圖 3-26 所示。

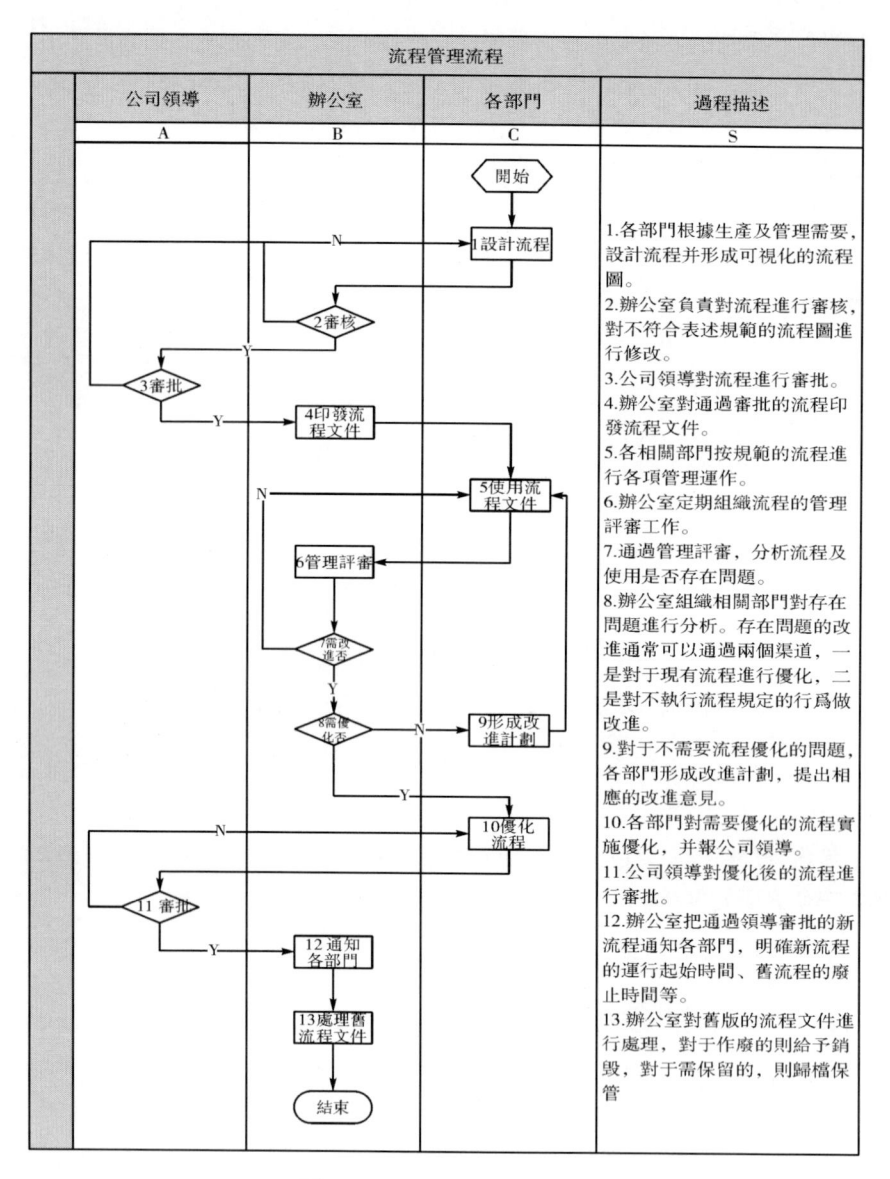

流程管理流程				
公司領導 A	辦公室 B	各部門 C	過程描述 S
(流程圖)	(流程圖)	(流程圖)	1.各部門根據生產及管理需要，設計流程并形成可視化的流程圖。 2.辦公室負責對流程進行審核，對不符合表述規範的流程圖進行修改。 3.公司領導對流程進行審批。 4.辦公室對通過審批的流程印發流程文件。 5.各相關部門按規範的流程進行各項管理運作。 6.辦公室定期組織流程的管理評審工作。 7.通過管理評審，分析流程及使用是否存在問題。 8.辦公室組織相關部門對存在問題進行分析。存在問題的改進通常可以通過兩個渠道，一是對于現有流程進行優化，二是對不執行流程規定的行爲做改進。 9.對于不需要流程優化的問題，各部門形成改進計劃，提出相應的改進意見。 10.各部門對需要優化的流程實施優化，并報公司領導。 11.公司領導對優化後的流程進行審批。 12.辦公室把通過領導審批的新流程通知各部門，明確新流程的運行起始時間、舊流程的廢止時間等。 13.辦公室對舊版的流程文件進行處理，對于作廢的則給予銷毀，對于需保留的，則歸檔保管

圖 3-26　流程管理流程示例

3.5.2　流程管理組織體系

流程管理是全員參與的，根據不同人員在流程管理中的職責與權限不同，流程管理的角色主要有五個，一是公司的高層領導，二是流程責任人，三是流程管理歸口部門，四是流程評審小組，五是業務部門。這五個角色缺一不可，

共同構成了流程管理的組織體系,如圖3-27所示。

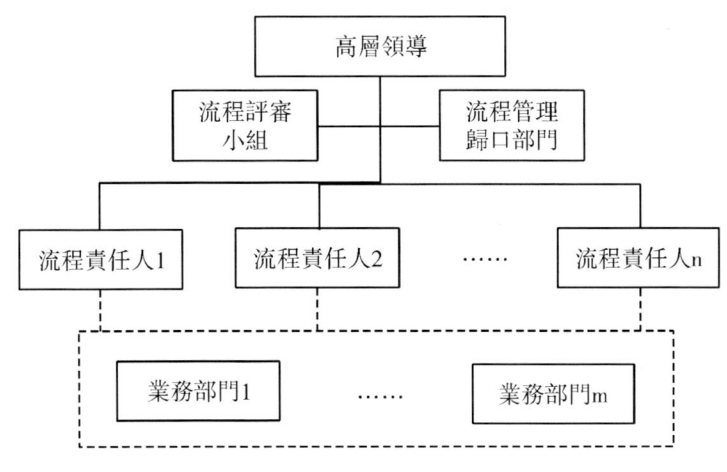

圖 3-27　流程管理的組織體系

1. 公司高層的支持

公司高層的支持體現在決策支持、資源支持與文化支持三個方面,具體包括以下內容。

(1) 培育流程意識,營造流程文化。

(2) 主持流程管理體系、流程管理方針的策劃活動;批准流程管理方針、優化方案,配置必要的資源。

(3) 組織建立、實施、優化、評審流程管理體系。

(4) 組織流程管理體系評審的策劃,任命評審組長,批准評審計劃、審批評審報告。

2. 流程責任人

管理比較粗放的企業不習慣為流程確定責任人,僅僅將某些流程分配到某個部門,比如與人力資源管理相關的流程由人力資源部負責,與財務管理相關的由財務部負責。這樣的結果是,當流程出現問題的時候,沒有人為此負責,比如流程需要優化時,誰來組織相關人員討論?誰來修改流程圖及流程描述文件?因此,**我們主張把每個流程確定到具體的崗位上,從事這個崗位工作的人員就是流程責任人**,如果一個崗位有幾個人員,那麼通常由這個崗位上比較資深或崗位級別較高的人員作為流程責任人。流程責任人的職責包括以下內容。

(1) 定期開展所轄流程的宣貫工作,比如對新員工進行相關流程運轉的培訓,對流程的變動或流程表單記錄的修改做出解釋等。

（2）督促流程的執行，監控所轄流程的運行情況，收集所轄流程的日常運行情況，記錄存在的問題，並定期開展分析。

（3）歸口管理所轄流程的記錄表單，包括收集、整理、提交存檔。

（4）組織流程相關人員或部門開展所轄流程的優化討論，並實施優化措施。

（5）接受流程評審小組對流程的評審檢查，實施糾正措施，對不合格項、不符合項進行及時整改。

3. 流程管理歸口部門

流程管理歸口部門如何設置要視企業的規模而定，一般情況不單設流程管理部門，而是將流程的歸口管理工作設置在綜合管理部或營運管理部，有的企業也設置在企劃部或戰略管理部。當然，如果企業有 IT 部門，最好將流程管理的職責放在 IT 部門。流程管理歸口部門的職責包括以下內容。

（1）提供流程管理技術、方法的支持。

（2）負責企業整個流程管理體系實施的管理，對流程管理工作進行組織、計劃、協調、檢查和考核。

（3）組織開展流程梳理、流程優化、流程 E 化相關工作，獲取員工對流程的評價信息，分析流程失效或缺陷的原因。

（4）評審流程運行的質量，對存在的問題提出整改要求，並追蹤整改效果。

（5）負責流程評審小組的日常工作，編製年度流程評審計劃，做好評審準備，組織流程內評審員的報批、培訓、考評工作。

4. 流程評審小組

流程評審小組一般由流程歸口管理部門的分管領導、流程歸口管理部門、各部門負責人或流程責任人代表構成。在流程評審小組內只設置評審組長與流程評審員兩類人員，且都必須經過嚴格的培訓，理解流程的理念，熟悉企業的流程管理體系，熟悉各專業領域的工作。流程評審小組對企業的流程運用狀況開展評審，主要工作包括以下內容。

（1）編製流程評審表，開展現場評審，並詳細記錄存在的問題。

（2）整理評審資料，編寫評審報告。

（3）提出評審中發現的不符合項，並提出具體的改進要求。

（4）對評審提出的糾正措施的實施進行監督管理。

5. 業務部門

在流程管理中，業務部門的職責主要包括以下內容。

（1）嚴格按流程的規定開展各個環節的工作。

（2）建立並完善專業領域內的流程節點操作文件，包括職位說明書、相關流程記錄表單。

（3）為流程的高效運行提供專業領域內充分的資源與能力保障。

3.5.3 流程持續改進體系

流程持續改進體系由流程評審與流程績效評價兩部分構成：流程評審的作用是對流程的執行情況進行檢查、評估，並提出改進意見；流程績效評價的作用是測量流程運行的結果是否達到預定目標。簡單說，**流程評審解決的是流程執行力的問題，流程績效評價解決的是流程改進的問題。**

1. 什麼是好流程

判斷一個流程的優劣，是流程能持續改進的基礎。通常我們會從以下幾個方面來評判流程的優劣。

（1）是否增值。流程是否增值是評判一個流程的最重要標準，很多時候人們會說，增值很抽象，如何測量？其實，增值的體現就是客戶導向。對於直接連通外部客戶的流程來說，就要看這個流程是否能夠最大限度地滿足客戶的需求。對於不同的行業、不同類型的企業，其所面臨的客戶千差萬別，客戶的需求也有很大的差異，因此，不能用同一個尺度去評判某一個流程。但是滿足客戶在時間、數量、質量、地點等方面的要求是不會變的，比如，是否能在最短時間內為客戶準確地提供產品或服務，並且送達客戶指定的地點，交給指定的人；是否能在客戶期望的時間內對其需求做出回應等。而對於在內部流轉的流程，需要考慮的就是對內部客戶的服務與支撐，這個內部客戶是誰呢？我們通常會說，下一個環節就是上一個環節的客戶，我們要考慮每一個環節的產出在時間、數量、質量、成本等方面是否能滿足下一個環節的需要。

（2）流程是否包含了完整的信息。完整的流程信息是確保流程增值的基礎要素之一，也是提高工作效率的必備要素，具體包括流程中的各項活動是由哪些崗位在執行，這些活動依據的制度或標準是什麼，每一個活動輸入的資源是什麼，每一個活動的產出成果是什麼。流程中的這些信息，是企業知識管理的基礎，我們可以根據流程中的這些信息，對缺失的制度（標準）或者表單記錄進行補充，對不適應發展需要的進行優化，對輸入的資源以及輸出的成果進行量化分析後，實施優化與改進。

（3）流程是否體現了其整合功能。整合可以節約資源、提升效率，具體包括：是否利用數據庫、網絡以及信息分佈處理系統，將不同活動的數據進行統一處理；是否將各部分的資源統一處理；是否將同一來源的信息數據進行了共享；是否使並行的工作同時展開，以減少「交期」等。

（4）流程是否穩定。流程的穩定性可以通過多次測試流程運轉的時間，測試其平均值及方差值，對於穩定性要求高的流程，可以設定方差值，對方差較大的情形做針對性的分析，以便及時優化流程。

（5）流程與業務是否匹配。面對市場多元化、客戶需求的多樣化以及管理的細化，需要流程適應不同需求或管理要求，將流程基於不同業務進行分類，比如企業根據客戶的需求將客戶分成了A、B、C三類，那麼同時也應將客戶服務流程分為A、B、C三類；物資採購時，根據不同金額及採購頻次將物資劃分成了大宗採購、常規採購、小件物資採購等，那麼相應的採購流程也應做同樣的分類，以適應管理的需要。

（6）流程是否與信息化協調。一方面，企業需要將流程固化於信息系統，提升流程的執行力、整合力，另一方面，信息系統中的流程是不是企業自己的流程，流程優化後是否及時對信息系統做了相應的優化。很多企業在建立信息系統時，要麼還沒有系統地梳理過流程，要麼信息系統的歸口管理部門與流程的歸口管理部門不是一個部門，常常導致脫節，信息系統中的流程不是企業實際使用的流程，使信息系統與流程分裂；還有一些企業，在做了流程優化後，由於沒有可以優化信息系統的人員，或者相關歸口管理部門不重視，導致優化後的流程與現實使用的信息系統不一致，形成「兩張皮」。

2. 流程評審的方法與內容

流程評審一般每年1~2次，時間間隔6~12個月。每個部門和所有過程條款每年至少評審1次。流程評審要根據流程的重要程度、成熟度來確定評審的重點，原則上將評審重點放在影響面較大、新建流程以及問題高發的流程上。流程歸口管理部門每年年初編製年度流程評審計劃，明確評審的時間、目的、範圍、評審依據、主要內容。

流程評審時要遵守獨立性原則，流程評審人員要與被評審流程及相關責任人無直接利害關係，以確保流程評審結果的客觀性，必要時也可引進第三方機構開展評審。

在流程評審前，評審人員應熟悉要評審的流程，準備好流程管理體系評審檢查表，用表可參考表3-22。

表 3-22　　　　　　　　　流程管理體系評審檢查表

被評審部門：				第　頁/共　頁
流程編號	檢查提綱	檢查方法	評審準則	檢查結果記錄

在流程評審時，評審人員可採用「查、問、看」等方法進行。「查」主要是指查閱書面記錄，確認流程是否按要求在運轉，相關的記錄表單是否完整；「問」是通過詢問的方式，瞭解相關人員對流程的熟悉程度；「看」則是現場查看相關工作人員是否按流程實施操作。在評審過程中，要做詳實的記錄。

評審結束後，對於存在的不符合項，流程責任人或相關部門要出具不符合項報告，詳細列出不符合內容、不符合性質、不符合類型，有針對性地進行不符合原因分析，制訂糾正措施計劃。一般 3-6 個月後，企業應對不符合項整改情況進行復審。不符合項報告可參考表 3-23。

3. 流程績效評價的方法與內容

在評價流程績效時可以從這幾個方面來考慮，一是與事先確定的流程績效目標進行對比，評價是否達到既定的目標，在時間、質量、成本等方面的改進有多少；二是流程信息管理的效率如何；三是企業整體績效的改善程度。

為確保流程績效評價是客觀的、有價值的，在流程績效評價前，應建立一套流程績效指標體系，基於企業戰略目標的要求首先確定一級流程績效目標，然後再分解到二、三、四級流程上。流程績效指標設置時應注意均衡，一是抓住關鍵，避免面面俱到，使流程績效的管理與控制成本均衡，二是流程績效指標的權重與其他管理指標的權重要均衡，避免出現顧此失彼的情況。

需要注意的是，流程績效的評價應與企業的整體績效管理體系對接，包括評價的主體、評價週期以及評價結果的應用等，而不需另做一套流程績效評價體系，如圖 3-28。

表 3-23　　　　　　　　　流程管理體系評審不符合項報告

受評審部門		受評審部門配合人	
內審員		評審日期	

不符合項事實陳述：
不符合內容：□流程　□規定
不符合程度：□嚴重不符合　□一般不符合
不符合類型：□體系型　□實施型　□效果型
內審員：　　　日期：　　　受評審部門負責人：　　　　　　日期：

不符合原因分析： 糾正措施計劃： 計劃完成日期： 受評審部門負責人：　　　日期： 內審員：　　　　　　　日期：	批准意見： 批准日期：

糾正措施完成情況：   　　　　　　　　　　受評審部門負責人：　　　　日期： 評審組長：　　　日期：　　　內審員：　　　日期：

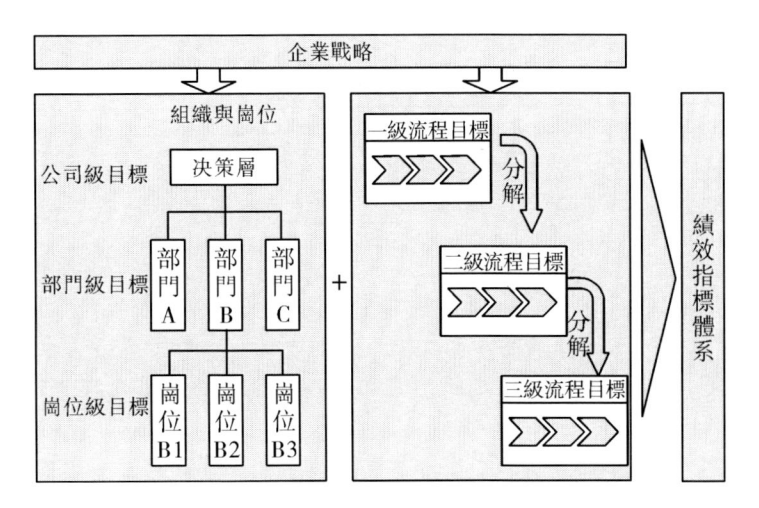

圖3-28　流程績效目標在績效指標體系中的融合

附錄 1　　　某企業完整的流程框架示例

某企業流程框架示例

一級流程	二級流程	三級流程	四級流程	流程中使用的表單
1 市場行銷	1.1 市場開發	1.1.1 市場調查流程 Q/XXXX-SCYY-LC-1.1.1		市場調查報告 LCJL-SCYY-1.1.1-1
		1.1.2 客戶開發流程 Q/XXXX-SCYY-LC-1.1.2		客戶開發計劃書 LCJL-SCYY-1.1.2-1
		1.1.3 新客戶導入流程 Q/XXXX-SCYY-LC-1.1.3		新客戶導入履歷表 LCJL-SCYY-1.1.3-1
	1.2 銷售管理	1.2.1 接單管控流程 Q/XXXX-SCYY-LC-1.2.1		產品報價單 LCJL-SCYY-1.2.1-1 發貨單 LCJL-SCYY-1.2.1-2
		1.2.2 報價流程 Q/XXXX-SCYY-LC-1.2.2		產品報價單 LCJL-SCYY-1.2.1-1
		1.2.3 銷售合同簽訂流程 Q/XXXX-SCYY-LC-1.2.3		
		1.2.4 應收帳款管理流程 Q/XXXX-SCYY-LC-1.2.4		對帳單 LCJL-SCYY-1.2.4-1 開票申請單 LCJL-SCYY-1.2.4-2
	1.3 售後服務	1.3.1 售後服務管理流程 Q/XXXX-SCYY-LC-1.3.1		售後服務處理單 LCJL-SCYY-1.3.1-1 維修記錄表 LCJL-SCYY-1.3.1-2 客戶投訴處理記錄單 LCJL-SCYY-1.3.1-3
		1.3.2 客戶投訴處理流程 Q/XXXX-SCYY-LC-1.3.2		客戶投訴處理記錄單 LCJL-SCYY-1.3.1-3 糾正和預防措施要求單 LCJL-SCYY-1.3.2-2

附錄1(續)

一級流程	二級流程	三級流程	四級流程	流程中使用的表單
2 生產製造	2.1 生產計劃管理	2.1.1 生產計劃管控流程 Q/XXXX-SCZZ-LC-2.1.1		物料需求跟蹤表 LCJL-SCZZ-2.1.1-1
				月生產計劃 LCJL-SCZZ-2.1.1-2
				周生產計劃 LCJL-SCZZ-2.1.1-3
				投產通知單 LCJL-SCZZ-2.1.1-4
				生產計劃變更通知單 LCJL-SCZZ-2.1.1-5
	2.2 生產過程管理	2.2.1 生產過程管控流程 Q/XXXX-SCZZ-LC-2.2.1		
		2.2.2 過程異常處理流程 Q/XXXX-SCZZ-LC-2.2.2		生產異常報告 LCJL-SCZZ-2.2.2-1
	2.3 PIE 管理	2.3.1 工裝治具管理流程 Q/XXXX-SCZZ-LC-2.3.1		物料編碼申請單 LCJL-SCZZ-2.3.1-1
				請購單 LCJL-SCZZ-2.3.1-2
				入庫單 LCJL-SCZZ-2.3.1-3
				領料單 LCJL-SCZZ-2.3.1-4
				工裝治具臺帳 LCJL-SCZZ-2.3.1-5
				報廢單 LCJL-SCZZ-2.3.1-6
		2.3.2 新產品導入流程 Q/XXXX-SCZZ-LC-2.3.2		試產申請單 LCJL-SCZZ-2.3.2-1
				試產總結報告 LCJL-SCZZ-2.3.2-2
				量產總結報告 LCJL-SCZZ-2.3.2-3
				承認書 LCJL-SCZZ-2.3.2-4
				設計開發評審報告 LCJL-SCZZ-2.3.2-5
				控制計劃 LCJL-SCZZ-2.3.2-6
				過程流程圖 LCJL-SCZZ-2.3.2-7
				作業指導書 LCJL-SCZZ-2.3.2-8
		2.3.3 生產工藝管控流程 Q/XXXX-SCZZ-LC-2.3.3		作業指導書 LCJL-SCZZ-2.3.2-8
				排拉圖 LCJL-SCZZ-2.3.3-1
				工時定額表 LCJL-SCZZ-2.3.3-2
				評審單 LCJL-SCZZ-2.3.3-3

附錄1(續)

一級流程	二級流程	三級流程	四級流程	流程中使用的表單
2 生產製造	2.3 PIE 管理	2.3.4 生產異常處理流程 Q/XXXX-SCZZ-LC-2.3.4		會議記錄 LCJL-SCZZ-2.3.4-1
				排拉圖 LCJL-SCZZ-2.3.3-1
				文件發行記錄表 LCJL-SCZZ-2.3.4-2
				生產異常申請處理單 LCJL-SCZZ-2.3.4-3
				設計開發評審報告 LCJL-SCZZ-2.3.4-4)
				標準作業指導書 LCJL-SCZZ-2.3.4-5
	2.4 配件製造管理	2.4.1 模具生產管控流程 Q/XXXX-SCZZ-LC-2.4.1		
		2.4.2 配件加工管控流程 Q/XXXX-SCZZ-LC-2.4.2		
	2.5 封裝生產	2.5.1 封裝生產作業流程 Q/XXXX-SCZZ-LC-2.5.1		生產作業流程單 LCJL-SCZZ-2.5.1-1
		2.5.2 封裝質量控制流程 Q/XXXX-SCZZ-LC-2.5.2		生產作業流程單 LCJL-SCZZ-2.5.1-1
	2.6 設備管理	2.6.1 設備維修保養流程 Q/XXXX-SCZZ-LC-2.6.1		設備保養點檢運行記錄 LCJL-SCZZ-2.6.1-1
3 物料管理	3.1 物料採購管理	3.1.1 供應商管理流程 Q/XXXX-WLGL-LC-3.1.1		供應商開發申請表 LCJL-WLGL-3.1.1-1
				供應商開發登記表 LCJL-WLGL-3.1.1-2
				供應商檔案申請表 LCJL-WLGL-3.1.1-3
				供應商評估表 LCJL-WLGL-3.1.1-4
				合格供應商清單 LCJL-WLGL-3.1.1-5
		3.1.2 採購訂單執行流程 Q/XXXX-WLGL-LC-3.1.2		產品價格確認表 LCJL-WLGL-3.1.2-1
				採購訂單 LCJL-WLGL-3.1.2-2
				應付帳款總表 LCJL-WLGL-3.1.2-3
	3.2 倉庫管理	3.2.1 入庫管理	3.2.1.1 採購物料入庫流程 Q/XXXX-WLGL-LC-3.2.1.1	採購入庫單 LCJL-WLGL-3.2.1.1-1
			3.2.1.2 產品入庫管理流程 Q/XXXX-WLGL-LC-3.2.1.2	成品入庫單 LCJL-WLGL-3.2.1.2-1
			3.2.1.3 閒滯物料處置流程 Q/XXXX-WLGL-LC-3.2.1.3	閒滯物料評審表 LCJL-WLGL-3.2.1.3-1
		3.2.2 出庫管理流程 Q/XXXX-WLGL-LC-3.2.2		領料單 LCJL-WLGL-3.2.2-1
		3.2.3 退料管理流程 Q/XXXX-WLGL-LC-3.2.3		退料單 LCJL-WLGL-3.2.3-1
	3.3 對外委託加工管理	3.3.1 對外委託加工管理流程 Q/XXXX-WLGL-LC-3.3.1		對外委託加工訂單 LCJL-WLGL-3.3.1-1
				應付帳款總表 LCJL-WLGL-3.1.2-3

附錄1(續)

一級流程	二級流程	三級流程	四級流程	流程中使用的表單
4 質量管理	4.1 QE 品質工程管理	4.1.1 半成品或成品異常處理流程 Q/XXXX-ZLGL-LC-4.1.1		品質異常聯絡單 LCJL-ZLGL-4.1.1-1
				特採申請單 LCJL-ZLGL-4.1.1-2
		4.1.2 停線停機處理流程 Q/XXXX-ZLGL-LC-4.1.2		停線停機通知單 LCJL-ZLGL-4.1.2-1
				矯正和預防措施要求表 LCJL-ZLGL-4.1.2-2
		4.1.3 測量儀器檢校管理	4.1.3.1 測量儀器自行校正流程 Q/XXXX-ZLGL-LC-4.1.3.1	
			4.1.3.2 測量儀器外送校正流程 Q/XXXX-ZLGL-LC-4.1.3.2	
	4.2 QC 品質管理	4.2.1 IQC 管理流程 Q/XXXX-ZLGL-LC-4.2.1		品質異常聯絡單 LCJL-ZLGL-4.2.1-1
				IQC 檢查記錄表 LCJL-ZLGL-4.2.1-2
		4.2.2 IPQC 管理流程 Q/XXXX-ZLGL-LC-4.2.2		品質異常聯絡單 LCJL-ZLGL-4.2.1-1
		4.2.3 FQC/OQC 管理流程 Q/XXXX-ZLGL-LC-4.2.3		OQC 檢查記錄表 LCJL-ZLGL-4.2.3-1
				特採申請單 LCJL-ZLGL-4.2.3-2
				返工通知單 LCJL-ZLGL-4.2.3-3
		4.2.4 進料特採作業流程 Q/XXXX-ZLGL-LC-4.2.4		品質異常聯絡單 LCJL-ZLGL-4.2.1-1
				特採申請單 LCJL-ZLGL-4.2.3-2
	4.3 質量體系文件管理	4.3.1 文件制訂/修訂作業流程圖 Q/XXXX-ZLGL-LC-4.3.1		文件制訂修訂報廢申請單 LCJL-ZLGL-4.3.1-1
				文件評審記錄表 LCJL-ZLGL-4.3.1-2
		4.3.2 文件發行再申請流程 Q/XXXX-ZLGL-LC-4.3.2		文件發行回收登記表 LCJL-ZLGL-4.3.2-1
		4.3.3 文件回收報廢處理作業流程圖 Q/XXXX-ZLGL-LC-4.3.3		文件發行回收登記表 LCJL-ZLGL-4.3.2-1
5 安全環保管理	5.1 安全管理	5.1.1 安全生產檢查流程 Q/XXXX-AQHB-LC-5.1.1		安全隱患缺失稽核表 LCJL-AQHB-5.1.1-1
		5.1.2 安全事故調查處理流程 Q/XXXX-AQHB-LC-5.1.2		
	5.2 應急管理	5.2.1 應急處置流程 Q/XXXX-AQHB-LC-5.2.1		

附錄1(續)

一级流程	二级流程	三级流程	四级流程	流程中使用的表单
6 人力資源管理	6.1 招聘管理	6.1.1 用人申請流程 Q/XXXX-RLZY-LC-6.1.1		人員需求申請表 LCJL-RLZY-6.1.1-1
		6.1.2 外部招聘流程 Q/XXXX-RLZY-LC-6.1.2		人員需求申請表 LCJL-RLZY-6.1.1-1
				應聘人員登記表 LCJL-RLZY-6.1.2-2
				面試評估表 LCJL-RLZY-6.1.2-3
				錄用通知書 LCJL-RLZY-6.1.2-4
		6.1.3 內部競聘流程 Q/XXXX-RLZY-LC-6.1.3		人員需求申請表 LCJL-RLZY-6.1.1-1
				應聘人員登記表 LCJL-RLZY-6.1.2-2
				面試評估表 LCJL-RLZY-6.1.2-3
	6.2 培訓管理	6.2.1 內部培訓流程 Q/XXXX-RLZY-LC-6.2.1		培訓記錄表 LCJL-RLZY-6.2.1-1
				培訓簽到表 LCJL-RLZY-6.2.1-2
				培訓實施評價表 LCJL-RLZY-6.2.1-3
		6.2.2 送外培訓流程 Q/XXXX-RLZY-LC-6.2.1		
	6.3 績效管理	6.3.1 績效目標分解流程 Q/XXXX-RLZY-LC-6.3.1		
		6.3.2 部門績效管理流程 Q/XXXX-RLZY-LC-6.3.2		
		6.3.3 員工績效管理流程 Q/XXXX-RLZY-LC-6.3.3		績效反饋與輔導表 LCJL-RLZY-6.3.3-1
	6.4 薪酬福利管理	6.4.1 薪酬計劃管理流程 Q/XXXX-RLZY-LC-6.4.1		
		6.4.2 薪酬發放流程 Q/XXXX-RLZY-LC-6.4.2		結算支付申請單 LCJL-RLZY-6.4.2-1
		6.4.3 社保管理	6.4.3.1 社保新增流程 Q/XXXX-RLZY-LC-6.4.3.1	在職員工花名冊 LCJL-RLZY-6.4.3.1-1
			6.4.3.2 社保轉出流程 Q/XXXX-RLZY-LC-6.4.3.2	員工離職花名冊 LCJL-RLZY-6.4.3.2-1
			6.4.3.3 工傷管理流程 Q/XXXX-RLZY-LC-6.4.3.3	
		6.4.4 公積金管理	6.4.4.1 公積金新增流程 Q/XXXX-RLZY-LC-6.4.4.1	在職員工花名冊 LCJL-RLZY-6.4.3.1-1
			6.4.4.2 公積金封存流程 Q/XXXX-RLZY-LC-6.4.4.2	離職員工花名冊 LCJL-RLZY-6.4.3.2-1
		6.4.5 福利勞保用品管理流程 Q/XXXX-RLZY-LC-6.4.5		採購申請單 LCJL-RLZY-6.4.5-1
		6.5.1 新員工入職流程 Q/XXXX-RLZY-LC-6.5.1		員工登記表 LCJL-RLZY-6.5.1-1
				入職告知書 LCJL-RLZY-6.5.1-2
				報到通知書 LCJL-RLZY-6.5.1-3

附錄1(續)

一級流程	二級流程	三級流程	四級流程	流程中使用的表單
6 人力資源管理	6.5 勞動關係管理	6.5.2 員工轉正流程 Q/XXXX-RLZY-LC-6.5.2		試用期員工轉正審批表 LCJL-RLZY-6.5.2-1 試用期溝通記錄表 LCJL-RLZY-6.5.2-2 員工（基層崗位、業務崗位、中層崗位）試用期考核表 LCJL-RLZY-6.5.2-3 試用期轉正徵詢函 LCJL-RLZY-6.5.2-4 試用員工自我評價表 LCJL-RLZY-6.5.2-5
		6.5.3 勞動合同簽訂流程 Q/XXXX-RLZY-LC-6.5.3		合同、協議領用單 LCJL-RLZY-6.5.3-1
		6.5.4 勞動合同變更流程 Q/XXXX-RLZY-LC-6.5.4		內部聯絡單 LCJL-XZHQ-8.5.2-2
		6.5.5 勞動合同終止流程 Q/XXXX-RLZY-LC-6.5.5		內部聯絡單 LCJL-XZHQ-8.5.2-2
		6.5.6 員工調動流程 Q/XXXX-RLZY-LC-6.5.6		人事異動單 LCJL-RLZY-6.5.6-1
		6.5.7 員工離職管理流程 Q/XXXX-RLZY-LC-6.5.7		部門交接清單 LCJL-RLZY-6.5.7-1 離職申請表 LCJL-RLZY-6.5.7-2 離職面談 LCJL-RLZY-6.5.7-3 離職會簽單 LCJL-RLZY-6.5.7-4 結算清單 LCJL-RLZY-6.5.7-5
7 財務管理	7.1 收入管理	7.1.1 收入核算流程 Q/XXXX-CWGL-LC-7.1.1		
	7.2 支出管理	7.2.1 費用報銷流程 Q/XXXX-CWGL-LC-7.2.1		差旅費報銷單 LCJL-CWGL-7.2.1-1 日常費用報銷單 LCJL-CWGL-7.2.1-2
		7.2.2 資金支付管理流程 Q/XXXX-CWGL-LC-7.2.2		

附錄1(續)

一級流程	二級流程	三級流程	四級流程	流程中使用的表單
8 行政後勤管理	8.1 公文管理	8.1.1 事業部內部發文管理流程 Q/XXXX-XZHQ-LC-8.1.1		
		8.1.2 集團本部文件收文流程 Q/XXXX-XZHQ-LC-8.1.2		收文報批表 LCJL-CWGL-8.1.2-1
	8.2 會議管理	8.2.1 會議管理流程 Q/XXXX-XZHQ-LC-8.2.1		
	8.3 督辦管理	8.3.1 督辦工作流程 Q/XXXX-XZHQ-LC-8.3.1		工作實施計劃 LCJL-CWGL-8.3.1-1
	8.4 印章證照管理	8.4.1 印章使用管理流程 Q/XXXX-XZHQ-LC-8.4.1		印章使用需求單 LCJL-CWGL-8.4.1-1
		8.4.2 證照使用管理流程 Q/XXXX-XZHQ-LC-8.4.2		製造事業部證照借用登記表 LCJL-XZHQ-8.4.2-1
	8.5 檔案管理	8.5.1 檔案收集整理流程 Q/XXXX-XZHQ-LC-8.5.1		
		8.5.2 檔案借閱查閱流程 Q/XXXX-XZHQ-LC-8.5.2		員工人事檔案借閱查閱申請登記表 LCJL-XZHQ-8.5.2-1 內部聯絡單 LCJL-XZHQ-8.5.2-2
	8.6 後勤管理	8.6.1 辦公用品管理流程 Q/XXXX-XZHQ-LC-8.6.1		辦公用品請購申請表 LCJL-XZHQ-8.6.1-1 內部聯絡單 LCJL-XZHQ-8.5.2-2
		8.6.2 接待管理流程 Q/XXXX-XZHQ-LC-8.6.2		內部聯絡單 LCJL-XZHQ-8.5.2-2
		8.6.3 車輛維修申報流程 Q/XXXX-XZHQ-LC-8.6.3		車輛維修申請單 LCJL-XZHQ-8.6.3-1

附錄 2　　　　　　　流程描述文件示例

內部競聘流程

流程名稱	內部競聘流程	流程編號	Q/XXX-RLZY-LC-XX
編製部門	人力資源部	起草人	張三
審核人	李四	審定人	王五
生效日期	2018 年 1 月 1 日	版本號	V1.0

1. 流程概述

本流程適用於公司內部競聘工作，內容包括發布公告、填寫申請表、確認部門是否同意、與員工溝通、審核、安排面試、考核以及通知員工並公示等環節。

2. 規範性引用文件

XXX（2017）67 號　　員工招聘與配置管理辦法

3. 歸口管理、配合部門及崗位

（1）歸口管理部門/崗位：人力資源部/招聘專員

（2）配合部門：其他部門

4. 使用記錄及表單

序號	編號	記錄及表單名稱	保存地點	保存時間
1	LCJL-RLZY-XX	內部競聘申請表	人力資源部	5 年
2	LCJL-RLZY-XX	內部競聘考核表	人力資源部	永久

5. 流程圖

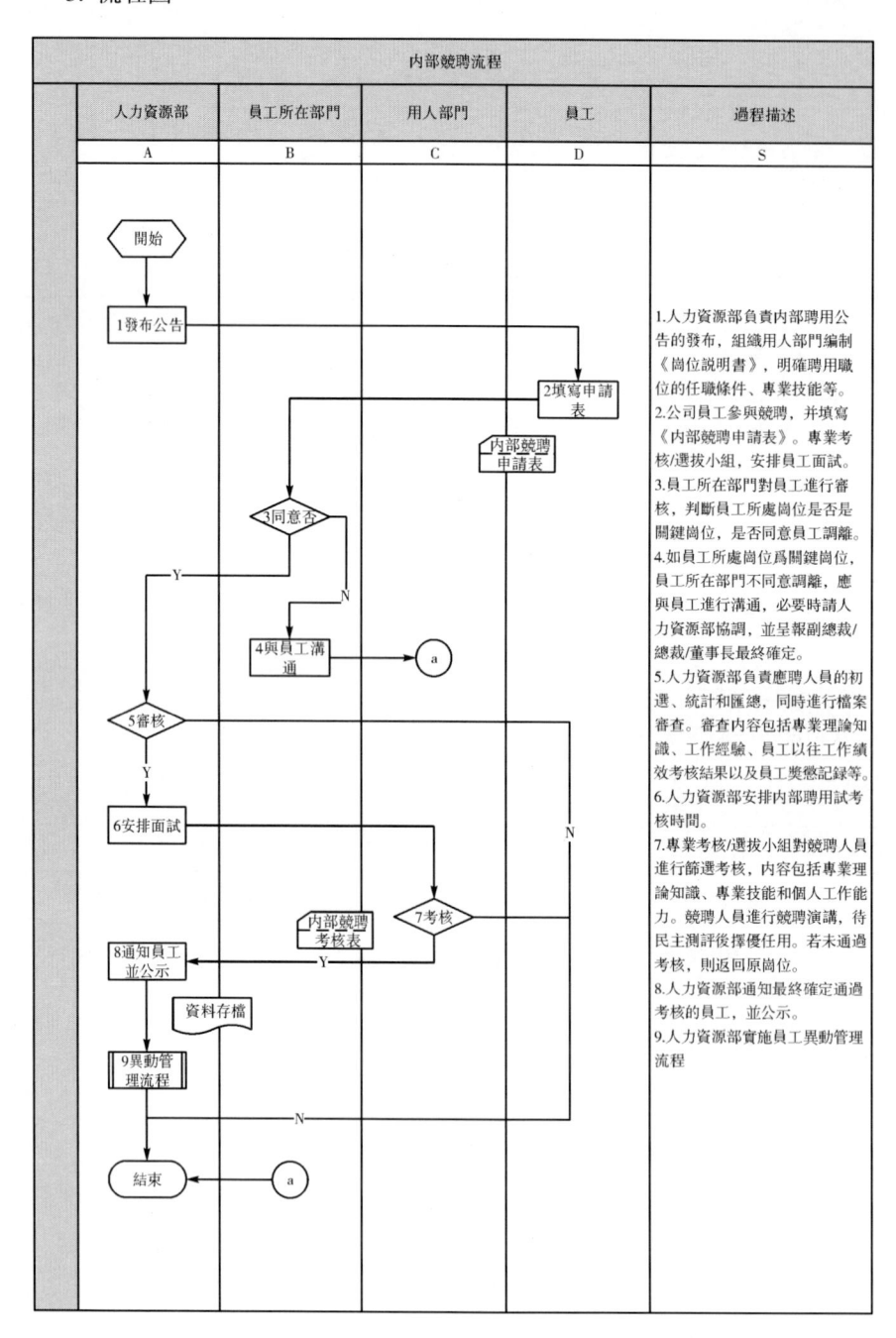

內部競聘流程					
人力資源部	員工所在部門	用人部門	員工	過程描述
A	B	C	D	S

```
[開始]
   ↓
[1發布公告] ─────────────────┐
   ↓                         ↓
                         [2填寫申請表]
                         《內部競聘申請表》
                             ↓
                    ◇3同意否◇
                     Y ↓    → N
   ┌─────────────────┘       ↓
   ↓                    [4與員工溝通] → (a)
◇5審核◇
   ↓ Y
[6安排面試]
   ↓                         ↑
                    ◇7考核◇ ← 《內部競聘考核表》
                     Y ↓    → N
[8通知員工並公示]
   資料存檔
   ↓
[9異動管理流程]
   ↓
   N
   ↓
[結束]   (a)
```

1. 人力資源部負責內部聘用公告的發布，組織用人部門編制《崗位說明書》，明確聘用職位的任職條件、專業技能等。
2. 公司員工參與競聘，並填寫《內部競聘申請表》。專業考核/選拔小組，安排員工面試。
3. 員工所在部門對員工進行審核，判斷員工所處崗位是否是關鍵崗位，是否同意員工調離。
4. 如員工所處崗位為關鍵崗位，員工所在部門不同意調離，應與員工進行溝通，必要時請人力資源部協調，並呈報副總裁/總裁/董事長最終確定。
5. 人力資源部負責應聘人員的初選、統計和匯總，同時進行檔案審查。審查內容包括專業理論知識、工作經驗、員工以往工作績效考核結果以及員工獎懲記錄等。
6. 人力資源部安排內部聘用試考核時間。
7. 專業考核/選拔小組對競聘人員進行篩選考核，內容包括專業理論知識、專業技能和個人工作能力。競聘人員進行競聘演講，待民主測評後擇優任用。若未通過考核，則返回原崗位。
8. 人力資源部通知最終確定通過考核的員工，並公示。
9. 人力資源部實施員工異動管理流程

98　量化與細化管理實踐

6. 附件

內部競聘申請表

申請日期： 年 月 日

申請人		性　別		入職日期	年 月 日
現任部門		年　限		崗位/職務	
申請部門		申請崗位/職務		（或＿＿＿＿＿）	
個人資料	出生年月： 年 月 日，現年 歲，政治面貌：				
	畢業學校： 最高學歷：				
	主修專業： 選修專業： 學位：				
	其他學歷或參加何種培訓：				
	資格證書或專業技術職稱：				
	外部工作年限： 年，內部工作年限： 年，合計： 年				
公司經歷	年 月至 年 月， 部 年，職務：				
	年 月至 年 月， 部 年，職務：				
	年 月至 年 月， 部 年，職務：				
	獎懲說明：				
競聘說明					
工作方面有何特長					
自我評價					
部門負責人簽　名			申請人簽　名		

內部競聘考核表

考核日期： 年 月 日

競聘人：		競聘部門：		競聘職務：			
考核項目	序號	考核內容	分值	員工自評	主管考評	綜合考評	
團隊合作	1	在工作中善於尋求他人的幫助和支持，或主動調動各方面資源以實現目標	10				
	2	積極主動與團隊成員坦誠地溝通，並給予他人積極的協助及反饋					
創新能力	3	能夠在現有的工作基礎上，提出新的觀點和方法	10				
	4	樂於接受他人的建議，改進自己的工作					
	5	善於發現問題並嘗試解決，敢於嘗試新的方法改善工作					
學習知識樂於分享	6	主動學習並能夠快速適應新崗位及新工作的要求	15				
	7	主動尋求各種途徑提高業務技能，瞭解和跟蹤本行業先進技術和發展趨勢					
	8	樂於與他人相互學習，並分享信息和工作經驗					
責任心與主動性	9	重視客戶需求，努力為客戶解決問題	15				
	10	工作盡心盡責，任勞任怨					
	11	有高度主人翁精神，經常能主動考慮工作疑難問題並著手解決					
工作能力	12	保證完成每一項工作的準確性與時效性	15				
	13	能貫徹執行相關規章制度	15				
	14	遇事善於分析且判斷結果準確，具備較強的數據觀念與分析能力	10				
	15	與他人合作時溝通表達能力強，能準確領悟對方或表達自己的意圖	10				
員工自評分×40% + 主管評分×60% =（考核）總評分			100				
評分標準		請根據行為出現的頻率，結合以下標準進行評價，滿分為100分；總是≥90分；經常70~89分；有時50~69分；偶爾≤49分					
綜合考評結果		□符合條件，可以聘用　□有待考察，等通知　□還需鍛煉，暫不聘用					

表(續)

部門意見		建議調任日期： 年 月 日
分管領導意見		
人力資源部意見	調任日期： 年 月 日	薪資：□上調_____，□不變
	文字意見：	

第四章 管理制度細化：系統化與再造

4.1 對企業制度體系的理解

4.1.1 什麼是企業制度體系

經常有人問，質量管理體系文件是企業的制度嗎？職位說明書是企業的制度嗎？作業指導書是企業制度嗎？有人把企業制度等同於企業制定的某些管理規定或管理辦法，也有人認為企業已經有很多規定了，怎麼在具體做事時還是找不到合適的、可以遵循的依據。

所謂企業制度，是針對企業各項活動統一制定的，用來規範和指導員工行為的辦事規程或行為準則。**企業制度是企業管理思想、管理理念、技術能力的具體體現，是企業各項工作有序開展的依據，也是企業實現其戰略規劃、經營目標、管理提升的有力保障**。所謂體系則是指相互關聯或相互作用的一組要素。企業制度體系包括以下內容。

1. 企業制定的規範性文件：各種規定、規則、規範、辦法、手冊、作業指導書等。

2. 標準：包括國際標準，如質量管理體系標準 ISO9000、環境管理體系標準 ISO14000、職業健康與安全管理體系標準 OHSAS18000、社會責任管理體系標準 SA8000，以及國家標準、行業標準、企業標準等。

3. 職責：針對部門及崗位工作的具體職責分配與工作要求，如部門職責說明書、職位說明書等。

4. 預案：指針對潛在的或可能發生的突發事件的類別和影響程度而事先

制訂的應急處置方案，如防災應急預案、應急救援預案等。

4.1.2 企業生命週期與制度體系建設

生命週期理論（Life Cycle）的概念應用很廣泛，特別是在政治、經濟、技術、社會等諸多領域經常出現，其基本含義可以通俗地理解為「從出生到死亡」的整個過程。企業生命週期理論揭示了企業從創立、發展、成長到衰退的動態軌跡，不同的企業生命階段有著不同的特點，對於企業的經營與管理需求有較大的差異。美國的學者伊查克‧愛迪斯曾用 20 多年的時間研究企業是如何發展、成長和衰亡的。他將企業生命週期分為 10 個不同的時期，即：孕育期、嬰兒期、學步期、青春期、壯年期、穩定期、貴族期、官僚化早期、官僚化中晚期、死亡，它們又分別對應不同的階段，如圖 4-1 所示，由於官僚化早期向官僚化中晚期的過渡有時並沒有明顯的界限，因此合併為官僚期。企業不同時期的特徵及可能出現的問題如表 4-1 所示。

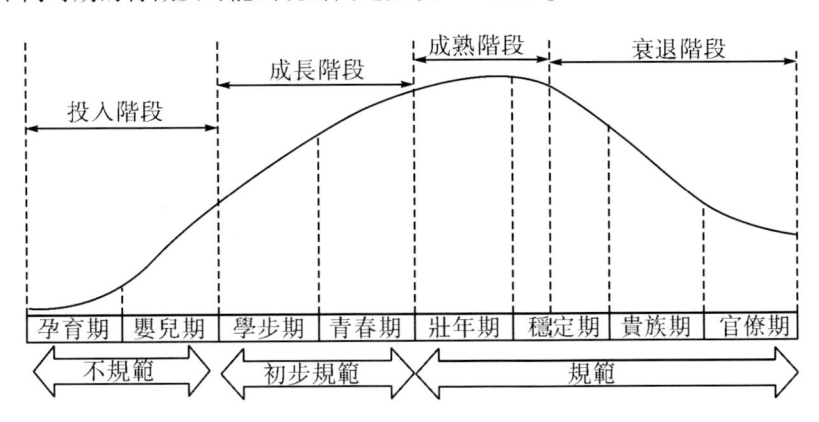

圖 4-1　企業生命週期及不同的發展階段

表 4-1　　　　　　　　企業不同時期的特徵及可能出現的問題

企業生命週期	特　徵	可能出現的問題
孕育期	基於創始人或創始團隊對市場的研判而創立，完全的市場導向	◇對市場需求估計過於樂觀 ◇對利潤的追求會扼殺企業 ◇缺乏敢擔風險的領導者
嬰兒期	◇對銷售收入極為關注 ◇領導者一般集權力為一身，企業缺乏制度和規範 ◇資金平衡以及領導者忘我的工作投入是增長的關鍵	◇以折扣降價刺激銷售增長 ◇講求規範和程序化運作會降低企業靈活性 ◇不恰當的授權使企業運作失控 ◇資金不恰當地投在長線項目裡

表4-1(續)

企業生命週期	特　徵	可能出現的問題
學步期	◇在業內建立了一定的市場地位，生存有了保障 ◇追求收入和利潤的雙重成長 ◇企業內部管理一般還不規範，但這是保持靈活性所必需的	◇領導人將興趣放在多元化投資上，容易造成現金流枯竭，主業得不到支持 ◇過早地進行授權而又未能建立起相應的管理控制體系，將會造成企業失控
青春期	◇由於規模的迅速膨脹，面臨管理滯後的問題 ◇企業內部開始出現派系和權力鬥爭的現象 ◇企業的首要任務是建立完善的制度體系，並引入職業經理 ◇企業通過制度體系的建立可以大膽地進行授權	◇規範的管理體系與企業既有的運作風格產生矛盾，領導人會首先打破制度，從而使管理失控局面持續下去 ◇提前進入衰退階段 ◇過多的權力鬥爭會使企業產生離心力
壯年期	管理趨於規範，有科學的業務計劃和預算體系，其靈活性和可控性達到一致和協調	◇企業缺乏發展動力 ◇應注重創新精神的培育和鞏固
穩定期	◇不再追求企業銷售成長和市場份額的提升，而是追求財務績效，必要時會縮減市場預算和研究開發預算 ◇不再以成長指標進行考核，而是以利潤率和投資回報率進行考核 ◇注重內部人際關係	◇易忽略客戶需求 ◇對市場機會的靈敏度下降
貴族期	◇充裕的現金儲備 ◇企業處於完全受控狀態 ◇良好的收入和待遇 ◇良好的運作秩序	◇市場地位、競爭實力在迅速下降 ◇許多問題被壓制或故意迴避 ◇有能力、有創新精神的員工紛紛離職 ◇創新行為被扼制
官僚期	完全喪失了創新的能力，只剩下規章和制度	◇市場份額銳減 ◇企業現金流出現問題，處於虧損營運狀態 ◇大量削減行銷和R&D預算，市場競爭力進一步下降 ◇員工機械地以規章制度為導向，官僚主義盛行

　　企業在投入階段，需要原始累積，追求的目標是盡可能獲得市場份額，增

加銷售增長量，實現投入與產出的平衡，這時，企業偏重於經營，一方面是無暇顧及內部管理或需要內部管理的高度靈活性，另一方面，在制度方面的累積也不足，僅有少量的急需解決某個問題的制度，主要是「人治」管理，領導的習慣作為大家遵守的規範，靠經驗與習慣發揮管理作用。隨著企業的不斷發展，在成長階段，企業的市場增長穩定，已經完成原始累積，快速發展，一方面有了更多的制度累積，另一方面，僅憑經驗管理與領導的命令已經不能解決問題，企業開始逐步規範，引入職業經理人，重視制度的管理。隨著企業存續時間的增加，企業開始有了自己的文化積澱，遵守企業既定的制度成為員工的習慣，企業所倡導的理念、價值觀、行為方式等內嵌於制度中，成為文化的一部分，詳見圖4-2所示。

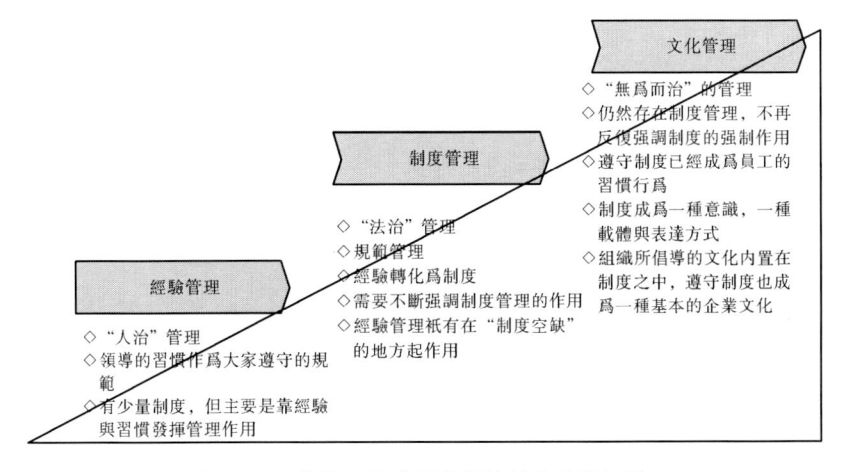

圖4-2　企業不同發展階段的制度建設特徵

4.1.3　企業制度體系與企業標準體系

企業制度體系與企業標準體系是怎麼一種關係？這是我們在輔導企業建立制度體系或標準體系時經常遇到的問題。在理解二者關係之前，首先需要理解「標準化」「標準」「企業標準」等概念。

1. 標準化

GB/T20000.1-2014《標準化工作指南 第1部分 標準化和相關活動的通用術語》為標準化下的定義是：為了在既定範圍內獲得最佳秩序，促進共同效益，對現實問題或潛在問題確立共同使用和重複使用的條款及編製、發布和應用文件的活動。標準化活動確立的條款，可形成標準化文件，包括標準和其它標準化文件。標準化的主要效益在於為了達到產品、過程或服務的預期目的而

改進它們的適用,促進貿易、交流以及技術合作。標準化可在全球、區域或國家層次上,在一個國家的某個地區內,在政府部門、行業協會或企業層次上,以及企業內車間和業務室等各個不同層次上進行。

2. 標準

GB/T20000.1-2014《標準化工作指南第1部分標準化和相關活動的通用術語》為標準下的定義是:通過標準化活動,按照規定的程序經協商一致制定,為各種活動或其結果提供規則、指南或特性,供人共同使用和重複使用的文件。標準化的本質是為了增加標準化對象的有序化程度,防止其向無序化發展。日本標準化學者松蒲四郎提出:「標準化活動就是人們從無序狀態恢復有序狀態所做的努力」。根據標準制定的主體不同,標準分為國際標準、區域標準、國家標準、行業標準、地方標準以及企業標準,如圖4-3所示。

標準
- 國際標準:由國際標準化組織或國際標準組織通過并公開發布的標準
- 區域標準:由區域標準化組織或區域標準組織通過并公開發布的標準
- 國家標準:由國家標準機構通過并公開發布的標準
- 行業標準:由行業機構通過并公開發布的標準
- 地方標準:在國家的某個地區通過并公開發布的標準
- 企業標準:由企業通過供該企業使用的標準

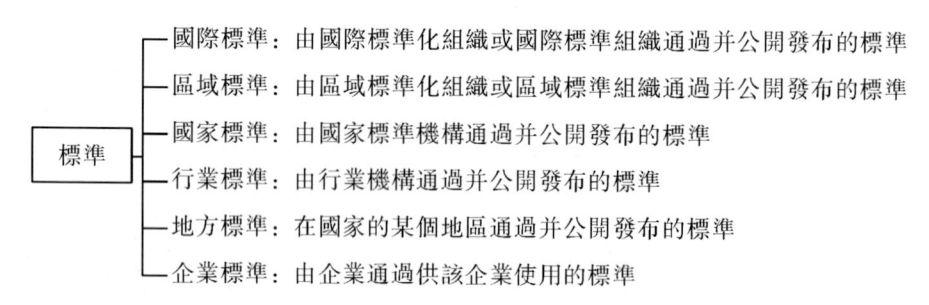

圖4-3　標準的分類

2017年11月頒布的《中華人民共和國標準化法》的第一章第二條規定:國家標準分為強制性標準、推薦性標準,行業標準、地方標準是推薦性標準。強制性標準必須執行。國家鼓勵採用推薦性標準。

3. 企業標準

如圖4-3所示,企業標準是標準分類的其中之一,是由企業制定的產品或服務標準,以及企業內部需要協調、統一的技術要求和管理、工作要求所制定的標準。企業標準是企業組織生產、經營、管理活動的依據。企業標準是國家標準、行業標準、地方標準、企業標準四個層次標準中最基礎層的標準。企業標準不僅是企業的私有資源,而且在企業內部是具有強制性的。企業標準體系由技術標準、管理標準及工作標準構成。其中,技術標準是對標準化領域內需要協調統一的技術事項所制定的標準,內容一般是圍繞企業對其生產或服務過程的結果提出的質量要求、時間要求、實驗方法、工藝規範等技術方面的要求,重點在於技術要求一致;管理標準是對企業標準化領域中需要協調統一的管理事項所制定的標準,內容一般是圍繞企業對其主要管理過程的控制,即對

主要事項所建立的辦事程序的要求，重點在於強調事項處理時職責清楚和程序分明；工作標準是對企業標準化領域中需要協調統一的工作事項所制定的標準，內容一般是圍繞企業對其各個崗位的控制，對任職資格、崗位職責、崗位權限、檢查考核以及工作主要內容的要求，重點在於「責權利一致，清楚幹什麼、怎麼幹」，工作標準中規定的工作內容其實是技術標準和管理標準的要求在具體崗位的具體轉化。企業標準體系的構成如圖4-4所示。

```
                        管
                        物  ┌─────────────────────────┐
           ┌── 技術標準 ────│對標準化領域內需要協調統一的│
           │                │技術事項所制定的標準。      │
 企                         └─────────────────────────┘
 業                      管
 標                      事  ┌─────────────────────────┐
 準 ────── ├── 管理標準 ────│對企業標準化領域中需要協調統│
 體                         │一的管理事項所制定的標準。  │
 系                         └─────────────────────────┘
                        管
                        人  ┌─────────────────────────┐
           └── 工作標準 ────│對企業標準化領域中需要協調統│
                            │一的工作事項所制定的標準。  │
                            └─────────────────────────┘
```

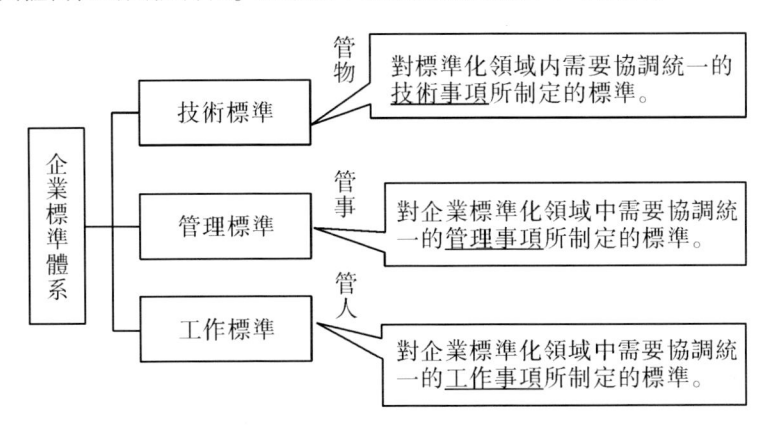

圖4-4 企業標準體系的構成

GB/T 1.1-2009《標準化工作導則第1部分：標準的結構和編寫》對企業標準體系的技術標準、管理標準與工作標準文件的編寫做了詳盡的規範，包括文件的層次結構、要素起草的方法、要素表達的方法等，均做了統一的要求。

4. 企業制度體系與企業標準體系的關係

廣義上理解，企業制度體系比企業標準體系包括的內容更豐富。從相似的方面看，企業標準體系中的技術標準與制度體系中的操作規程、作業指南等文本的作用相似；企業標準體系中的管理標準與制度體系中的規章制度相似；企業標準體系中的工作標準與制度體系中的職位說明書相似。**但實質上，標準化管理與制度管理是兩種不同的管理方式**。

（1）管理方法論的差異

標準化管理明確提出了簡化、統一、協調、優化四項原則，運用了系統論、控制論、過程方法、PDCA等一系列科學管理理論作為標準化管理的基礎。以規章制度作為主要管理手段的制度管理則是一種傳統的管理模式。

（2）工作界面和範圍的差異

管理標準的管理界面和範圍與規章制度的管理界面和範圍之間的差異如表4-2所示。

第四章　管理制度細化：系統化與再造 | 107

表 4-2　　管理標準與規章制度的管理界面和範圍之間的差異

規章制度的管理界面和範圍	管理標準的管理界面和範圍
與技術標準無關的管理事項	與技術標準有關的管理事項
雖與技術標準有關，但不具有長期穩定性，管理要求及方法尚不成熟、需要試行的管理事項	重複發生、管理方法和要求較為成熟且相對穩定的管理事項
滿足上述兩個條件之一，應制定規章制度	上述兩條必須同時滿足，方可制定管理標準

（3）系統性的差異

管理標準是運用系統科學的觀點和系統分析的方法，對需要管理的事項，運用標準化原則進行協調統一、結構優化和系統化處理後制定的標準並形成體系，每個標準都是系統的一個環節。而多數企業的日常制度多為針對一般要求和問題做出規定，各部門制定各部門的，彼此缺乏統一協調和協商一致，也沒有規劃，缺乏系統性。

（4）可操作性和考核性的差異

企業標準運用「5W1H」，盡可能地定量，容易操作和考核；而一般制度定性多、定量少，不便操作和考核。

（5）文件格式的差異

一般制度沒有固定統一的格式，企業標準則按照 GB/T1.1 要求的格式制定。雖然標準不能完全代替文件和規章，但管理標準比一般制度先進、科學、適用、系統、全面。

4.1.4　企業管理體系

管理體系是基於企業戰略而建立的方針和目標，並實現這些目標的體系，是企業組織制度和企業管理制度的總稱。

從制度管理的視角看，企業管理體系包括研發管理、行銷管理、生產管理、質量管理、安全管理、物流管理、財務管理、人力資源管理、行政管理等一系列的制度。從標準管理的視角看，企業管理體系包括質量管理體系、環境管理體系、職業健康安全管理體系、風險管理體系、社會責任管理體系等。對這些管理體系的規定、要求及其實施、審核指南的一系列標準稱為管理體系標準。如圖 4-5 所示。

图 4-5　企业管理体系的结构

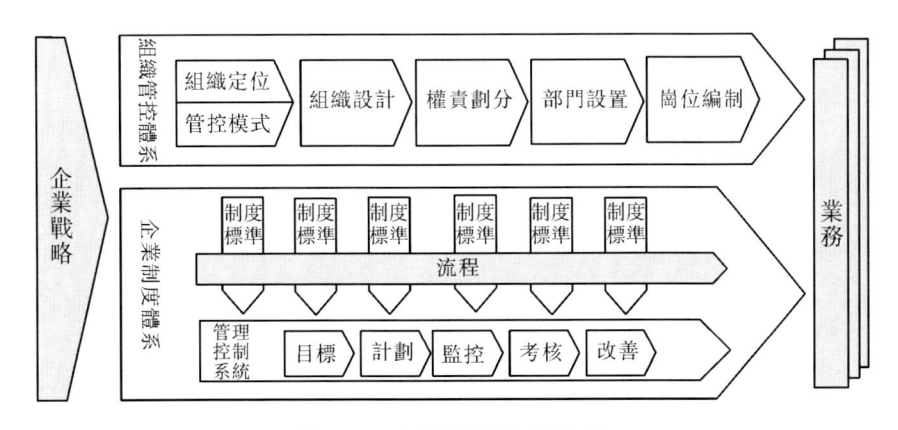

对于大部分企业，通常是既有制度又有标准，最常见的是企业既有一系列的制度，又建立了 ISO9000 质量管理体系标准和 ISO14000 环境管理体系标准。常常遇到企业提出这样一些疑问：「我们现在用的制度与 ISO9000 管理体系的关系是什么？」「我们已经有了三标体系（ISO9000 质量管理体系、ISO14000 环境管理体系、OHSAS18000 职业健康与安全管理体系标准），还需要那么多制度做什么？」「我们建立了 ISO9000 管理体系，是不是以前的制度就可以不要了？」等等。应该说，这些问题既是由于对 ISO9000、ISO14000、OHSAS18000 等管理体系标准的内容、目的以及构成的理解不到位，也是由于对於制度体系理念与方法的缺乏。

4.2　建立系统化的制度体系

4.2.1　企业制度管理中存在的问题

案例：笔者到某企业对中、高层管理者做访谈，公司副总经理 A 提出来，「我们的制度太多了，能不能简化一下？」另一公司副总经理 B 则说「我们现在的制度不够用，能不能帮我们把制度完善了？」面对两位高层领导的不同感受，笔者就此问题询问了几位部门负责人，他们的回答与前面的两位副总经理相似，不同的部门感受不一样，其中一位部门负责人的回答让人记忆深刻，他说：「以前我一直觉得我们的制度很多，有些重要的部门还建立了部门的管理手册，详细规定了该部门的管理事项。但上个月，商务部的一位员工由于工作疏忽未能及时处理中标通知书中有关确认与缴纳服务费的事情，导致被取消中

標，給公司造成很大的損失，卻找不到相關的處罰制度依據。所以現在我們也不知道制度是多了還是少了。」

類似的問題在其他的企業也能看到，制度到底是多了還是少了？為什麼在需要使用制度的時候卻找不到了？對於大部分的企業來說，一方面，制度是在管理的過程中不斷累積起來的，某些部門的制度意識強，會考慮建立一系列的制度，而有些部門的制度意識弱，則會忽略制度的建設。另一方面，不管哪個部門都只是企業的一個模塊，其視野與管控能力也只能局限在某些範圍內，因此，導致了企業制度的碎片化，缺少系統性。

企業制度管理主要存在以下幾個方面的問題。

1. 制度不成體系

一是制度多而分散，企業在發展過程中，發現一個問題就出抬一個制度，不成體系；二是本位主義，各部門都是基於自身管理的需要來建立制度，抓權攬權的現象較為突出，缺乏統一協調和平衡，制度的合理性得不到保證；三是各部門各自制定自己職能範圍內的制度，制度之間的銜接和匹配性較差，甚至還存在彼此矛盾的地方。

2. 對制度的管理缺失

一是沒有將企業外部的政策、法律法規與企業實際工作相聯繫，相關的要求未納入制度控制的內容，不能確保將外部政策、法律法規的要求融入具體的管理工作中；二是對制度執行情況檢查不到位，在制度建立起來後缺少貫徹落實，對於制度執行過程中存在的問題沒有建立反饋機制；三是制度評審機制缺失，對制度評審工作不瞭解、不重視，甚至沒有建立評審制度的機制。

3. 制度編製不規範

一是制度內的結構不規範，框架的邏輯關係不清晰；二是內容不規範，如：名稱不適當、用語不規範、內容缺少必備要素、制度與制度之間存在矛盾等；三是格式不規範，不符合公文寫作要求。

4. 制度的更新和完善不及時

一是不能根據企業的發展及時制定相適應的制度；二是對於制度明顯存在的問題或制度間存有彼此矛盾的地方，沒有及時修改，令執行者無所適從，有的制度「試行」了若干年，仍在使用；三是未建立或不重視制度清單，有的企業沒有建立制度清單，不知道到底有多少制度，有的企業建立了制度清單，但沒有分類，不分制度類型將所有的文件都填入制度清單。

對於以上問題該怎麼辦？

解決辦法一：建立企業標準體系。用標準化的方法，建立系統成套的企業

標準體系。正如前一節已經比較過的，相對而言，制度管理比標準管理粗放，標準化管理具有先進、科學、適用、系統、全面等優點，但由於對標準體系方法論的掌握與熟練運用需要有比較長的持續推進時間，很多企業往往由於不能持續推進，沒有建立起標準化的企業文化，或者有的企業花費了大量的人力、物力建立起了標準體系，但沒過多久，又回到制度管理的模式，再或者制度與標準文件並存，產生了對同一事項的規定，在規章制度與管理標準中出現矛盾或衝突的現象。

解決辦法二：建立系統化的制度體系。將企業標準的系統性、全面性運用於制度體系，既改變制度體系中「定性多、定量少、不便操作考核」的缺點，又減少企業員工由於「不懂得、不適應」而影響制度體系使用與執行的問題。

對於企業標準體系的建立，目前已有很多相關的書籍，本書重點介紹如何建立系統化的制度體系。

4.2.2 制度建設系統化的理念

制度體系是指為實現確定的目標，由若干相互依存、相互制約的制度組成的具有特定功能的有機整體。制度體系的系統化就是從系統論的視角出發，對企業的制度進行系統的梳理、整合，形成為實現特定目標相互依存、相互制約的制度體系的過程。下面分別從系統效應、系統結構、有序以及反饋控制四個原理的視角理解制度體系的系統化理念。

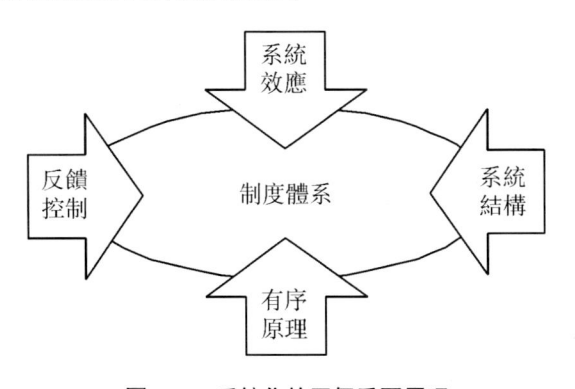

圖 4-6　系統化的四個重要原理

1. 系統效應原理對制度體系的要求與啟示

制度體系不是若干個互不相干的制度的簡單集合，也不是僅為滿足某個部門或專業的管理要求而制定的單個制度的集合，而是一個互相聯繫的有機整體。每一個具體的制度都有其特定的功能，在實施時產生特定的效應，這樣的

效應被稱為個體效應或局部效應。而由若干具有內在聯繫的制度組成的制度體系，也有其特定的功能，並在實施中產生特定的效應，這種效應被稱為總體效應或系統效應。**系統效應就是要從完整的系統視角來處理制度之間的結構與呼應，而不是孤立地將不同制度簡單疊加**。作為有機整體的制度體系來說，制度體系的效應既與組成該系統的各個制度及它們的結構有關，又不是制度個體效應的簡單總和。系統效應原理對制度體系的啟示如下。

（1）系統效應是建立系統化的制度體系的重要理念，也是同傳統的制度建設相區別的重要標誌。按照系統效應原理，**每一個制度的功能和效應都難以孤立地發揮作用**，它只是居於系統中的某一特定地位上，在系統的總效應中表現出其個體效應。每一個要素的性質以及其影響系統整體的途徑，依賴於其他一個或幾個要素的性質和行為。同時，每一個要素至少被其他一個要素所影響。因此，制度雖然是逐個制定的，但實際上是填補系統的一個要素，或是縱橫交錯的系統網絡中的一個節點。制度的功能受到該系統嚴格的制約，只有充分認識了這個系統對它的要求和制約，特別是系統總效應的要求，才能制定出一個具有較好適用性、能有效解決問題的制度。也才能保證整個制度體系發揮出較好的功能，產生出較好的系統效應。

（2）系統效應原理要求我們在制度體系建立時要樹立系統意識及全局觀念。大家可能都有這樣的經驗，一項規定或一個指標，從局部看是合理的、可行的，但從全局看卻是不合理的或不可行的。以系統效應原理的觀點看，局部應服從全局，個體效應好，系統效應不一定好，系統效應才是我們所追求的最終目標。

（3）在設計制度體系時，應將制度看成由若干子系統或要素結合而成的有機整體。每個子系統的功能要求都應先從實現整個系統的總目標出發加以考慮。子系統之間以及子系統和系統整體之間的關係也都需要從整體協調的需要出發予以處理。同樣的，某個系統又是它所從屬的更大系統的組成部分，它的功能設定以及它的系統效應的發揮，必然受到這個更大系統的制約，這就使制度之間、制度子系統之間的協調變得更加重要，也更加複雜。

（4）系統效應原理具有方法論的意義。在對制度進行系統化的建設過程中，首先要有明確的目標，然後制定或優化與實現目標有關的一系列制度，並認真處理好制度之間的協調、配合關係，確保制度體系是個有機的整體，能產生系統效應，達到預定目標。如果目標不明確，或盲目追求系統的規模，只是制定了一堆互不協調、關聯不大的制度，這既不能稱其為制度體系，又不可能產生系統效應，甚至會出現負面效應。

2. 系統結構原理對制度體系的要求及啟示

制度體系的結構，是指制度體系內各要素的內在有機聯繫形式。這裡所說的結構是指系統中各要素相互聯繫、相互作用的狀態，是屬於哲學範疇的結構概念，不能等同於具體物質的實體結構。**如果僅有一堆制度，還不能說這就是制度體系**。單個制度或某幾個制度要素僅僅是組成系統的必要條件，而不是全部條件。系統是在要素基礎上，以某種方式相互聯繫，形成整體結構，這時才具有系統的性質。系統的結構是系統具有特定功能、產生特定效應的內在根據，系統效應的大小，在很大程度上取決於系統要素是否具有良好的結構。

對於制度體系的結構來說，我們需要關注結構與功能的關係，通常結構不同，功能也就不同，結構決定功能，但功能又能促進結構的改變。**在制度體系的結構與功能的關係中，強調結構與功能的相互作用是很重要的**，一旦發現結構狀況已經影響了功能的發揮和目標的實現，就應採取措施改變結構。例如，當我們發現在制度體系結構中有關財務管理的比重很大，而其他方面的比重較小時，我們就應該分析原因了，是企業當前只重視財務管理而忽略了其他的管理，還是其他原因造成的。必要時，需要對結構進行優化，以促使企業內的各項管理工作均衡發展。系統結構原理對制度體系化的啟示如下。

（1）制度體系的結構不是自發形成的，而是有目的地進行優化的結果，只有經過優化的系統結構，才能產生較好的系統效應。它要求我們按照結構與功能的關係，不斷地處理制度體系中的矛盾成分與「落後」環節，保持系統內部各組成部分基本合理的配套關係和適應比例，以提高制度體系的組織程度，使之發揮出更好的效應，這就是結構的優化。

（2）制度體系只有穩定才能發揮其功能，經過優化後的標準系統結構能夠相對穩定。所謂穩定是指系統某種狀態的持續出現，從而其功能可持續發揮。要達到制度體系穩定，一是要使各相關要素之間建立起穩定的聯繫；二是要提高結構的優化水準，並特別注意處理好與環境的協調關係。因此，制度體系結構的穩定程度既是結構優化的目的，也是衡量優化效果的依據。當制度的數量為一定時，這些制度之間的結構不同，其效應也會不同。要防止那種片面追求制度數量而忽視結構的傾向。這種傾向會削弱制度的系統效應，降低制度的效用。因此，採取調整系統中要素的組合關係能改進系統的功能。有時採用精簡結構要素的辦法，減少組成制度體系中制度的數量和某些不必要的結構，其結果不僅不會削弱系統功能，還可能提高系統功能。

（3）通常企業比較重視對單個制度的制定或優化，但是根據結構優化原理，要系統發揮較好的效應，就不能僅僅停留在提高單個制度的質量方面，應

該在一定的質量基礎上，致力於改進制度體系結構。從制度體系的結構優化出發，往往可以收到事半功倍的效果。模塊化就是通過優化系統結構的方法來改進和提高系統功能的一種有效手段。

3. 有序原理對制度體系的要求及啟示

系統的有序性是系統要素間有機聯繫的反應。系統要素間秩序井然、有條不紊、相互聯繫、穩定牢固，整個系統具有某種特定的運動方向，則表明其有序度高，這樣的系統便是穩定的；反之，要素間的結構鬆散、混沌、雜亂無章、方向不定，則表明其有序度低，無序度高，這樣的系統狀態便是不穩定的，其效應一定很低。所以，努力提高系統的有序度是維持制度體系穩定的關鍵。制度體系的有序結構，是系統與環境以及系統內部諸要素間相互聯繫、協同作用的結果。如果在系統形成和發展過程中，對這些內部、外部因素之間的關係處理不當，便可能降低結構的有序性，使系統向無序方向發展。例如，由於制度是逐個制定的，在制定過程中很難做到最佳協調，因而遺留一些尚不適應的環節；當制度的絕對數增多以後，由於尚未採用先進的檢索技術，很難互通信息，很難避免制度之間存在互相矛盾、重複、不銜接的情況，所有這些都會使系統要素間聯繫的穩定性降低，使系統走向無序。此外，即使原有的系統結構狀態較好，也會由於外部環境的變化，使系統要素發生局部變遷，從而使要素間的聯繫變得不穩定，由此也會向無序方向演化。例如，隨著生產和技術水準的提高，企業根據消費者的需求要生產較高質量水準的產品，原有的質量管理制度對新的改變就不能適應了。

制度體系中各要素之間必然有一定方式的聯繫。其中不同要素的數量及其相互聯繫的多少，決定系統的組織程度。若系統的各組成要素完全相同或完全獨立、互不關聯，則系統的組織程度為零，就像一盤散沙處於瓦解狀態；反之，組成系統的要素或相互關聯的狀態數越多、聯繫越多，表明系統越有序。假如系統中的制度互不重複、互不矛盾，而每一制度與其他所有制度都有聯繫，則系統的組織程度即有序化程度最高。**如果系統中有許多互相重複的、過時的、低效能的制度，只有少數制度相互關聯或只在某種條件下才關聯，則系統的組織程度即有序化程度就較差**，很顯然這是個鬆散的不穩定結構。通常借用熱力學中的正熵來表示系統的無序度；用負熵表示有序度。熵增大，表示混亂程度增加，無序性增強；熵減少，表示混亂程度下降，有序性增強。而提高制度體系的有序性，就是要使系統的熵減少或創造負熵。有序原理對制度體系的啟示如下：

（1）對制度體系來說，經過優化而獲得的穩定結構，只能是暫時的，隨

著系統內外情況的變化必定要向不穩定狀態轉化，這就需要及時對系統的構成要素加以調整，使系統從較低有序狀態向著較高有序狀態發展，以求建立新的、更高水準的穩定結構。

（2）要及時淘汰那些落後的、低效能的和無用的制度，因為這些制度同其他制度的關係並不密切，甚至毫無聯繫，系統中這類要素越多，系統越鬆散，熵越大，越趨向無序。

（3）根據客觀實際需要，及時地向處於臨界狀態的要素系統補充對系統進化具有激發力的新的要素，尤其是功能水準較高的要素，從而推動系統的負熵流，它先是使系統離開穩定性狀態進入非穩定性狀態，然後又推動系統進入新的穩態。制度體系就是這樣從無序到有序，再通過無序過渡到更高的有序這樣的反覆循環過程，並向前發展的。

4. 反饋控制原理對制度體系的要求及啟示

反饋控制原理指出，系統發展的狀態取決於系統對環境的適應性和對系統的控制能力。制度體系能夠保持結構穩定並不斷適應環境變化的內在機制就是反饋控制。制度體系的環境包括市場形勢的變化、生產結構及社會經濟結構的重要變革、技術的發展變化、貿易範圍的變化、外部的政策制度變化等。制度體系在建立和發展過程中，只有通過經常的反饋，不斷地調節同外部環境的關係，提高系統的適應性，才能有效地發揮出系統效應，並使系統向有序程度較高的方向發展。**制度體系與外部環境的適應性和有序性，是不可能自發實現的，需要由控制系統（即制度體系的歸口管理部門）開展有效的反饋控制。**制度體系的歸口管理部門的信息管理系統是否靈敏、健全，利用信息進行控制的各種技術的和行政的措施是否有效，即管理系統的控制能力、管理水準如何，對制度體系的發展有重要影響，如圖4-7所示。反饋控制原理對制度體系化的啟示如下。

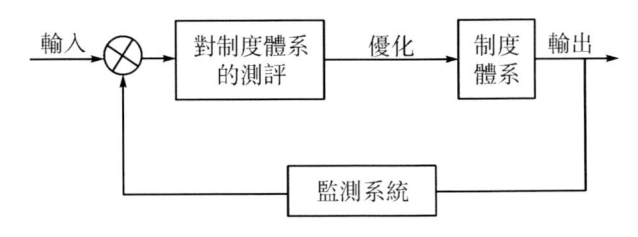

圖4-7　制度體系的反饋控制示意圖

（1）制度體系是人造系統，它需要制度體系的歸口管理部門建立反饋調節的機制，才能使系統處於穩態，沒有人為的干預它是不會自行達到穩態的。

而干預和控制都要以信息反饋為前提。**雖然建立了制度體系，但如果沒有信息反饋，就無法對系統進行控制，系統就將處於失控狀態。**一個失控的制度體系既不可能達到預定目標，也不可能長期穩定。信息反饋具有減少甚至阻止熵增的作用。反饋越及時，增進負熵的能力則越強，因而也越能增強系統的組織程度；反之，反饋越遲緩，就越不能控制熵增，因而系統就愈易衰敗。所以，制度體系的歸口管理部門如果不建立強有力的反饋調節機制，這個制度體系就是一個開環系統，而開環系統實際上是一個放任自流的管理系統，它不僅起不到控製作用，還將使系統逐步走向無序狀態而瓦解。

（2）制度體系的管理水準，在很大程度上取決於制度體系的歸口管理部門所收集的信息質量，包括信息的及時性、準確性、適用性以及經濟性，同時，對信息傳輸、加工、處理和使用的能力和效率。

（3）制度體系管理工作中官僚主義的表現，一是形成了開環控制，下情不能上達，沒有反饋，不能調節，制度體系難以健康發展；二是雖有反饋，但報喜不報憂，只有正反饋沒有負反饋，掩蓋存在的問題，根據這些信息進行控制，會使系統更加無序，更加偏離目標。

（4）為了使制度體系與環境條件相適應，除了及時修訂已經落後的制度，制定指標水準較高的具有抗干擾能力的制度之外，還應盡可能使制度具有一定的彈性，減緩它對技術進步的反作用，這應該成為制度體系化的一個重要原則，即彈性原則。

4.2.3 制度體系框架設計

制度體系框架表述了規章制度之間的緊密內在聯繫，構成了一個具有特定目標和特定功能的有機整體。**制度體系框架要解決的主要問題是使規章制度系統成套，而不是零散、雜亂、孤立的。**我們如何才能做到呢？我們可以引入結構化的方法，結構化方法起源於對數學問題的分析，它採取全局的觀點，分析各個數學分支之間的結構差異及內在聯繫，後來，人們又將其作為軟件開發的重要方法。所謂結構是指系統內各個組成要素之間的相互聯繫、相互作用的框架，結構化方法就是以結構為基礎開展分析，幫助人們理清事物之間的內在聯繫。結構化方法運用於制度體系框架設計，就是要從目標出發，在對每個制度的功能透澈瞭解的基礎上，再按照功能與結構的制約關係，把這些制度有機地組織起來，形成嚴密的制度體系框架。

1. 制度體系的層次結構

制度體系是有層次的，大部分企業都忽略了，將各種「管理制度」「管理辦法」「管理規定」「管理細則」混雜在一起，相關規章制度的制定部門或人員提出的管理要素也是粗細、詳略各不相同。制度體系的層次如圖4-8所示。

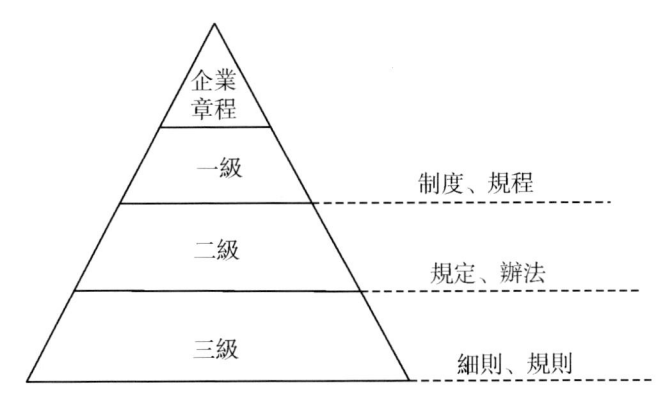

```
         企業
         章程
        ─────
         一級      制度、規程
       ─────────
         二級      規定、辦法
      ──────────
         三級      細則、規則
     ────────────
```

圖4-8　制度體系的層次

（1）企業章程

是企業的基本綱領和行動準則，規定了企業的名稱、住所、經營範圍、經營管理制度等重大事項的基本文件，也是企業必備的規定企業組織及活動基本規則的書面文件。章程在一定時期內穩定地發揮作用，如需變動或修訂，應履行特定的程序與手續，經企業全體成員或其代表審議通過。企業章程的效力及於公司及股東成員，同時對公司的董事、監事、經理具有約束力。

（2）一級制度

一級制度通常命名為「制度」「規程」等。是指導某一方面長期的工作、活動正常開展而制定的較為全面的規範，是企業全員或特定人群需要共同遵守的規定性公文。一級制度強調管理要素，強調共同性。對於集團企業來說，一級制度是集團各類管理通用的基本法則，各事業部或分（子）公司在此基礎上，根據管理的實際需要和業務特點，形成具體的管理要求。比如某集團企業制定的《績效管理制度》規定了該集團公司績效管理的目標、原則，績效指標設定的來源、依據，績效管理結果應用的原則等，但不會有具體的績效管理量表、考核用的指標、考核結果應用的具體內容等，**解決的是「為什麼做？以什麼原則做？」的問題**。

（3）二級制度

二級制度一般命名為「辦法」「規定」等。是針對特定範圍或某一方面活動的工作、事務或專門問題等制定的要求和規範。在一級制度的原則下，針對制度的若幹部分或是適用於企業特定領域，闡述的辦事規則和工作流程，與一級制度相比，更具體，更強調針對性。以上面舉例的績效管理來說，對相關事業部或分（子）公司則需要在《績效管理制度》的原則下制定相應的《績效管理辦法》或《績效管理規定》，對於績效管理的具體實施過程、考核週期、考核用的工具表單、考核指標、考核兌現結果制定明確的要求，**解決的是**「**誰來做？做哪些內容？**」**的問題**。

（4）三級制度

三級制度一般命名為「細則」「規則」，是為實施某一「辦法」或「規定」而制定的詳細具體的法規性文書，對具體環節和差異性部分的詳細解釋和要求，強調細節的說明，具有很強的操作性。仍然以上面的績效管理舉例，可以制定《績效指標維護與變更細則》，詳細補充說明績效指標的維護與變更的操作過程與方法。

2. 制度體系的框架結構

弄清制度體系的層次結構以後，從總體效應出發，再按照功能與結構的制約關係，把這些要素有機地組織起來，形成功能與結構互相促進、相得益彰的制度體系框架結構，如圖4-9所示。

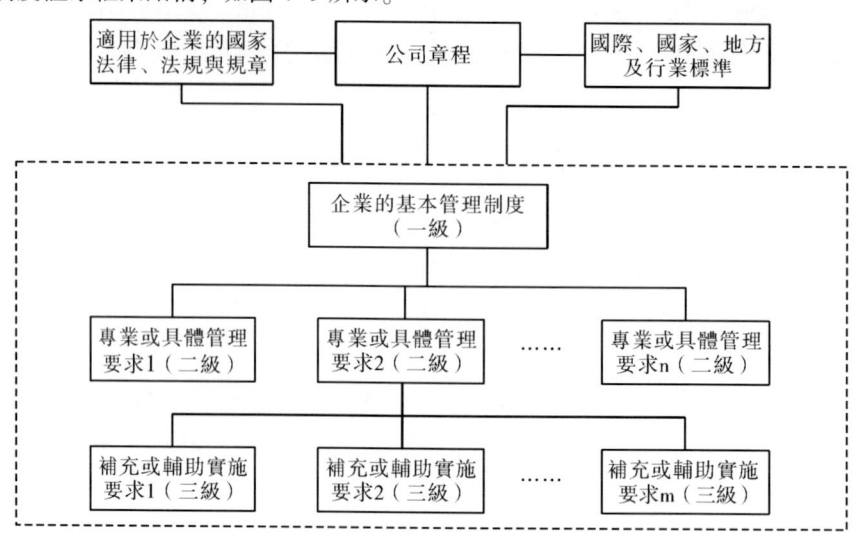

圖4-9 制度體系框架

其中，國家的法律、法規與規章，國際、國家、地方及行業標準以及公司章程是企業規章制度制定所必須依據的基本準則。比如一個旅遊服務企業制定服務質量管理制度，則應該考慮國家對於旅遊服務的法律、法規約束以及國家、地方或行業標準對於旅遊服務質量的要求。

在制定基本管理制度時，可以以企業的業務價值鏈為主線，按企業的主要業務，制定戰略管理、市場行銷、科技研發、生產管理、質量管理、安全管理、人力資源管理、財務管理等業務模塊的制度文件。各專業部門則針對具體業務模塊的業務分解制定二級或三級制度。以本書第二章的案例某生產製造型企業的業務系統圖為例，構建該企業的制度體系框架第一級，如圖4-10所示。

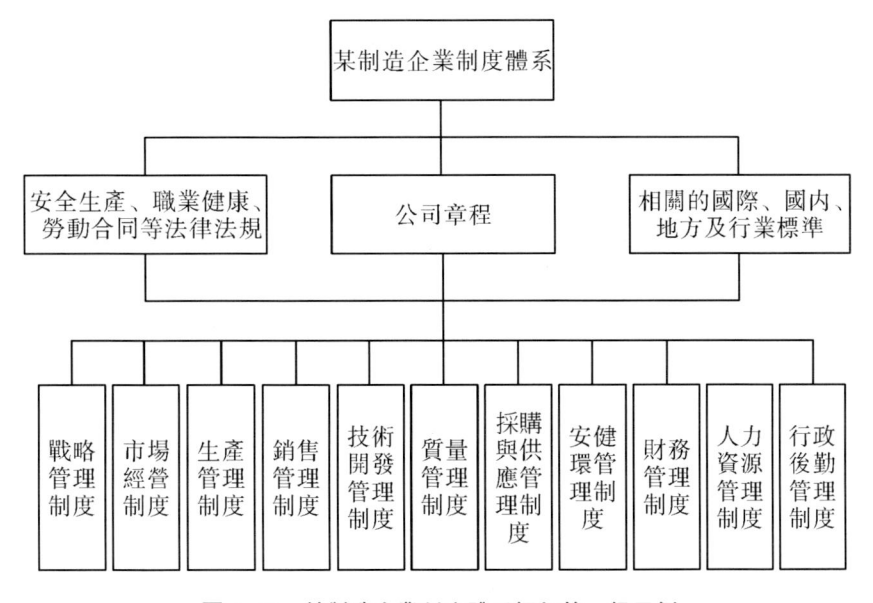

圖4-10　某製造企業制度體系框架第一級示例

在圖4-10所示的框架下，以財務管理為例說明制度體系的第二級與第三級的建立，如圖4-11所示。看了圖4-11你就會明白，為什麼經常覺得各種管理辦法、管理規定也是不少了，但對於具體工作的指導仍然缺少依據，在具體問題出現時還是需要相關的管理部門臨時確定處理意見，使企業存在大量的非程序化決策問題，加重中層管理者的管理壓力。對於一些比較重要的問題，還需要反覆匯報上級領導或者通過會議集體決策，從而降低工作效率。**如果有了實施細則，很多工作的處理就能夠固化下來，不管是誰，按照實施細則處理即可**。特別是一些規模比較大的企業，或者是人員流動比較頻繁的企業，這樣的實施細則更是不可缺少，是精細化管理的基礎。

第四章　管理制度細化：系統化與再造 | 119

➢實施細則規範了各項工作的流程、方法、使用表單等，提高了工作的有序性與規範性。

➢實施細則有效地實現了「變」與「不變」的平衡，通常制度體系中的第一、二級制度相對穩定，對於大的原則的規定不需要反覆變化，而為了應對外部環境的變化，企業中的崗位會有微調，工作方法、工作流程會有變化，在這些變化發生時，只需要修改實施細則即可，這樣可以使企業快速適應變化，而不會由於變化而無序。

➢實施細則還能夠使新上崗的員工很快學會相關事務的處理，企業不會由於人員的流失而「手足無措」。

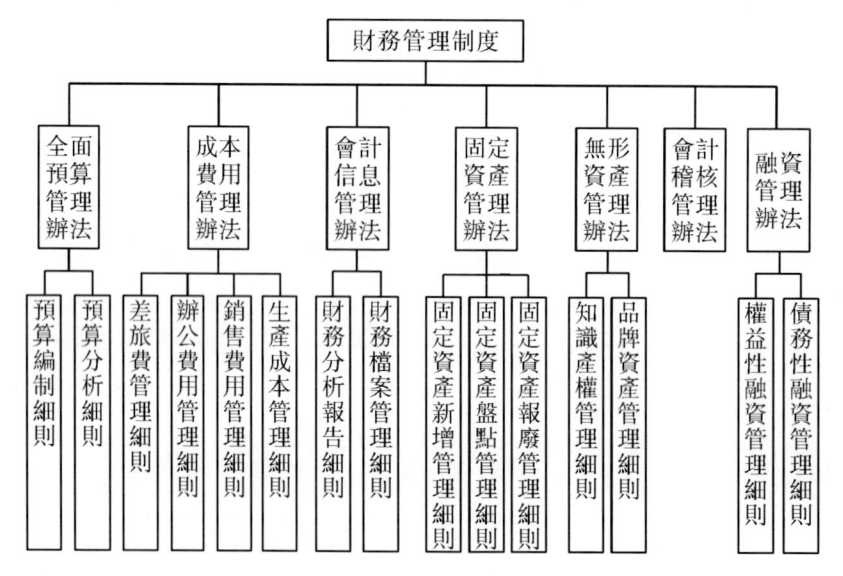

```
                        財務管理制度
    ┌────┬────┬────┬────┬────┬────┬────┐
   全面   成本   會計   固定   無形   會計   融資
   預算   費用   信息   資產   資產   稽核   管理
   管理   管理   管理   管理   管理   管理   辦法
   辦法   辦法   辦法   辦法   辦法   辦法
   ┌┴┐  ┌┴┬┐  ┌┴┐  ┌┴┬┐  ┌┴┐  ┌┴┐  ┌┴┐
  預 預  差 辦 銷 生  財 財  固 固 固  知 品  權 債
  算 算  旅 公 售 產  務 務  定 定 定  識 牌  益 務
  編 分  費 費 費 成  分 檔  資 資 資  產 資  性 性
  制 析  用 用 用 本  析 案  產 產 產  權 產  融 融
  細 細  管 管 管 管  報 管  新 盤 報  管 管  資 資
  則 則  理 理 理 理  告 理  增 點 廢  理 理  管 管
         細 細 細 細  細 細  管 管 管  細 細  理 理
         則 則 則 則  則 則  理 理 理  則 則  細 細
                           細 細 細              則 則
                           則 則 則
```

圖4-11　以財務管理為例的制度體系第二、三級框架

通過建立制度體系框架就能夠對企業自身的規章制度有一個全面的瞭解，知道一個企業應該有哪些規章制度，或者瞭解企業現在還缺哪些規章制度。

4.2.4　制度體系建立的步驟

怎樣建立制度體系呢？通常有準備、規劃、設計框架、制（修）訂、實施、評審六個過程，如圖4-12所示。其中，從制（修）訂到評審是一個階段性循環的過程，以確保規章制度與企業營運實際需要是匹配的。

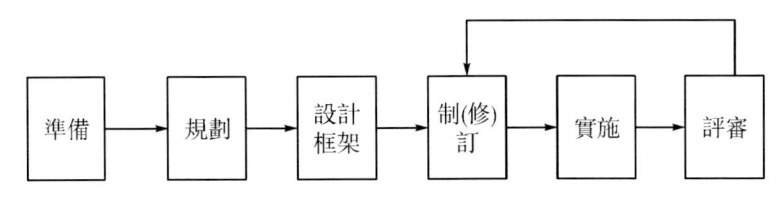

圖 4-12　制度體系建立的步驟

1. 準備

（1）建立協調機構

由於制度體系建立涉及企業的各個部門，大多數管理人員都需要參與其中，有一些制度是跨部門跨專業的，因此需要有部門進行總體的組織與協調。協調機構通常包括制度體系建立領導小組與制度體系建立工作小組。

➢領導小組的成員主要由公司領導、各部門負責人構成。

➢工作小組成員主要由各部門具體開展制度體系建立的人員構成，可以是部門負責人也可以是骨幹員工。工作小組的日常性事務工作一般由總經理工作部、戰略規劃部或行政事業部處理。

（2）制訂計劃

制度體系的建立是一個系統工作，也不是一兩天就能完成的，一般需要3-5個月的時間，因此需要對制度體系建立的總體時間進度、工作內容、責任人等制訂總體的計劃，以便大家按時間節點完成相應的工作。

2. 規劃

規劃階段的工作對於制度體系的建立具有非常重要的意義。

（1）價值鏈分析

業務價值鏈是制度體系建立的依據，相關的方法與技術可以參見本書第二章。

（2）梳理現有的規章制度

➢制度體系的建立並不是把過去的制度全盤否定，而是要將已經形成的制度系統化、優化，因此，對已形成的制度進行全面梳理是非常的必要的。

➢在梳理規章制度時，必須理清的至少應包括規章制度的名稱、編號、歸口責任部門、實施日期、目前狀態等內容，其中「目前狀態」是指規章制度是「在用」還是「廢止」。如表4-3所示。

表 4-3　　　　　　　　　　現有規章制度梳理用表

序號	規章制度名稱	文號	歸口責任部門	實施日期	目前狀態

3. 設計框架

制度體系框架的設計可以參見本書的 4.2.3。

（1）基於業務價值鏈建立制度體系框架

➤從價值鏈出發建立制度體系，可以確保制度對公司業務的全覆蓋，不容易出現遺漏。

➤價值鏈中的一級業務可以對應制度體系中的第一級，價值鏈在分解時是從業務出發，而不是從部門出發，因此，需要遵從業務的自然屬性。

➤當部門發生變化，比如拆分部門或合併部門時，業務是不會變化的，可以確保制度體系的第一級制度不發生改變，從而保證了規章制度的指導思想、企業的管理原則在較長時期內的穩定性。

（2）形成規章制度明細表

➤明細表有助於全面瞭解制度體系的信息。

➤明細表的內容包括規章制度層級、名稱、編號、實施日期、與其他體系關係、被替代的規章制度等，如表 4-4 所示。

表 4-4　　　　　　　　　　規章制度明細表

序號	規章制度層級	規章制度名稱	編號	實施日期	與其他體系的關係	被替代的規章制度

（3）規章制度統計表

➤規章制度統計表準確直觀地描述了規章制度的總體數量以及某個專業規章制度的數量，有助於對規章制度整體情況的瞭解。

➤統計表應與明細表協調，動態即時地反應規章制度的數量。

4. 制（修）訂

（1）制訂規章制度的制（修）訂計劃

➤對照制度體系框架及在規劃階段梳理出來的規章制度清單，明確哪些需要新增，哪些需要修訂。

➤把各專業各級規章制度的制（修）訂任務分解到相關的責任部門，形成規章制度編製計劃任務書。

➤編製計劃任務書應包括規章制度名稱、主要內容與要求、適用範圍、與其他規章制度的關係、責任人、參與部門及人員、起止時間等。

（2）規章制度的編製或修訂

根據計劃任務書，相關責任人開展規章制度的編製或修訂工作。

（3）討論優化

對於已編製或修訂成稿的規章制度，相關部門及人員應一起討論，確保規章制度的內容是相互協調、互相銜接的。

5. 實施

這一階段不僅僅是執行新的規章制度那麼簡單，還需要做以下三項工作。

➤實施前的準備：明確時間節點廢止過去舊的規章制度，實施新的制度體系。

➤召開發布會：通過發布會的形式，強調新的制度體系的執行效力。

➤貫徹落實：對於重要的制度，相關部門要以培訓或會議的方式，詳細講解，確保制度體系的執行力。

6. 評審

定期的評審可以及時發現規章制度執行中存在的問題，提出改進要求，確保制度體系能有效指導工作。評審是發現問題的重要手段和確保制度體系有效性的重要環節，但是很多企業卻把這項工作忽略了。

（1）評審前的準備

➤正式通知，啓動評審工作。

➤成立評審組，指定評審組長，明確分工。原則上組長應由高層領導出任。

➤確定評審目標、範圍。

➢編製總體評審計劃，分發給各部門及相關人員。評審用表見表4-5。
➢編製評審檢查表。

表4-5　　　　　　　　某企業評審計劃表示例

評審目的	①檢查各項活動是否依據制度體系中各項規章制度的要求開展；②評價制度體系運行的有效性以及對各項工作的指導作用
評審範圍	業務活動的實施過程（抽樣調查），各部門、二級機構、車間
評審日期	2018年4月13日至4月15日
評審組成員	組長：XXX 第一組：XXX（一組組長），XXX，XX 第二組：XX（二組組長），XXX，XX

日期	時間	第一組	第二組
4月13日	8：30-12：00	高層領導XX、XXX、XX	生產部、研發部
	13：30-17：00	市場部、安全監察部	質量部、財務部
	17：00-18：00	評審組內部溝通會	
4月14日	8：30-12：00	人力資源部、總經理辦公室	生產一車間
	13：30-17：00	客服中心	生產二車間
	17：00-18：00	評審組內部溝通會	
4月15日	8：30-12：00	設備部、採購物流部	倉庫
	13：30-15：00	評審組內部小結	
	15：00-17：00	總結大會	

（2）評審的過程
➢分組進行評審，收集信息。
➢發現不合格項，記錄並與相關人員確認。
➢評審小組討論，確認不合格內容。
➢向相關部門發出不合格通知單，責任部門簽字認可。
➢評審組組長撰寫評審報告，印發給各部門。

（3）評審的內容
➢對制度體系的管理：新增或廢止的規章制度處理情況、明細表、統計表的更新情況。
➢過程：規章制度中表述的管理目標、原則、管理職責、管理方法、資源

提供、產品實現、測量、分析和改進過程及相關子過程。

➢ 場所：包括各部門及地區，如生產、管理、服務部門、分支機構、野外現場等。

（4）評審的方法

➢ 查閱文件和記錄。這是一種主要的也是最常用的方法。需要注意的是，查閱的文件和記錄必須是正式的，對於文件必須是經有關部門審批有效的；對於記錄表單必須是註明了日期，有記錄人簽署的。對於同類產品或活動的文件記錄可以採用抽樣查閱。

➢ 訪談。通過與相關部門人員面談、提問，獲得信息以及有效的客觀證據。訪談時應選擇直接有關的責任人，圍繞評審主題提問，對於發現的問題要與被訪談人確認客觀事實。

➢ 現場觀察。在生產現場觀察操作人員操作的方法、設備狀況、環境狀況、各種標示等。現場觀察時要仔細，透過現象看本質，同時評審員可穿插提問，驗證實際的操作與規章制度的規定是否一致。

4.3 基於流程的制度再造

4.3.1 怎樣理解制度與流程在企業中的作用

案例：某製造型集團企業，總經理在辦公會上提出來，要引進外部諮詢公司來指導整個公司梳理流程，建立流程管理體系，理由是：第一，現在公司推卸責任的現象嚴重，有些工作做到一半，就不知道下一個環節該由哪個部門負責了，找不到接手的；第二，工作效率低下，某些看似簡單的工作，卻需要反覆協調。會上，大家都覺得公司的流程確實存在很大的問題，應該有專業的公司來帶領大家梳理一下。但是，總經理工作部的負責人卻突然問了一個問題：我們去年才把公司的制度全面優化了，公司有幾百個規章制度。現在又來梳理流程，與公司的這些制度是什麼關係？

這個問題激起了大家的熱烈討論，最後，大家發現，這確實是個問題：制度與流程到底是什麼關係呢？

案例中的問題，也是我經常會聽到大家問的一個問題。還有人會問，有了流程就不要制度了嗎？首先，分析一下制度與流程的區別。

一是管理思想不同。規章制度是基於人性「惡」的假設，制度所描述的是要怎麼做、必須怎麼做、不這樣做怎麼處置的問題，以描述性、約束性的文

字表達。「制度導向」是採取「以堵治水」的辦法，簡單地說就是「假如你犯錯誤了，就按制度進行處罰」。流程是基於人性「善」的假設，認為每個人都按照流程的規定默契地相互配合，從而實現持續的改進。流程明確由誰來做、具體怎麼做的規定，在人員、時間、空間、內容、方法、部門和崗位之間銜接各個環節，給予具體、明確、全面的規範。「流程導向」更多的是一種「以導治水」的辦法，強調如何將輸入有效地轉化為輸出，提倡以「對崗位職責盡本分」「對上下游積極信任」的態度來有效運作。

二是局部與全局視角的不同。流程以完成工作步驟、順序為核心，結合組織結構、人員素質及其他資源，站在公司的角度來設定。流程是為實現某項功能的一個系統，系統可大可小。整個企業就是一個系統，根據不同的分類原則內部又可以分為若干個獨立系統，各系統之間都會通過各流程系統之間的接口建立起緊密聯繫，最終織成一個涵蓋全局的網絡系統。而規章制度更多的是針對局部出現執行力問題而採取的措施，常常局限於某個專業領域或者某個部門，容易形成條塊分離。

三是思維方式不同。不同的管理文化導向表現出不同的管理模式，「制度導向」的管理模式，管理者考慮的是「是不是某個方面應該制定個制度？」，而「流程導向」的管理模式，管理者更多的會從流程實際使用優化的角度出發，把更多的精力花在「如何使流程標準更優化」上，通過流程的優化來改善員工的行為，從而取得最佳的工作效果。

再來看看流程與制度的聯繫。

第一，制度是流程得以執行的保證。制度確保了流程的順利實施，通過制度的執行來推動流程的執行；流程是建立在對功能團隊信任的基礎上而設計的，對於因個體原因而影響流程功能實現的現象，只有通過制度進行約束，才能得以制止，進而建立流程的威信。

第二，制度與流程相輔相成。制度是流程的基礎，流程又是制度的具體落實。一個流程可能包括對幾個制度的執行，比如一個採購物資驗收流程，它既包括物流採購管理相關的規章制度，也包括質量管理的相關管理制度，當出現退貨退款問題時，甚至還與財務管理制度有關；同樣的，一個制度中也許包括幾個不同的流程，比如績效管理辦法中，既有對部門績效管理的流程，又包括對員工管理的流程，還有對中層管理者管理的流程，如果做得精細的，還會有申訴管理流程、績效指標維護流程等。

第三，流程促進了制度管理的深化與發展。建立制度是企業規範化管理的開始，當企業達到一定規模時，管理者無法親自監督到企業的每一個角落，於

是就有了制度；建立流程是企業精細化管理的開始，流程是在規範化管理的基礎上，進一步考慮如何把事情做得更合理、效率更高、成本更低，更符合客戶的需求，產生更高的價值。

綜上，我們發現流程與制度既有區別又有聯繫，二者作為企業管理的核心內容，其本質是一致的，都是在企業運行過程中追求管理水準的不斷提升，是企業不同發展階段的不同需求。如圖4-13所示。

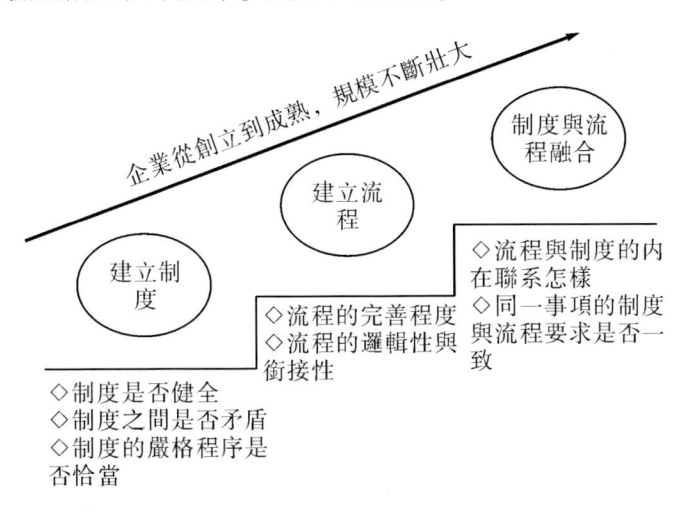

```
                                          企業從創立到成熟，規模不斷壯大 →

                                                          制度與流
                                                          程融合
                                        建立流
                                        程
                      建立制                              ◇流程與制度的內
                      度                                   在聯繫怎樣
                                                        ◇同一事項的制度
                              ◇流程的完善程度               與流程要求是否一
                              ◇流程的邏輯性與               致
                                銜接性
        ◇制度是否健全
        ◇制度之間是否矛盾
        ◇制度的嚴格程序是
          否恰當
```

圖4-13　企業不同發展時期對制度與流程的選擇

當企業處於創立初期或規模較小時，戰略及商業模式不穩定，通常是以經驗、責任心代替流程，比流程更重要的是，成敗依賴於個人，通過相互適應、長期的默契配合進行協調。隨著企業的成長與發展，特別是規模逐漸壯大之後，管理層增加，協調增多，「部門牆」變厚，各專業或部門開始只關注局部利益，中、高層管理者面臨救火式管理，無法從系統層面解決問題，這時，依靠經驗管理的方法就必須轉移到依靠制度體系及流程建立來提高管理效率，適應市場變化。

4.3.2　制度與流程的融合

流程與制度怎樣融合？**如果找不到一個流程與制度的有效契合方式，就會出現「兩張皮」的情況**，制度的規定與流程的規定各執一詞，給執行者造成困惑，達不到建立流程體系時的最初目標。

我們通過實踐發現，有兩種處理方式。**第一種處理方式是本書第3.3.2節中提到的製作流程描述文件，將流程與相關文件關聯起來**，這樣做的好處是：

對在用規章制度的影響不大，只是通過對流程的梳理進一步細化各項管理活動，明確流程的流轉過程；不好的是：可能存在現行規章制度與流程衝突的情況，或者流程為了適應現行規章制度的規定，而無法達到最優。

第二種處理方式是基於流程的制度再造，在梳理流程的基礎上，對整個制度體系或者末端的細則進行再造，這樣做的好處是：流程與制度體系可以無縫對接，同時，經過再造的規章制度會更清晰、更具有操作性；不好的是：工作量較大，需要對所有的規章制度進行再梳理。

對於以上的第一種處理方式，可參考本書的第 3.3.2 節。下面著重討論第二種處理方式，即基於流程的制度再造。

1. 以流程為基礎，優化制度體系

制度體系優化方法包括三個方面，即合併、廢止、補充。在優化制度體系時，可能會面臨兩種情況：一是企業已經建立了規範的制度體系，這時，主要是通過將流程清單與制度明細表比對，在比對基礎上，找到優化的方法；二是企業沒有建立規範的制度體系，那麼企業應該先將現用的規章制度清理一下，形成制度明細表以後，再進行比對，尋找可行的優化方法。

（1）合併

對於同一管理事項有多個相關制度時，就需要對制度進行合併，但需要注意的是，合併時只對同一層次的制度進行合併。制度的合併不是簡單地把兩個制度放在一起，而是將核心的管理內容進行合併。在合併時需要識別制度是否存在不合理，或者只有部分內容在使用的情況。

（2）廢止

廢止主要是針對失效的制度。

（3）補充

在流程分析時，發現某些方面缺少的制度，就需要補充到制度明細表中去。

2. 以流程為基礎，修訂規章制度文本

所謂修訂規章制度文本，就是將流程與規章制度文本完整地匹配在一起。一般會有兩種情況，一是一個規章制度正好只對應了一個流程，二是一個規章制度對應於兩個及以上的流程。這兩種情況的核心思想是一樣的，都是以流程節點為主構建規章制度中與管理活動過程有關的內容。對於第二種情況，通常要以流程為主線先建構幾個管理模塊，再在相應的管理模塊下，以流程節點為主建構條或款的標題（即三、四級標題）。這樣處理的好處是邏輯清晰，易於執行。

4.4 規章制度編寫規範

總是會遇到這樣的情況，一個企業的同一個部門拿出幾個不同事項的規章制度，其結構與編寫的樣式各不相同。也有人問我，到底怎樣的才算是規範的？**企業在細化管理過程中，首先從形式上對規章制度的編寫進行規範是良好的開端**，不僅如此，通過對形式的規範，還可以提高效率，使員工養成注重細節、統一規範的習慣。如果要做好制度體系的規範管理工作，企業可以參照下面兩節的內容，建立一個《規章制度編寫細則》，從企業自身的實際出發，在其制度體系框架下，對每一級的規章制度制定一個詳細的格式規範，以便指導企業內部規章制度的建立工作。

4.4.1 編寫要求

1. 合法性

在擬寫規章制度時，一是應符合國家有關政策、法令和法規的要求，比如在擬寫《請假制度》，需要對年休假、產假、婚假等休假時間做出規定時，不能與國家規定的法定休假時間要求相抵觸；二是對於集團型企業來說，集團下屬企業的規章制度需要遵守集團基本法；三是要與同級有關規章制度相協調，下級制度不得與上級制度相抵觸。

2. 準確性

一是規章制度的文字表達應準確、簡明、易懂、周密、邏輯嚴謹，避免產生不易理解或不同理解的可能性，從而令人無法具體實施；二是規章制度的圖樣、表格、數值和其他內容應正確無誤，不要有重大疏漏；三是規章制度的結構要合理，條理要清楚，要點要突出。

3. 統一性

規章制度中的術語、符號、代號應統一，並與本企業內其他的相關制度一致，已有國家標準的應採用國家標準，已有集團標準的應採用集團標準。同一概念與同一術語之間應保持唯一對應關係，類似部分應採用相同的表達方式與措辭。

4. 動態適應性

規章制度應盡可能結合企業的實際需要編寫，同時應符合企業戰略發展的需要，力求具有合理性、先進性和可操作性。比如在編寫《績效管理辦法》

時，由於績效指標是需要每年根據年度目標做分解的，因此對於績效指標的來源、設定方法、流程、責任部門、使用表格等必須在《績效管理辦法》裡做明確而詳細的規定，但對於績效指標本身卻不能做靜態的規定而將其固化在管理辦法內。

4.4.2 格式規範

規章制度的格式規範性差越來越成為一個問題，我看過的很多企業拿出來的規章制度格式規範各不相同，也經常有人問我，到底怎樣才算是規範的格式。其實格式本身並不重要，重要的是規章制度的層次必須清晰，內容必須詳實，這樣才具有管理價值。國際標準（比如 ISO 系列）、企業標準以及傳統的企業規章制度，格式的規範要求各不相同。比如企業標準有《GB/T 1.1-2009 標準化工作導則第 1 部分：標準的結構和編寫》對標準文件的編寫格式規範做了非常嚴格細緻的規定。但是，作為一個企業來說，應該制定自身規範的格式要求，這是規範管理的第一步，達成共識首先要從形式上做起。

由於中國大多數企業的規章制度格式規範參照或者模仿的是黨政機關公文格式的規範，下面我就以 GB/T 9704-2012《黨政機關公文格式》為依據，簡要說明規章制度的格式規範。

由於規章制度的種類不同，內容、範圍各異，因此寫作格式和寫法也有所不同。但它們的結構與基本的要求又有許多相同之處，一般都包括標題、正文和落款三部分。

1. 標題

規章制度的標題一般有以下三種寫法。

（1）由單位名稱、事由和文種三部分組成。如《XX 公司 6S 現場管理細則》《國務院關於職工工作時間的規定》等。

（2）由制發單位名稱和文種組成，如《中國企協章程》等。

（3）由事由和文種組成，如《關於實施勞動保障監察條例若干規定》《薪酬管理辦法》等。

如果該規章制度是試行或暫行，則應在標題內文種前寫明，也可在文種後用括號註明。如《房屋權屬登記信息查詢暫行辦法》《售後服務管理規定（試行）》。如果該規章制度是草案，則應在標題後用括號加以註明，如《XX 公司預算管理辦法（草案）》。有些規章制度也在標題下面用括號註明該規章制度何時由何部門、哪個會議發布、通過、批准、修訂等項。

2. 正文

規章制度種類很多，各個文體的寫法也有所不同。從正文來看，規章制度的基本結構有兩大類：章條式和條款式。

（1）章條式，即將規章制度的內容分成若干章，每章又分若干條，根據需要，條下有時又分若干項。第一章是總則，中間各章叫分則，最後一章叫附則。章條式的層次及表述詳見表4-6所示。

表4-6　　　　　　　　章條式的層次及表述示例

層次	表述示例	說明
章	第一章、第二章	第一章為總則，最後一章為附則，中間各章與前一章連續編號，每一章應有相應的標題
節	第一節、第二節	不是每個規章制度都需要，一般用於內容比較多的規章制度。
條	第1條、第2條	每一章（或節）下面可以有若干條，條的編號不論章、節，採用全文連續順序編號，可以在章後面直接寫條
款	（一）、（二）	正文的條下設款，每一條的「款」單獨編號
目	1、2、3	款下設目，每一款的目單獨編號
項	（1）、（2）、（3） ①、②、③ a、b、c	目下設項，每一目的項單獨編號。若還有往下的層次則使用下一層的編號

➢ 總則。一般寫原則性、普遍性的內容，包括的主要內容有制定依據、制定目的（宗旨）和任務、基本原則、適用範圍、有關定義、主管部門（該項有時也可視具體情況置於分則或附則中）等情況。總則類似於文章的前言，對全文起統領作用。

➢ 分則。從總則以下到附則以上，中間的若干章均為分則。分則是全文的主體部分，通常按事物間的邏輯順序，或按各部分內容之間的聯繫，或按工作活動程序以及慣例分條列項，集中編排。表述獎懲辦法的條文也可單獨構成罰則或獎則，作為分則的最後條文。

➢ 附則。附則通常是全文的最後一章，一般說明該規章制度的實施程序與方式、生效日期、與有關文件的關係及其他未盡事宜的處置辦法、作解釋權的單位名稱等內容。附則只設一章，根據需要，下分若干條，也有附在最後不單獨成章的。

一般「制度」「規程」「辦法」「規定」這樣的比較系統全面的規章制度多採用章條式。

（2）條款式，這種寫法不分章，而是分條列項來闡述，適用於內容比較簡單的規章制度，如守則、公約、須知等。條款式有兩種形式：一種是前言條款式，一種是條款到底式。對照表4-6，條款式沒有第一個層次「第 X 章」。

前言條款式。這種形式分前言和主體兩部分。前言不設條，而是簡要概述制定該文的目的、依據、性質、意義，常用「為了……特制定本細則」或「為了……根據……特制定本守則」。主體部分通常分若干條款寫明規定的事項，一般按先主後次、先原則後具體的順序，逐條來寫。

條款到底式。這種形式的全文都用條款來表述，從頭到尾不另分段做說明。這種寫法並非不要前言、結尾，而是將前言、結尾都用條款標出。

規章制度採用章條式或條款式寫法，條理清晰，層次分明，便於記憶、閱讀，便於查找、引證，也便於貫徹執行。

3. 落款

在正文結尾後右下方寫制定本規章制度的單位名稱，名稱下方寫發文日期。如果標題已反應出這一部分內容，末尾則不必再寫。

4.5　企業制度執行力的提升

4.5.1　企業制度執行力的影響因素

執行就是貫徹實施，是實現預定目標的具體過程。制度執行是指企業員工貫徹實施決策層的各項戰略決策、規章制度等，實現企業預定經營管理目標的過程。它是把企業戰略規劃轉化成為效益、成果的重要載體和關鍵環節。企業制度執行力會受到五個方面因素的影響，如圖4-14。

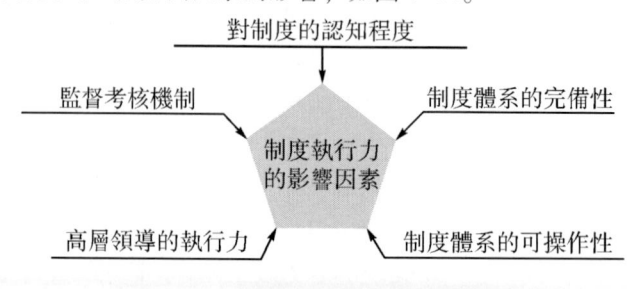

圖4-14　影響制度執行力的五個因素

1. 對制度的認知程度

企業員工對制度的認知程度直接影響制度執行力的高低，而認知程度又受到以下幾個方面的影響，一是員工的職業素養，職業素養包含敬業精神及合作的態度。敬業精神就是在工作中將自己看作組織的一部分，不管做什麼工作一定要做到最好，發揮出實力。敬業不僅僅是吃苦耐勞，更重要的是「用心」去做好組織分配的每一份工作。具備良好職業素養的員工會以積極的態度，主動地遵守企業的各種行為規範。二是管理者的管理素養，**管理者要想把企業塑造成一個執行力很強的組織，就要以身作則，帶頭執行企業的各項制度**，這樣企業才會有執行力保證，只有管理者對制度足夠重視，才有可能把制度貫徹下去，三是員工對制度的瞭解情況，換句話說，就是企業對制度的貫徹落實情況。一些企業制度的執行力不足，並不是因為制度不好，而是制度的貫徹落實工作做得不好。執行力與企業員工的職業素養以及制度的學習和貫徹落實息息相關。在管理者及員工素養與執行力之間的關係中，管理者及員工素養是前提、是基礎，執行行為是保障、關鍵。管理者和員工的職業素養的高低直接影響到整個組織執行力的強弱。同樣，管理者本身必須要具備較高的素質，才能重視執行問題，只有管理者對執行足夠重視，才有可能把執行貫徹下去。因此，增強管理者及員工素質，提高工作效率，是企業提高執行力和促進發展的重要因素。

2. 制度體系的完備性

完備的制度體系要求：一是規章制度之間能夠互相支持，有效銜接；二是各個規章制度的規定沒有衝突。如果制度是零散的，不能形成合力，則會使制度執行打折扣。比如，某企業為了約束管理中出現的違規行為，在各個專業的規章制度中都設計了懲罰扣款的規定，遲到早退要扣錢，不戴安全帽要扣錢，不穿正裝要扣錢等。但同時，在績效考核的指標中，又對這些行為做了重複的考核，考核結果又是另一種兌現，既顯得重複，又考核得輕重不一，使大家在執行制度時很「糾結」，從而導致制度執行大打折扣。

3. 制度體系的可操作性

制度本身是否科學、是否具有可操作性對制度執行力有直接的影響。如果規章制度缺乏針對性和可行性，或過於繁瑣、執行起來阻力重重，則會影響員工的工作熱情、降低效率。一項制度從制定到實施需要經歷諸多環節，制度出抬和實施之前，對制度的制定、審查、實施、考核等環節要統一規劃並做到有效實施，才能保證制度的規範、嚴謹，滿足企業生產和服務的需要。制度制定出來後，隨著企業的不斷發展和社會環境的變化，還需要對制度實行動態管

理，對制度的實用性和適用性要定期進行審查，對不適用的制度及時廢止，對不完善的制度及時修改，使制度管理符合企業和社會發展。

4. 高層領導的執行力

一些領導認為制定戰略是自己的首要工作，而制度的執行是下屬應該做的工作。然而，**執行制度也是領導者的重要工作**。領導者在制定制度之後需要親自參與到制度的執行當中，制度執行得是否到位不僅反應出整個企業員工的素質，也反應出領導者的角色定位。**要想讓員工成為自覺遵守制度的執行者，領導者就要起到榜樣的作用，為廣大員工做示範**。一個優秀的管理者決不能以超然的態度自居。企業作為一個整體，員工都在看領導是如何做的，進而效仿和學習，影響是在潛移默化中形成的。

5. 監督考核機制

監督是執行力的靈魂，監督能夠確保一個組織按照既定的要求去實現目標。通過不斷的監督與反饋，能夠及時有效地暴露出企業在制度執行中存在的問題，並迫使管理者採取相應的措施進行協調和糾正。但一些企業對於制度的執行情況沒有進行監督，制度是否有效執行了，執行後的效果如何，也沒有反饋；執行制度與不執行制度之間，也沒有差異，這樣很容易使「熱熱鬧鬧」做出來的制度，卻被束之高閣。

4.5.2 制度執行力量化分析

對制度執行力的量化分析，是深入瞭解企業制度體系是否有效，準確診斷企業制度執行力強弱的重要方法與工具。量化分析時，側重對制度使用情況及制度有效性進行分析。

1. 對制度使用情況的量化分析

一般會用制度使用率指標來量化分析制度的使用情況。制度使用率是指企業制度體系中的所有規章制度，在企業經營管理過程中實際使用的數量與總數量的比率。在企業的眾多規章制度中，有些是在實際使用的，而有些則是沒有使用的，但在制度清單中又存在這樣的規章制度，這些沒有使用的規章制度可能是某一個也可能是一整套。**通過制度使用率可以觀察企業制度體系的有效性，以及對規章制度宣貫的有效性**。

$$制度使用率 = \frac{實際使用的規章制度數量}{規章制度總數}$$

對於該項指標，可以分專業分部門做計算，也可以分層次進行計算。當企業總體制度使用率低於85%時，說明對制度的執行力比較差，這時就應該分析

原因，確定是制度本身有問題，還是由於其他的原因導致。

案例：某企業制度體系由三個層次構成，規章制度總數為217個，第一個層次的制度有42個，第二個層次的管理辦法有89個，第三個層次的細則有86個。通過各個部門梳理發現，實際在使用的規章制度只有184個，其中第一層次的制度在用的有33個，第二個層次的管理辦法在用的有71個，第三個層次在用的細則有80個。由此，可以計算出該企業總體的制度使用率為84.79%：第一個層次的制度使用率為78.57%，第二個層次的制度使用率為79.77%，第三個層次的制度使用率為93.02%。可見該企業總體的制度執行力並不樂觀，而對於第一層次制度的執行與落實最差。

2. 制度有效性的量化分析

制度有效性是指企業正在使用著的規章制度解決相關問題的有效能力，是衡量正在用的規章制度在企業經營管理過程中所發揮的功能大小，考察這些規章制度能否有效地解決企業相關問題，並保證企業經營管理的正常秩序。制度有效性反應了企業規章制度功能的強弱，是制度設計得是否合理、有效的重要指標，是體現企業制度執行力強弱的重要指標之一，也是企業對規章制度開展修訂的重要依據。

$$制度有效率 = \frac{在用的規章制度條款數}{規章制度條款總數}$$

當制度有效率低於85%時，說明該規章制度的解決問題的能力不夠或者是制度條款中有不適用於企業現實經營需要的情況，這時需要對該規章制度做修訂了。

3. 比較分析

企業的發展總是在不平衡中前行，有的專業或部門在不同的時間段上制度執行力的差異比較大，這些差異可能是企業員工整體認知程度造成的，也可能是由於專業（部門）領導的責任心造成的，也可能是企業整個的監督考核機制存在問題。因此，在制度使用率與制度有效率分析的基礎上，企業可以開展比較分析，在分析時，可以從時間維度，也可以從空間維度，不同維度分析結果的應用不同。

➢時間維度的分析。可以連續幾年對制度執行情況開展量化分析，將各年度的制度使用率與制度有效率指標做比較分析，發現制度體系中各層次或各專業（部門）制度使用率與制度有效率的發展趨勢，從而進一步分析企業制度執行的主要影響因素，有針對性地提出改進措施。

➢空間維度的分析。通過比較不同專業（部門）的制度使用率與制度有效

率指標，分析制度執行的癥結，對於指標排名靠後的專業（部門）要給予重點關注，找出影響制度執行的關鍵要素，從而改善企業總體的制度執行能力。

➢綜合分析。將時間維度與空間維度上的制度使用率與制度有效率指標做交叉對比分析，再結合時間維度與空間維度的單個分析，可以更深刻地發現存在的問題，找準解決辦法。

4.5.3 建立制度執行力的促進機制

企業的規章制度要在經營管理中發揮作用必然會經過決策、執行、監督檢查、評估、優化等環節，而這些環節又是靠人去實現的。每個人都具有雙重屬性，既有生物屬性，又有社會屬性。從生物屬性說，人有七情六慾，有自私和懶惰的一面；從社會屬性上說，人又必然要參與社會生活，履行其在企業的職責，實現個人的價值。因此，如何使企業所有的員工在制度決策、執行、檢查監督、評估以及優化的工作中始終保持積極主動，就需要建立能夠促進各環節按企業的需要運作的自動控制的工作系統。任何人一旦進入這一工作系統，就要按章辦事，別無選擇。制度執行力需要從三個方面予以促進，如圖 4-15 所示。

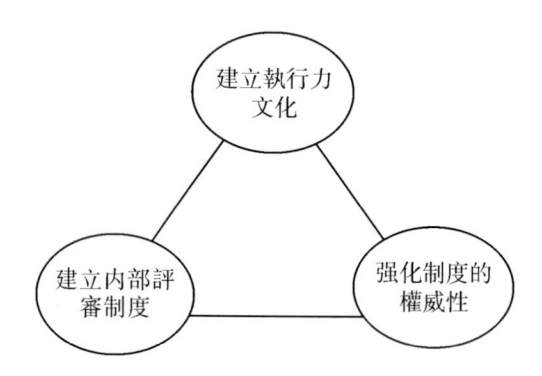

圖 4-15　制度執行促進機制的三個方面

1. 建立執行力文化

執行力文化是企業文化中極為重要的方面，包括支撐企業執行力提升的價值觀、經營理念、領導作風、員工綜合素質、行為準則等。企業文化決定了員工在工作中的行為和態度，而員工在工作中的態度又決定工作的細節。提升執行力文化就是將這些理念、規範從「文本」層面轉化為「自覺和習慣」，成為「集體性格」，在組織中形成一種內在的思維定式，一種快速反應的內在精神力量。**執行力文化的關鍵在於最高管理者**，在於企業領導班子和各層級管理

者，領導人員的言行是組織行為的標杆，他們的辦事風格、言行舉止會直接影響身邊的人及下屬，因此，從最高管理者到基層管理者，首先要帶頭執行各項規章制度，形成良好的示範引領作用。另一方面，實施情景干預，即在員工工作、學習的空間內，設置各種標語牌，組織相關主題活動，**使員工時刻處於執行力文化的熏陶之下**，而且這種接受是漸進的、無聲的、自然的。

2. 強化制度的權威性

制度權威是制度執行力的前提，只有樹立了制度意識、增強制度的權威性，將制度的要求內化為企業員工內在的信念和自覺的行為，才能為制度執行奠定深厚的基礎。**規章制度是讓企業中每一個人遵守的，具有「無例外原則」**。諸葛亮曾經說過：「吾心如秤，不為人作輕重。」制度一旦建立，就具有很強的權威性，應當培養全員的「制度畏懼感」，形成人人敬畏制度、個個嚴守制度的良好氛圍。為了維護制度的嚴肅性和公平性，在同樣的條件和同種情形下，應該採用同一種處罰，領導和員工要有一樣的「待遇」，領導者應具有孔明上奏自貶三級，曹操削髮代首的氣度。貫徹執行規章制度貴在自覺，提高人們遵守和執行制度的主動性、自覺性是樹立制度權威的基礎。員工認真學習、準確把握各項規章制度，把維護和執行規章制度視為自己的基本職責，形成不折不扣地執行制度的習慣。同時，管理者要做好規章制度的普及工作，加強各項規章制度的宣傳力度，將每一個規章制度的意義、適用範圍、職責分工、執行方式、監督方式等相關內容講明白、講清楚，使企業的各項規章制度深入人心，使每一位員工對企業的各項規章制度都能做到耳熟能詳，這樣才能夯實制度執行的思想基礎。

3. 建立制度執行的內部評審制度

定期對制度執行情況進行檢查與評估，及時發現制度執行中的漏洞和偏差，針對出現的問題和情況及制度執行中的各項薄弱環節，提出有針對性的改進要求，並追蹤整改落實情況。對於制度執行力比較差的企業，一般可以每年做一次內部評審，當制度執行力提升以後，可以2-3年做一次內部評審。評審對象可以是制度體系內各個層次的規章制度、使用的記錄表單等。評審對象可以通過抽樣確定，也可以針對平時存在問題較多的規章制度定向開展。評審檢查表的內容主要根據規章制度的條款設計，採用查看、詢問或翻閱資料的方式開展。制度評審的過程及使用表單與本書3.5.3中流程評審相似，可參閱相關內容。

4.5.4 「四化」提升

對於企業來說，制度是其內部運轉的行為準則及參考依據，是企業能否完

善各項管理活動的重要保證。企業只有制定合理完善的制度，對企業中各部門的工作內容、工作流程以及行為規範做出詳細的說明，才能保證企業各部門之間的工作能夠良好地銜接，完善先進的制度體系同時也能有效地保證企業整個生產過程的生產效率。因此，企業的制度體系及其執行力對於企業的發展具有重要意義，同時，制度執行力的提升是為了企業在生產、經營、管理與服務中的整體提升，下面分別說明制度執行力提升過程中企業應關注的「四化」提升。

1. 簡化

案例： 麥當勞公司的第一本操作手冊長度有 15 頁，不久之後擴展到 38 頁，1958 年後多達 75 頁。在作業手冊中可以查到麥當勞所有的工作細節。在第三個版本的手冊中，麥當勞開始教加盟者進行公式化作業，比如：如何追蹤存貨，如何準備現金報表，如何準備其他財務報告，如何預測營業額及如何制定工作進度表等。甚至可以在手冊中查到如何判斷盈虧情況，瞭解營業額中有多大比例用於雇用人員、有多少用於進貨、又有多少是辦公費用。每個加盟者在根據手冊計算出自己的結果後，可以與其他加盟店的結果比較，這樣就便於立即發現問題。麥當勞手冊的撰寫者不厭其煩，盡可能對每一個細節加以規定，這正是操作手冊的精華所在。正因為如此，麥當勞的經營管理方法能夠快速全盤複製，全世界幾萬家分店，多而不亂。

很多時候大家說到簡化就立刻想到減少，上面的案例告訴我們，簡化不是任意的縮減，對於企業的制度執行來說，更不能認為只要把制度的數目加以縮減就能提高執行力，產生效果。簡化的實質是對企業規章制度所規範的對象、行為、過程加以調整，使之優化的一種有目的的活動。也就是說，簡化是在不改變對象性質的規定下，不降低對象功能的前提下，減少對象的多樣性、複雜性。將作業及作業流程「化繁為簡」，減少經驗因素的影響。例如，連鎖企業的系統整體龐大而複雜，必須將財務、貨源供求、物流、信息管理等各個子系統簡明化、結構化，去掉不必要的環節和內容，以提高效率，使「人人會做、人人能做」。上面麥當勞的案例就是一個有說服力的例子。

簡化的客觀基礎是對商品或服務功能的分析，通常商品或服務都有三種功能：一是基本功能，即用來滿足人們對該商品或服務的共同需要的功能；二是附加功能，即用來滿足不同的人們對商品或服務的特殊需要的功能；三是條件功能，即使基本功能得以充分發揮的功能。簡化時需要注意以上三點，比如手機，它的基本功能是通話，條件功能是要有網絡，附加功能是各種休閒、娛樂的用途。由於附加功能和條件功能的存在，使得同一商品或服務具有眾多的品

種規格。品種的增加在一定的範圍內可以滿足消費者的需求，但超出一定的範圍地、盲目地、無限制地增加品種，就會給製造、選購、使用和維修帶來很大的不便。因此利用「簡化」的方法，將商品或服務的品種和規格減少到必需的範圍內，可以降低生產或服務成本，提升客戶價值。

簡化時還需要注意以下幾點。

➤只有在多樣化的發展規模超出了必要範圍時，才考慮簡化。

➤簡化時，既要對不必要的多樣化加以壓縮，又要防止過分壓縮。為此，簡化方案必須經過對比、論證，並以簡化後的總體功能是否作為最佳依據衡量簡化方案。

➤簡化應以確定的時間和空間範圍為前提。在時間範圍裡，既要考慮到當前的情況，也要考慮到今後一定時期內的發展要求，以確保簡化成果的生命力和系統的穩定性；對簡化所涉及的空間範圍以及簡化後所產生作用的空間範圍，都必須做較為準確的計算或估計，要關注全局利益。

➤簡化的結果必須保證在既定的時間內足以滿足一般需要，不能因簡化而損害客戶的利益。

➤對商品規格或服務方式的簡化要形成系列，其參數組合應盡量符合數值分級制度。

簡化的經濟效果，首先，從企業方面來說，在設計階段，由於商品品種簡化，可以減少設計差錯，縮短設計時間，提高設計效率，便於圖紙和設計文件的管理。其次，從商業部門和客戶來說，由於品種的簡化，便於包裝、運輸和倉儲，大大減少了流通領域的人力和物力的消耗及管理費用，也給客戶的使用和維修帶來方便，而且生產製造成本的降低也使客戶在經濟上直接受益。法國的艾伯特·卡柯特經過認真研究提出了衡量簡化是否合理的一條重要法則：「商品的製造成本與產量的 4 次方成正比。」如果產量提高一倍，或品種減少一半時，成本可大約降低 16%；如果產量提高兩倍，或品種減少 1/3 時，成本可大約降低 24%。

簡化主要應用於商品種類、原材料、零部件、數值及作業過程，舉例如下。

➤物品種類的簡化。一些製造企業有大量的庫存品，種類繁多。其中有的長期無用，有的品種規格可以歸並，通過實行簡化便可消除許多無用的、多餘的、可替換的類型，這樣不僅能夠減少資金占用、騰出庫房面積，還可改進管理。

➤原材料的簡化。許多企業採購原材料時不做論證，相關人員隨意提要

求,採購的品種規格過多、過雜,通過簡化可以減少品種,提升招標效率,還可以節約資金。

➢零部件簡化。機電產品是由零部件、元器件組成的,有的產品中功能相近的零部件很多,如能歸並簡化,便可顯著提高設計和製造效率。

➢數值簡化。不同的設計人員在設計過程中,如果自由取值,就會使同一參數出現多種數值,並使工具、量具的種類增多,管理複雜化。通過制定規範,加以簡化,便可防止不必要的數值多樣化,在提高準確性的同時,又能減少工作人員的工作量。

2. 統一化

統一化是指兩種以上同類事物的表現形態歸並為一種或限定在一定範圍內。統一化的實質是使對象的形式、功能(效用)或者其他技術特徵具有一致性,並把這種一致性通過規章制度確定下來。統一化的目的是消除由於不必要的多樣化而造成的混亂,為人類的正常活動建立共同遵循的秩序。例如,新中國成立前世界各國在中國修的鐵路,軌距有許多種:東北的中東鐵路為1,524mm、京沈鐵路為1,435mm、滇越鐵路為1,000mm。新中國成立後全國營運鐵路的軌距統一為1,435mm。

統一化與簡化是有區別的。前者著眼於取得一致性,即從個性中提煉共性;後者肯定某些個性同時共存,著眼於精練。雖然在實際工作中兩種形式常常交叉並用,甚至難以分辨清楚,但它們畢竟是兩個出發點完全不同的概念。由於社會生產的日益發展,各生產環節和生產過程之間的聯繫也越來越複雜,特別是國際交往日益擴大的情況下,需要統一的對象越來越多,統一的範圍也越來越大。

統一化有兩類。一類是絕對的統一,它不允許有靈活性。例如,各種編碼、代號、標誌、名稱、單位、運動方向等。另一類是相對的統一,它的出發點或總趨勢是統一,但統一中還有靈活,根據情況區別對待。

統一的方式有三種,分別是選擇統一、融合統一與創新統一。

➢選擇統一。在需要統一的對象中選擇並確定一個,以此來統一其餘的對象的方式。它適合於那些相互獨立、相互排斥的被統一對象。如交通規則、方向標準等。

➢融合統一。在被統一對象中博採眾長,取長補短,融合成一種新的更好的形式,以代替原來的不同形式的方式。適於融合統一的對象都具有互補性。如手錶、鬧鐘,採用統一結構形式,都是採用融合統一的方法。

➢創新統一。用完全不同於被統一對象的嶄新的形式來統一的方式。適宜

採用創新統一的對象，一般來說有兩種：一是在發展過程中產生質的飛躍的結果，如以集成電路統一晶體管電路；二是由於某種原因無法使用其他統一方式的情況，如用國際計量單位來統一各國的計量單位，用歐元統一歐洲各國的貨幣等。

3. 通用化

通用化是指在互換性的基礎上，盡可能地擴大同一對象（包括零件、部件、構件）的使用範圍。或者說在互相獨立的系統中，選擇和確定具有功能互換性或尺寸互換性的子系統或功能單元。

通用化以互換性為基礎，互換性是指產品（或零部件）的本質特性以一定的精確度重複再現，從而保證一個產品（和零部件）可以用另一個產品（或零部件）來替換的特性。或者說在不同時間、地點製造出來的產品（或零部件），在裝配、維修時，不必經過修整就能任意替換使用的性能。

通用化的對象有兩類：一是物，如產品及其零部件的通用化；二是事，如方法、規程、技術要求等的通用化。

通用化的目的是最大限度地擴大同一產品的使用範圍，從而最大限度地減少零部件在設計和製造過程中的重複勞動。要使零部件成為具有互換性的通用件必須具備以下條件：尺寸上具備互換性；功能上具備一致性；使用上具備重複性；結構上具備先進性。

通用化的方法有兩種：一是集中的方法，二是累積的方法。

➢集中的方法：即在進行系統設計時就做好零部件的通用化的規劃，繪製通用件圖冊，編製獨立的技術文件。

➢累積的方法：即在對產品系列進行設計時，全面分析產品的基本系列及派生系列中零部件的共性與個性，從中找出具有共性的零部件周圍通用件。根據情況的發展，有的以後還可以發展為標準件。在單獨設計某一個產品時，也應盡量採用已有的通用件。新設計的零部件也充分考慮到使其能為以後新產品所採用，逐步發展成為通用件。

通用化以後，企業可以簡化管理程序，縮短產品設計、試製週期、擴大生產批量，提高專業化水準和產品質量，方便客戶維修，最終節約各種勞動和物化勞動。

4. 組合化

組合化就是設計並製造出一系列通用性很強且能多次重複應用的單元，根據需要拼合成不同用途的產品。如使用磚塊砌牆、活字印刷等都是組合化的典型例子。在市場需求日益多樣化的今天，為了在市場上占領一定的地位及不斷

擴大產品的銷路，迫切要求企業具有應變能力，並能根據市場動向和客戶的特殊要求及時改變產品性能、產品結構及產品品種，在一定範圍內能適應未來的發展；能夠縮短試製週期與生產週期，使產品能夠迅速投放市場；能接受小批量訂貨而又不經常改變生產流程和改造設備。

組合化建立在系統的分解與組合的理論基礎上。把一個具有某種功能的產品看作一個系統，這個系統又可以分解為若干功能單元。由於某些功能單元不僅具備特定的功能，而且與其他系統的某些功能單元可以通用、互換，於是這類功能單元便可以分離出來，以標準單元或通用單元的形式獨立存在，這就是分解。為了滿足一定的要求，把若干個事先準備的標準單元、通用單元和個別的專用單元按照新系統的要求有機地結合起來，組成一個具有新功能的新系統，這就是組合。組合化的過程，既包括分解也包括組合，是分解與組合的統一。

組合化又是建立在統一化成果多次重複利用的基礎上。組合化的優越性和它的效益均取決於組合單元的統一化，以及對這些單元的多次重複利用。因此，也可以說組合化就是多次重複使用統一化單元或零部件來構成商品的一種標準化形式。通過改變這些單元的連接方法和空間組合，使之適用於各種變化了的條件和要求，創造出具有新功能的系統。

組合化的步驟如下。

➤確定組合單元的應用範圍。

➤將組合單元按其功能和結構特點，劃分為不同的類型。

➤編排組合型譜。

➤設計組合單元，制定相應的標準。

➤成批生產組合單元，根據市場需要拼組各種產品。

第五章 崗位量化管理

5.1 認識崗位管理

　　崗位管理是指以企業戰略為指導，在分析外部環境因素、企業自身資源情況下，在科學地進行崗位分析基礎上，而進行的崗位設置、崗位定員、崗位定責、崗位評估、崗位體系設計等一系列活動的管理過程。

　　在實際的管理中，崗位管理是一項容易被忽視的工作，人們往往跳過崗位管理，直接面向對人員的管理，試圖通過培訓提升人員的技能，通過考核促進人員的積極性，但卻發現，反覆培訓、反覆考核以後，作用並不明顯，沒能達到預期的效果。這是為什麼呢？原因就是大家都忽略了一個根本的問題：這些培訓是這個崗位需要的嗎？這些考核是這個崗位應該承擔的嗎？再往後退，這些人員是適合這個崗位的嗎？因此，最根本的問題是：構成組織的這一系列崗位，其職能定位到底是什麼？每一個崗位的最基本要求是什麼？需要什麼樣的人最合適……

5.1.1 崗位管理的作用

1. 崗位管理確保了企業戰略的具體落實

　　企業的戰略不同，由戰略主導的管理模式就會不同，組織架構也會不同，由此形成的崗位必然會不同，因此，我們會發現**相同行業相同規模的企業，其崗位設置也會有較大的差異**。以市場行銷業務為例，比如 A 企業看重的是眼前的收益，強調的是銷售，則會在市場部門設置較多的銷售崗位，負責挖掘客戶，收回款項。而 B 企業看重的是長期的收益，強調的是未來的發展潛力，除了銷售崗位之外，還會在市場部門設置市場調查預測崗位，追蹤與分析客戶的

偏好與消費習慣的發展。同樣的行銷業務，如果企業的導向是培養複合型人才，則會將負責潛在客戶挖掘、跟蹤、技術與商務談判，直到簽約、回款的全過程工作內容放在一個崗位上完成，如果企業的導向是讓工作人員更專業，則會進行細緻的分工，設置專門的行銷崗位，讓行銷人員負責獲取潛在客戶，設置銷售技術支持崗位，就複雜的技術問題、解決方案與客戶進行深入溝通，再設置專門的商務崗位，負責投標的一系列工作，通過這樣的崗位組合，讓不同的人專注於不同的工作。由此可見，企業戰略的落實，需要通過對崗位的管理來實現。圖 5-1 體現了崗位與戰略匹配的生態系統。

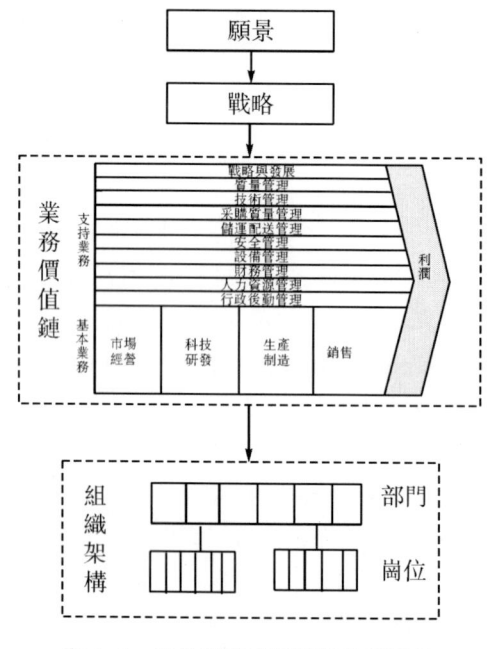

圖 5-1　崗位與戰略匹配的生態系統

2. 崗位管理提高了工作效率

不管是什麼類型的組織結構，都需要將職責細分到崗位層面，才能夠運轉。我們曾經遇到一些小型企業，認為自己的規模小，人員少，不需要把職責細分到崗位，企業裡的事情，誰有空就由誰來做，結果往往是當工作出現問題時，找不到責任人，互相推諉；同時，工作效率也比較低，比如，同樣是做標書的事情，有自覺性的有工作熱情的，只需要 3 天，而缺乏自覺性的，則可能需要 5 天甚至更長時間。因此，不管企業規模大小，對工作職責進行細分，形成不同責任的崗位是提高工作效率，明確工作責任的基本要求。

3. 崗位管理可以完善工作方法及相關的制度規範

崗位管理通過動作研究和時間研究，可以剔除不必要的工作環節和動作，優化工作程序和方法，從而改進工作方法，制定出完成工作的最經濟、最有效的工作方法和標準時間，最終達到提高勞動生產率和降低成本的目的。同時，通過崗位管理可以明確工作流程、工作職責，以及工作要求等內容，有利於完善工作相關的制度規範。

4. 崗位管理是人力資源管理體系的重要支撐

人力資源管理的目標是通過「選、育、用、留」實現人力資源管理的增值，使員工職業發展、能力提升、做好工作。而實現這一目標需要進行招聘管理、培訓管理、績效管理、薪酬管理、員工發展、晉升管理等一系列的工作，這些工作的依據來源於崗位管理的成果，即人力資源規劃、職業化行為能力評價體系以及潛能評價體系。圖5-2是一個完整的人力資源管理體系，在該體系中，崗位管理起著基礎性的作用。

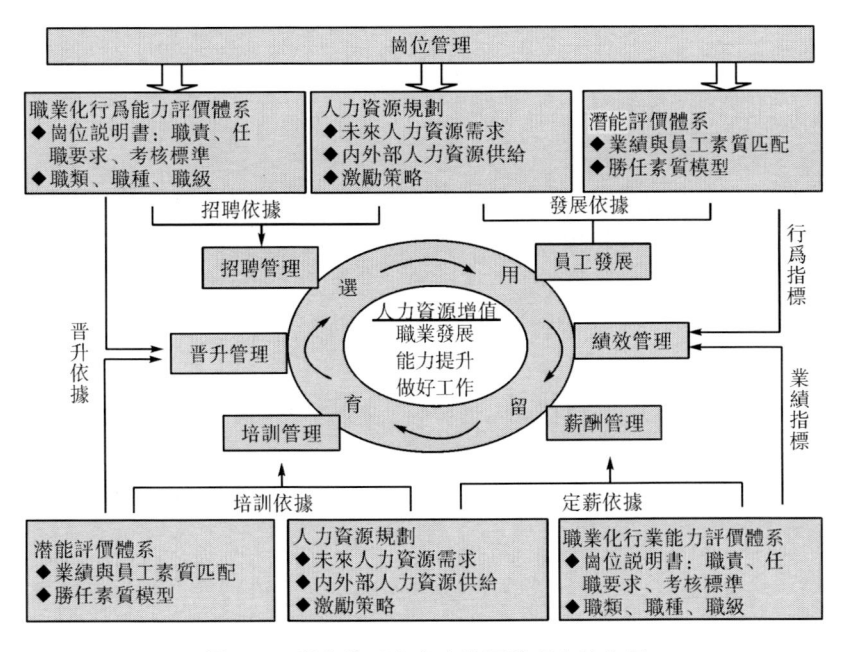

圖5-2 崗位管理在人力資源管理中的作用

（1）崗位管理是人力資源規劃的基礎

以戰略為導向的人力資源規劃，強調基於組織戰略確定人力資源需求的數量、質量和結構。隨著組織發展和戰略轉移，組織內必然會出現新舊崗位更替、工作職責變化或人員需求變化。崗位管理通過分析崗位明確人力資源需求，準確

掌握面臨的變化，理清組織現有的運作流程，明確組織的職能劃分及崗位設置，確定各崗位在流程中的作用，找出各項工作所要求的知識、技能、能力需要適應的變化，從而有效地對人力資源需求類型、數量及素質水準進行預測。

（2）崗位管理是招聘管理的依據

崗位管理是企業招聘、甄選和任用員工的基本前提。通過崗位分析所形成的人力資源文件，如工作規範，對擔任此類工作應具備的知識技能、能力、個性品質等方面做了詳細的規定，有利於組織在招聘、甄選和任用時，明確招聘條件和甄選的考察內容，選擇正確的考察方式，避免盲目性，保證了「為事擇人、任人唯賢、專業對口、事得其人」。

（3）崗位管理是員工培訓的依據

崗位培訓是指為了滿足崗位職位的需要，有針對性地對具有一定文化素質的在崗人員進行崗位專業知識和實際技能的培訓。崗位培訓的根本目的是幫助員工獲得必備的專業知識和技能，具備上崗任職資格，提高員工的勝任能力。因此，崗位培訓的內容必須從工作性質、內容和要求出發來制定，而這些信息來自於對崗位管理的結果。

（4）崗位管理是績效管理的依據

通過崗位分析得到的對工作職責和任職資格要求的詳細描述，為設計合理的績效考核指標和標準提供了科學的依據。工作職責描繪得越詳盡、明確和具體，績效指標就越容易制定，從而提高績效考核過程的客觀性和公正性。同時，客觀、明確並且具體的績效考核指標，也會有利於減少考核人與被考核人之間的分歧和爭議，使績效考核工作更加有效。

（5）崗位管理是確定薪酬的依據

通過崗位管理的崗位評估，對崗位對應職責的知識、技能、強度、責任，以及環境等因素進行綜合評估，確定組織內各崗位的相對價值排序，從而設計對應崗位的報酬，提高薪酬體系的內部公平性和科學性。

（6）崗位管理是員工職業生涯管理的依據

員工職業生涯發展是組織存在與發展的必要條件和動力來源，並與組織的發展相互促進。設置職業發展路徑是組織為員工職業發展提供的必要條件，也是組織應盡的責任和義務。通過崗位管理，能夠根據各崗位的不同特點將其進行劃分，形成不同的工作類別或工作族，為組織建立職業生涯階梯提供了基礎。同時，通過崗位分析建立的任職資格體系能夠清楚地界定出各階梯中每個職位等級所需的業績標準與知識能力標準，從而建立起一條或多條科學並具有激勵性的職業上升的途徑。

5.1.2 崗位管理的內容框架

崗位管理由崗位設置、崗位定員、崗位定責、崗位評價與崗位體系設計五個環節構成，各環節之間聯繫緊密，並有嚴格的先後順序。如圖 5-3 所示。

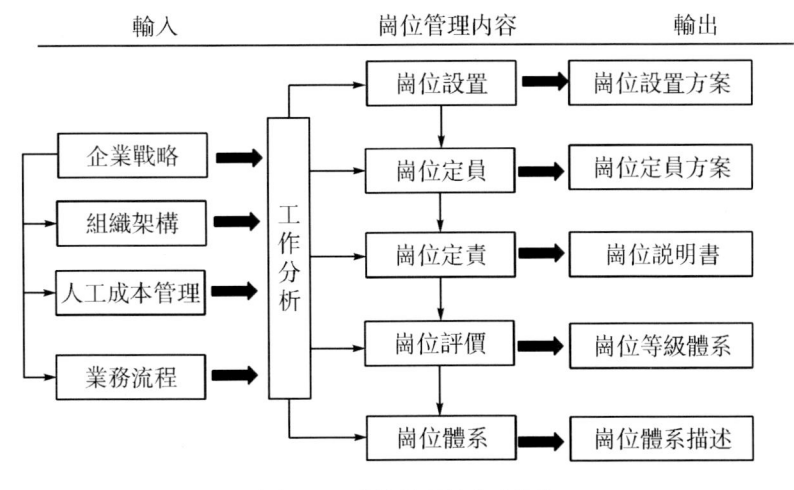

```
輸入                    崗位管理內容              輸出

企業戰略  ┐                ┌─ 崗位設置 ──→ 崗位設置方案
         │                │      ↓
組織架構  │   工作        │   崗位定員 ──→ 崗位定員方案
         ├──→ 分析  ──→  │      ↓
人工成本管理│              │   崗位定責 ──→ 崗位說明書
         │                │      ↓
業務流程  ┘                │   崗位評價 ──→ 崗位等級體系
                          │      ↓
                          └─ 崗位體系 ──→ 崗位體系描述
```

圖 5-3　崗位管理的內容框架

工作分析是崗位管理的重要量化分析方法，企業戰略、組織架構、企業人工成本管理、業務流程是基礎資料。崗位設置是崗位管理的首要環節，只有確定了具體的崗位之後，才談得上崗位定員。儘管如此，在實際的分析中，崗位設置、崗位定員與崗位定責三者之間還是會相互影響的，在崗位設置時總是會考慮一個崗位需要承擔的職責有哪些，工作的相似性是如何的，同時，也會考慮崗位定員的指導思想是什麼。如果在崗位設置中過分強調綜合性，就會出現一些崗位工作量較大的情況；反之，如果過分強調了專業性，就會出現崗位工作量較小的情形。比如人力資源部可以將薪酬專員與績效專員分開設置，也可以合併設置，命名為薪酬與績效專員。

崗位定責時，不僅僅是確定崗位職責，還需要確定履行該項職責所應具備的資格條件，以及完成相應工作時應達到的要求。崗位定責完成後，才能開展崗位評價，因為崗位評價的實質是對崗位責任輕重、工作難易程度、工作強度以及工作環境等要素的評價，如果沒有明確的崗位定責分析，沒有崗位說明書，崗位評價的結果是沒有基礎的。這也是一些企業常會犯的錯誤，想確定崗位等級，但又不想弄得太「複雜」，把崗位定責的工作省略了，使得評價時沒有客觀依據，大家都憑印象，導致崗位評價的結果出現較大的偏差。

崗位體系是崗位設置、崗位定員、崗位定責以及崗位評價以後的系統化的結果應用，因此，必須在前面四個環節的工作完成後，才能開展。

崗位管理既是過程也是結果，五個環節的工作是一個有針對性的工作分析過程，最終都有明確的輸出結果。其中的崗位設置方案與崗位定員方案通常會合併在一起，作為一個整體方案呈現，如果只提出了崗位設置，而沒有相應的崗位定員方案，是不完整的。崗位說明書是員工招聘、績效管理、培訓等工作的重要依據，是人力資源管理的基礎資料；崗位體系描述是員工發展、培訓等工作的支撐資料；而崗位等級體系是薪酬管理的基礎依據，一個崗位應該給多少報酬，為什麼兩個崗位在同一部門，卻存在薪酬上的差異，這就是崗位等級體系需要解決的問題。

5.1.3 崗位管理應注意的幾個問題

崗位管理工作的技術性很強，同時也會受到企業內部資源以及外部環境的影響，在開展崗位管理時應注意以下幾個方面的問題。

1. 要從企業發展戰略出發開展崗位管理

崗位管理體系是一項基礎性工作，但絕非一般的事務性工作，要能夠為企業人力資源管理提供基礎依據，就必須從企業戰略特別是人才戰略的角度進行考慮。崗位設置不僅僅是簡單地設置幾個崗位的問題，而要考慮到企業戰略和經營管理的具體落地問題。同樣，崗位定員需要從企業整體經營導向及人工成本控制的目標去思考，對於相同行業相似規模的企業，由於其發展階段不同，未來的戰略定位不同，其崗位設置與崗位定員也有較大的差異。例如，對於研發部門可以適度寬鬆，而對於生產部門則需要嚴格控制。

崗位評價工作同樣也要充分體現企業的價值傾向，比如，對於一家勞動密集型的製造企業和一家高科技企業，兩者之間在價值傾向策略上存在根本差異，在開展崗位評價時，對於評價要素的權重設置自然就會有所不同。

因此，一些企業為了節省人力、物力，在崗位管理時借鑑其他企業現成的崗位管理成果，卻發現效果並不好，甚至會適得其反，沒能發揮崗位管理應有的作用，就是因為崗位管理與企業的戰略脫節了。

2. 系統思考

雖然崗位管理的工作需要分階段、分步驟地完成，但各個環節之間具有緊密的關聯，企業在一開始就應該建立系統思維，預見每個環節與其他環節之間可能產生的影響。例如崗位設置儘管是前置工作，是崗位管理的首要環節，但在崗位定員或定責時也可能會回過頭來重新調整崗位設置，例如某一崗位設置

得綜合性太強，包括的工作職責太多，所涉及的任職要求相關性不大，需要將崗位細分更便於管理，這時就需要重新調整崗位設置。

很多企業沒有認識到崗位管理系統性的重要意義，總是將其中某一個環節割裂出來單獨開展，或是對企業的某個部門開展崗位管理，這樣做都會影響崗位管理的實際效果。

3. 不能忽略管理崗位各項工作的先後順序

崗位管理各環節之間具有相互制約的關係，前者為後者提供前提和基礎，這就要求在進行崗位管理時，要特別注意各個工作環節的先後順序。一些企業，為了建立薪酬體系而進行崗位評價，但卻發現原來認為理所當然的崗位都還不清晰，也沒有崗位說明書，這時只能重新回過頭來對崗位設置進行必要的梳理和明確，反倒影響了工作效率，因此，一開始做崗位評價時就要考慮其前面幾項工作是否已經完成，是否具備基本的工作條件。

4. 要注意對崗位管理的動態優化

前面說過，崗位管理既是過程也是結果，作為過程來說，主要指的是通過工作分析獲得崗位管理各環節結果的一系列活動。當這一過程結束後，崗位管理的關注點就在於如何在人力資源管理過程中運用其結果。但是，企業是在不斷發展變化的。諸如崗位說明書、崗位等級體系、崗位體系描述等在企業內、外部環境變化的情況下，崗位管理就需要做相應的優化，以便與企業的發展變化相匹配。圖5-4列出了需要進行崗位管理動態優化的九大時機。

崗位管理動態優化的九大時機

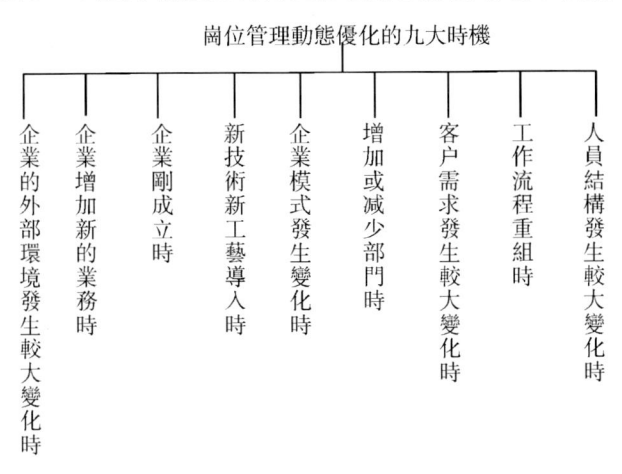

- 企業的外部環境發生較大變化時
- 企業增加新的業務時
- 企業剛成立時
- 新技術新工藝導入時
- 企業模式發生變化時
- 增加或減少部門時
- 客戶需求發生較大變化時
- 工作流程重組時
- 人員結構發生較大變化時

圖5-4 崗位管理動態優化的時機

除此之外，對於一個相對穩定的企業來說，其崗位說明書及崗位體系描述，應每隔3-5年就優化一次，以適應企業內、外部環境的變化。

5.2 崗位設置

5.2.1 對崗位設置的理解

1. 什麼是崗位設置

崗位是組織中為完成某項任務而設立的,崗位的實質是專業化的分工。崗位是組織要求個體完成的一項或多項責任以及為此賦予個體的權限的總和。

崗位設置是指將組織的目標和功能細化為獨立的、可操作的具體業務活動,並按照工作特徵的相似性把這些具體的工作進行歸納,確定為某一崗位的任務、職能和崗位間的相互關係的過程。崗位設置又叫作定崗。

崗位設置的目的:

➢將人與事分開,有利於人員選拔與培訓。

➢使每個人能夠明確該做什麼,有利於提高效率,明確責任。

➢將不同知識與技能要求的工作分開,有利於激勵與人才管理,即人盡其才。

2. 崗位設置與組織設計的關係

崗位設置的前提條件是組織設計被認同,也就是說一個組織的架構是清晰的,而且是經過組織的決策層認可的;並且,各部門的職責也是明確的,同樣也是經過組織的決策層認可的。

一方面,崗位設置以組織設計為前提和基礎,另一方面,組織設計最終反應和落實到崗位設置上,組織設計與崗位設置的關係如圖 5-5 所示。

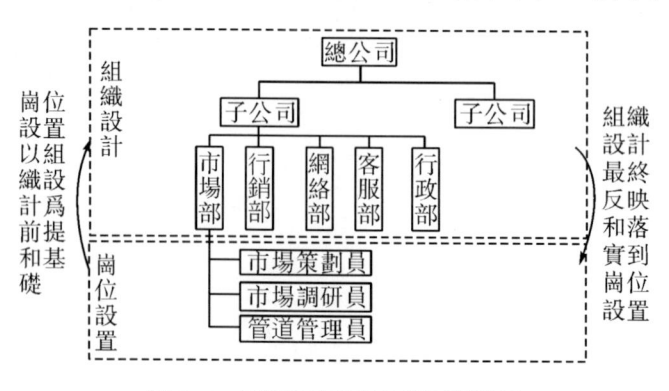

圖 5-5 組織設計與崗位設置的關係

5.2.2 崗位設置的影響因素

崗位設置作為崗位管理的一部分，要服從於企業的戰略，同時，它還受到組織與人員這兩大因素的影響。

1. 組織因素的影響

（1）組織的目標和功能。崗位設置的基本依據是組織的目標和功能。組織中的每個崗位都是為了完成特定目標而設置的，崗位作為組織系統中的基本單元，其意義是實現組織賦予它的特定任務和目標。因此，每個崗位的工作內容、工作職責以及工作關係等都是由它在部門中的功能、工作任務及目標所決定的。

所以，進行崗位設置前，應根據組織的戰略確定組織的目標與任務；然後將組織的工作任務按照具體的工作流程進行分解，形成部門的工作任務，確立部門的內部結構和部門職責。崗位設置就是將部門的工作任務繼續分解為各個崗位具體的工作，即將組織的目標和功能細化為獨立的、可操作的具體業務活動。

（2）組織結構。傳統的機械式組織結構關注等級、程序和專業化等因素，組織的崗位主要分為管理崗和操作崗兩類，前者數量有限而後者相對較多。

面對不斷變化的內外部環境和競爭的壓力，組織的結構發生了轉變，開始向扁平化發展，出現了圍繞關鍵流程組成的自我管理型工作團隊，以項目為核心的項目工作團隊。組織更加注重對流程的管理，對項目要素的管理，對人才的需求也更多元化。在這樣的組織結構中，崗位的邊界變得相對模糊，它依據不同項目的性質、需求或者流程來設置崗位，根據團隊成員的能力確定其在團隊中的崗位高低。

（3）業務流程。崗位設置的重要內容之一也是確立或分析組織的工作流程，對不增值的流程進行優化。崗位設置時，要明確所設置崗位在流程中的地位，按照業務流程的要求，以客戶為導向，追求系統最優化。當業務流程發生變化時，需要分析相應的崗位是否需要隨之變化。流程的優化，也包括對崗位設置的優化。

（4）技術進步。崗位設置要充分考慮技術進步以及工藝設備的改進所帶來的變化。信息技術通過對管理的影響，改變著傳統的崗位設置，原來所設置的崗位已經不能滿足這種技術發展的結果，需要重新進行工作設計。例如，隨著技術的發展，流水線上進行手工作業的包裝工被自動化包裝機所代替，原來的包裝工崗位工作由包裝作業變成了設備操作、維護與看護，其工作的內涵發

生了變化，對人員的要求也會發生變化，崗位名稱也應與相應的工作內涵一致，「包裝工」的名稱則應變更為「包裝設備操作工」。

技術相互依賴的程度也決定了崗位設置，當技術的相互依賴程度低時，可以設置成個人獨立工作的方式；反之，當技術相互依賴程度較高，員工必須協同工作時，就設置成團隊式的工作方式。

2. 人員因素

（1）員工技能儲備的綜合狀況。在崗位設置時，必須清楚自己的員工所擁有的技能是否匹配或適合新的工作。如果在崗位設置時將過多的專業要求不同的工作放在一個崗位裡，員工的能力或者所接受的教育可能使他們無法完成相應崗位的工作，這會導致員工對工作的不滿、挫折感及糟糕的工作績效。反過來說，如果在崗位設置時，所包含的工作內容過於單一，員工也許會覺得無聊、缺乏激情，認為沒有挑戰而對工作感到不滿。

（2）人才開發與激勵的需求。在崗位設置時，還必須要考慮到員工的願望、需要和期望，全面權衡經濟效率原則和員工生理、心理需要，找到最佳平衡點。有時候組織為了達到培養、開發和激勵員工的目的，根據某些特殊人才、關鍵人才、符合組織長遠發展戰略的人才自身的知識、能力、技能、個人需求等特點，為其「量身定做」崗位。通過增加該崗位工作的內在激勵性，讓員工在適度的工作挑戰中提升能力，為優秀人才創造崗位和發展的環境，這樣有助於達到組織發展和人才發展的雙贏效果。其積極作用表現在以下三個方面。

➢戰略性地儲備人才。對於符合組織長遠發展戰略的人才，即使目前在組織中沒有能夠匹配的崗位，也需要盡力為他們安排並且創造符合其發展需求的工作。越來越多有遠見的組織正在將其用人觀念從「以崗位為本」逐漸轉向「以人為本」，為了適應公司戰略目標而有計劃地儲備人才、培養人才。

➢為關鍵人才創造平臺。在知識經濟時代，競爭的實質是人才的競爭，組織要在市場競爭中立於不敗之地，必須樹立新的用人觀念，構建新的用人機制，充分發揮關鍵人才的智力作用。

➢降低人才流失率。根據馬斯洛的需求層次理論，每個人都有獲得尊重和自我實現的需要。大家都希望展示自己的才能，為組織做出貢獻，從而贏得社會的尊重。通過合理的崗位設置，能夠使員工充分發揮自身的才能，做到人盡其才，從而有效地防止人才流失，降低人才流失率。

5.2.3　崗位設置的原則

1. 因事設崗

組織的發展目標決定了工作的任務，崗位是根據不同工作內容和職責設置的，這就是因事設崗。組織中不存在沒有工作的崗位，如果出現了即是「虛崗」，應該撤除。設置崗位既要著眼於組織現實，又要著眼於組織的發展，按照組織各部門職責範圍劃定崗位，而不能因人設崗；原則上，崗位與人員應是設置和配置的關係，即：先有崗位，再根據崗位的需要選擇合適的人員，不能顛倒，混淆因果關係的前後順序。

2. 系統性原則

崗位設置應從組織整體出發，全面分析和評估各種崗位存在的合理性，把組織看作一個完整的系統，用系統論的思想進行崗位設置，使崗位設置和組織結構設計、部門職能的分解相契合，避免在崗位設置時遺漏某些重要的工作和職能。

3. 「整」與「分」平衡

在組織整體規劃的前提下，應該實現崗位的明確分工，劃清各項工作的邊界，盡量消除推諉扯皮的可能性，但又要在分工的基礎上有效地整合，一是為了豐富崗位的工作內容，提升工作對員工的挑戰性，激發員工潛能，二是使需要反覆協作的工作集於一個崗位，減少協作成本，提高效率。因此，企業要實現「整」與「分」的平衡。

4. 動靜結合

隨著環境的變化、市場的發展和組織的變遷，崗位設置越來越趨向動態化，為了有效地配合組織中崗位的變動，崗位設置時需做到動靜結合。對於組織內部管理的基礎性、常規性的崗位，設置時無須考慮過多的變動性因素，採用靜態分析的方法即可；對於那些受環境影響大，與組織業務緊密聯繫，需要面向市場的崗位，設置時不應過於嚴格刻板，而要留有一定的發展和創新的空間，使崗位有不斷豐富其內涵與職責的餘地。

5. 有效管理幅度

組織崗位的設置還應考慮到管理的效果問題，這涉及不同層級崗位數量設計的合理性問題。所謂有效管理幅度，是指組織中上級主管人員能夠直接有效地指揮和領導下屬的數量。在崗位設置時需遵循有效管理幅度原則，要求上級崗位與下級崗位的數量保持一個合適的比例，即多少個下級崗位對應一個上級崗位。在考慮有效管理幅度時，需要注意不同行業、不同屬性的崗位其管理幅

度是不一樣的，另外，受信息技術的影響，管理幅度也會有所不同。

6. 客戶導向

崗位設置的最終目的是為客戶服務，所以在設置時應遵循「客戶導向原則」，使得工作流程更加順暢、精簡和高效，從而實現最優化的系統運轉。在考慮客戶導向時，不僅僅考慮外部的客戶，也可以將內部的其他崗位作為客戶，建立全員客戶意識。

7. 必要監控原則

在組織中，有些工作需要監控才能確保有序，不能為了提高效率或節約人力成本而合併設崗，比如庫房管理的出庫與入庫崗位，採購管理中的採買與驗收崗位，財務中的會計與出納崗位等，都必須分設。

崗位設置的原則如圖 5-6 所示。

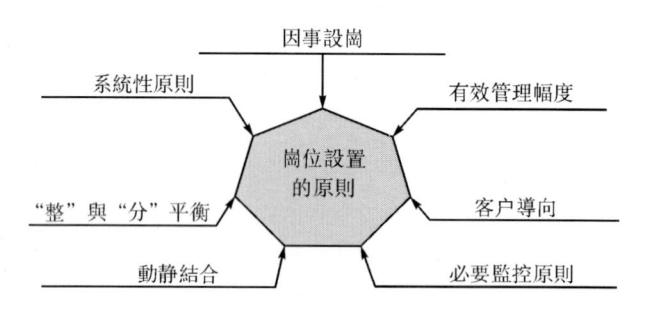

圖 5-6　崗位設置的原則

5.2.4　崗位設置的方法

1. 組織分析法

組織分析法是指首先從整個組織的願景和使命出發，分析一個組織的管理模式、管控程度、部門職能定位，據此設置崗位的方法。

（1）明確組織設計的目標，理順組織結構。通常情況下，組織結構設計的目的是將組織的大目標分解為清晰而具體的較小目標，通過這些小目標的實現，完成組織的整體業務目標。理順組織結構的第一步需要在集團總部和下屬企業之間明確合理的管理模式，理順其中的集權、分權關係。總部與下屬企業之間的管理模式包括戰略管理型、財務管理型與操作管理型三種。

▶戰略管理型。集團總部負責集團的財務、資產營運和集團整體的戰略規劃，同時各下屬企業也要制定自己的業務戰略規劃，並提出達成規劃目標所需投入的資源預算。總部負責審批下屬企業的計劃並給予有附加價值的建議，批准其預算，再交由下屬企業執行。在實行這種管控模式的集團中，各下屬企業業務的

相關性也要很高。為了保證下屬企業目標的實現以及集團整體利益的最大化，集團總部的規模並不大，但主要集中在進行綜合平衡、提高集團綜合效益上做工作。如平衡各企業間的資源需求，協調各下屬企業之間的矛盾，推行「無邊界企業文化」，高級主管的培育、品牌管理、最佳典範經驗的分享等。

➢財務管理型。分權程度最高的模式，集團總部只負責集團的財務和資產營運、集團的財務規劃、投資決策和實施監控，以及對外部企業的收購、兼併工作。對下屬企業每年會給定各自的財務指標，它們只要達成財務指標就可以。在實行這種管控模式的集團中，各下屬企業業務的相關性可以很小。

➢操作管理型。集權程度最高的模式，總部從戰略規劃制定到實施幾乎什麼都管。為了保證戰略的實施和目標的達成，集團的各種職能管理非常深入。如人力資源管理不僅負責全集團的人力資源管理制度政策的制定，而且負責管理各下屬公司二級管理團隊及業務骨幹人員的選拔、任免。在實行這種管控模式的集團中，各下屬企業業務的相關性要很高。為了保證總部能夠正確決策並能應付解決各種問題，總部的職能人員的人數會很多，規模會很龐大。

不同的管理模式，集團總部對下屬企業的授權方式不同，總部與下屬公司的關係、管理目標及核心職能在三個方面有較大的差異。如圖5-7所示。

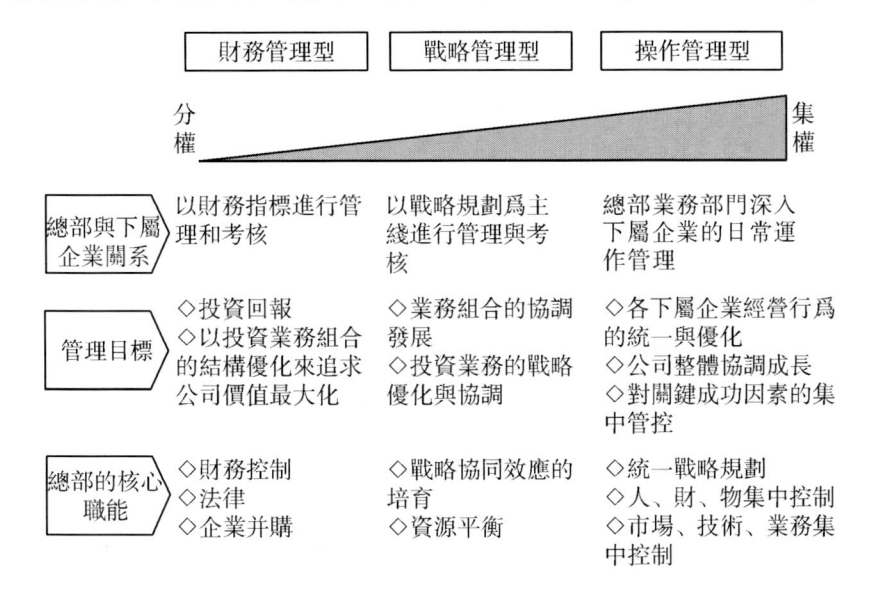

	財務管理型	戰略管理型	操作管理型
	分權 ←―――――――――――――→ 集權		
總部與下屬企業關系	以財務指標進行管理和考核	以戰略規劃為主線進行管理與考核	總部業務部門深入下屬企業的日常運作管理
管理目標	◇投資回報 ◇以投資業務組合的結構優化來追求公司價值最大化	◇業務組合的協調發展 ◇投資業務的戰略優化與協調	◇各下屬企業經營行為的統一與優化 ◇公司整體協調成長 ◇對關鍵成功因素的集中管控
總部的核心職能	◇財務控制 ◇法律 ◇企業并購	◇戰略協同效應的培育 ◇資源平衡	◇統一戰略規劃 ◇人、財、物集中控制 ◇市場、技術、業務集中控制

圖5-7 三種管理模式的差異

（2）分析主要職能，明確各部門的使命及關鍵職責。在理順組織結構中的管理模式與授權關係後，就要對各結構層次上的主要職能進行分析，明確各

部門的使命與關鍵職責。圖 5-8 是某企業人力資源部的使命分析以及在此基礎上形成的部門關鍵職責。

```
┌──部門使命──┐              ┌──關鍵職責──┐

◇經營人才                    ◇公司人力資源規劃與計劃
◇保持人力資源持續適應        ◇員工招聘
  企業發展                    ◇績效管理
◇為企業戰略目標的實現        ◇員工培訓
  提供數量滿足、結構合        ◇員工職業生涯管理
  理、質量高、工作意願強      ◇薪酬福利管理
  的人力資源保證              ◇員工勞動關系管理
◇推動企業變革
```

圖 5-8　某企業人力資源部的使命與關鍵職責

（3）部門職責分類與分解，形成崗位。確定了部門的關鍵職責後，將功能、任職要求、業務範圍相近或相似的職責放在一個崗位上，以此形成不同的崗位。上面舉例的人力資源部可以設置員工招聘崗、員工培訓與發展崗、績效與薪酬管理崗、勞動關係管理崗。人力資源部的崗位設置如圖 5-9 所示。

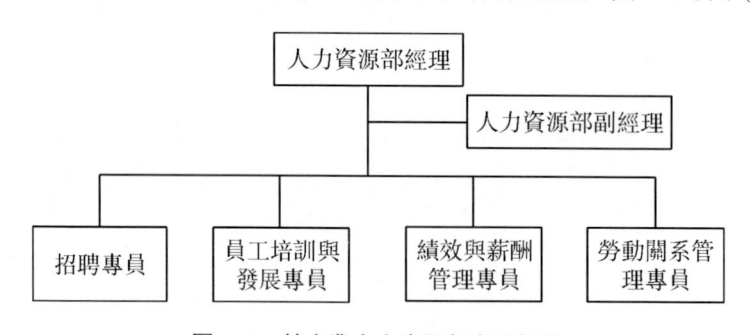

```
              人力資源部經理
                   │
              人力資源部副經理
                   │
   ┌───────┬───────┼───────┬───────┐
 招聘專員  員工培訓與  績效與薪酬  勞動關系管
           發展專員    管理專員    理專員
```

圖 5-9　某企業人力資源部崗位設置

需要注意幾個問題，一是部門負責人中是否一定要設副職，根據企業的實際需要確定，二是部門副職與正職的分工，也根據實際需要確定，三是每個崗位具體定員數量情況，需要經過測算，具體方法詳見第 5.3 節的崗位定員。

2. 流程分析法

流程分析法是指根據工作流程來確定崗位。當組織採用新的信息系統或改變原有的工作流程時，可以採用這種方法對崗位進行優化或設置新的崗位。

運用流程分析法進行崗位設置時，重點是在對「現有流程」進行分析的基礎上，通過優化流程，形成「未來流程」。對「現有流程」主要從「當前的

工作步驟」「瓶頸」「需要剔除的多餘和無價值的活動」等方面進行分析，然後綜合考慮組織目標、外部優秀的標杆和自身的可行性等方面，對流程進行優化，確立「未來流程」。在此基礎上，分析流程的主要控制點，從而設置崗位。

流程分析法的步驟如圖5-10所示。

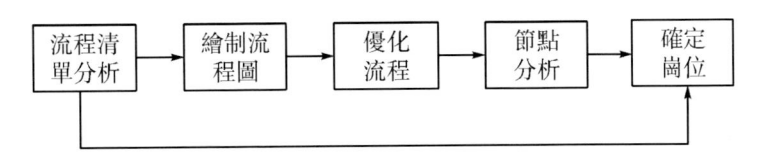

流程清單分析 → 繪製流程圖 → 優化流程 → 節點分析 → 確定崗位

圖5-10　通過流程分析設置崗位的步驟

在使用流程分析法設置崗位時，企業需要有流程管理的經驗與累積。流程分析時要注意以下問題。

➤用於分析的流程是部門級的流程，並且在分析時要結合部門所有的流程進行分析，而不是就某一個流程開展分析。

➤節點分析時，是將所有流程節點列於表中，對於相同工作需做合併處理。

➤確定崗位時，需要結合流程清單的分析，因為流程清單才具有系統性，可以確保崗位職責不漏項。

3. 標杆分析法

標杆分析法是指在本行業內選取成功的組織作為標杆，以此為參考設置崗位。對於通用性崗位如財務管理、行政管理、人力資源管理等專業的崗位設置，使用這種方法比較簡單，可以節約成本。

但是，由於不同組織的戰略、自身條件等總會有差異，不能簡單地「拿來就用」，而應該在實踐中根據自身的實際情況進行調整。某些行業或特定專業領域有相關的崗位、人數、營業額、設備臺（套）等要求的標準或統計數據，這些標準與統計數據可以作為崗位設置的主要參考依據。比如勞動與社會保障部就以LD/T 78《菸草工業勞動定額定員》標準對菸葉復烤、製絲生產、卷製包裝、雪茄生產、濾棒成型、設備維修與動力供應、再造菸葉等專業的定崗定員做出了規定。

標杆分析隱藏著不確定性的風險，值得引起注意。

➤標杆選取具有一定難度。就像不存在兩片完全相同的樹葉一樣，世界上也不可能存在兩個完全相同的企業，一方面，每個企業都有自己獨特的營運模式、管理理念和發展過程，另一方面，選取的企業是否是行業內先進的，其崗

位設置是否是可以學習與借鑑的。因此，在選取標杆時要反覆衡量與比較。

➤資料的獲得有一定的難度。崗位設置是每個企業的內部管理機密，一般情況下很難獲得標杆企業完整、詳細的崗位設置資料。

➤資料的可用性需要考量。一方面，任何企業的崗位設置都是在企業戰略的指導下，結合具體的管理背景，按照特定的管理理念和邏輯，針對特定的問題展開的；另一方面，企業人員的勝任素質、企業文化對崗位設置也有影響。因此，即使得到了標杆企業完整而詳細的崗位設置資料，企業自身是否與標杆企業的背景契合，其崗位設置是否可用，也需要做比較深入的分析。

因此，使用標杆分析法設置崗位時，需要投入更多的精力分析標杆企業的情況，在確定標杆企業的崗位設置能夠借鑑與學習，並能對企業自身發展具有促進作用的情況下才能使用。

4. 對三種主要方法的比較

崗位設置的方法運用不是絕對的，每種方法都有其優缺點，可根據組織的實際情況選擇其中一種方法，同時也可以混合使用。表5-1對三種方法的優缺點做了詳細的總結。

表 5-1　　　　　　　　三種方法的比較

	組織分析法	流程分析法	標杆分析法
優點	◇能深入解決細節問題，尤其適合於大型的傳統組織，在從事變革之前，需要對方方面面的情況進行確認 ◇能提交一個與組織長遠戰略一致的解決方案	◇關注新的管理信息系統對在崗者的影響 ◇服從於系統的要求，能夠根據新的信息系統進行調整	◇簡單易行，企業可自行設計 ◇設計成本低，能夠很快幫助組織完成崗位設置
缺點	◇受限於組織的戰略，如果組織的戰略不夠明確的情況下，該方法不能提出有效的解決方案 ◇崗位設置過程比較複雜，需要借助外部力量	在對流程有完整分析的情況下使用，否則可能會導致較差的結果	全盤「拿來主義」，容易脫離組織的實際情況，造成新的混亂
要求	◇必須有明確的發展戰略 ◇具有相對穩定的業務環境	參與人員必須十分熟悉企業的流程	需要對標杆組織有比較透澈的分析與瞭解

5.2.5 崗位分類

崗位分類是在崗位設計和崗位評價的基礎上採用科學的方法，根據崗位自身的性質和特點，對企業中全部崗位，從橫向和縱向兩個維度進行的劃分，從而區別出不同崗位的類別及要求。企業可以根據工作性質的差異，對崗位實行分類管理，**不同的企業，由於其所處行業不同，業務重點不同，相應的崗位分類也有較大的差異**。一般將崗位分為管理類、市場經營類、專業類、技術類、生產操作類、服務類及後勤輔助類七個大類崗位。

1. 管理類崗位

管理類崗位指保證生產、經營和服務等工作順利進行並且需要具備一定的管理知識，掌握一定管理技術，使用一定管理工具，履行專業或跨專業領域決策、控制、監督、協調職能並確保總體或部分工作目標實現的崗位。這類崗位主要指部門主管及以上崗位。

2. 市場經營類崗位

市場經營類崗位指直接從事市場業務發展、市場開拓等面向市場的工作，需要具備一定的行銷知識與技能，能夠完成企業市場行銷某一方面工作的崗位，如市場調查預測崗位、行銷崗位、業務拓展崗位等。

3. 技術類崗位

技術類崗位指從事有明確職責、目標任務、任職資格條件，具備專業知識和技術資格水準，能夠解決實際技術問題，並提供技術指導，經過聘任才能擔任的工作崗位，如土建造價師、質量技術員等。

4. 專業類崗位

專業類崗位指從事某專業領域的計劃、組織、執行工作，需要具備一定專業知識和技能，能夠解決某一專業實際問題的工作崗位，如績效專員、會計、採購專員等。

5. 生產操作類崗位

生產操作類崗位指屬於生產操作性質，並且需要一定專業技能，能夠解決生產操作問題的崗位。如生產部門的一線操作崗位。

6. 服務類崗位

服務類崗位指從事客戶服務、應答客戶諮詢、解決客戶問題等面向客戶，且需要一定的專業知識與技能的崗位，如客服專員、質量回訪員等。

7. 後勤輔助類崗位

後勤輔助類崗位指不具備管理、專業、技術、生產操作類崗位工作性質，

承擔後勤服務等職責且無技能等級的普通工作崗位，如生產辦公場所保潔服務，物資、成品搬運等崗位。

以上七類崗位只是一個原則性的分類，企業可以根據實際需要進一步細分。同時，由於企業自身業務特點不同，不一定設置所有類別的崗位，比如服務類企業，就不一定有生產操作類崗位。

5.3　崗位定責

崗位定責的過程就是崗位說明書編製的過程，這個「編製」不是隨意的編寫，而是建立在崗位量化分析的基礎上。如圖 5-11。

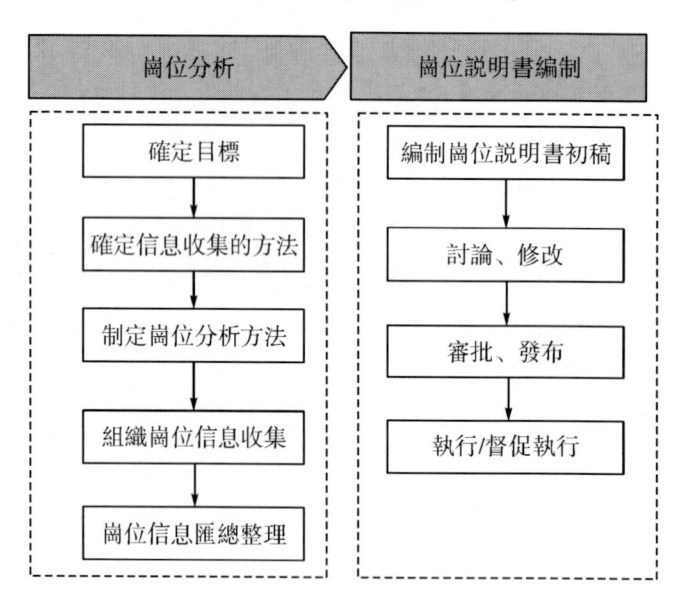

```
┌─ 崗位分析 ─┐         ┌─ 崗位說明書編制 ─┐
│ 確定目標   │         │ 編制崗位說明書初稿 │
│    ↓      │         │        ↓         │
│ 確定信息收集的方法 │   │  討論、修改       │
│    ↓      │         │        ↓         │
│ 制定崗位分析方法 │    │  審批、發布       │
│    ↓      │         │        ↓         │
│ 組織崗位信息收集 │    │  執行/督促執行    │
│    ↓      │         │                  │
│ 崗位信息匯總整理 │    │                  │
└──────────┘         └──────────────┘
```

圖 5-11　崗位定責的過程

5.3.1　崗位分析

崗位分析是對企業各類崗位的性質、任務、職責、工作條件和環境，以及員工承擔本崗位任務應具備的資格條件進行系統的分析和研究的過程。

1. 崗位分析的內容

崗位分析的內容總結起來就是 6W2H，如圖 5-12 所示。

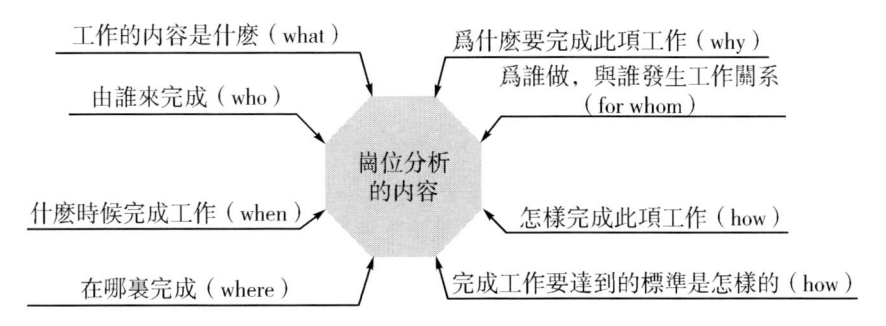

```
工作的內容是什麼（what）    爲什麼要完成此項工作（why）
由誰來完成（who）           爲誰做，與誰發生工作關系
                                    （for whom）
                崗位分析
                的內容
什麼時候完成工作（when）    怎樣完成此項工作（how）
在哪裏完成（where）         完成工作要達到的標準是怎樣的（how）
```

圖 5-12　崗位分析的內容

2. 崗位分析的方法

(1) 觀察法

觀察法是觀察者在工作現場記錄工作人員在某一時期內的工作過程、行爲、內容、工具使用，並在此基礎上分析有關工作因素的一種方法。在觀察時可以公開觀察也可隱蔽觀察，如果有條件，隱蔽觀察比公開觀察所獲取的信息更真實。

①觀察法的要求

➤所有內容都要記錄下來。有些內容可能與工作無關，可以在記錄時做一個標誌，待觀察結束後，找相關人員確認，再分析是否剔除。

➤選擇不同的工作者在不同的時間內進行觀察。若目標崗位任職者較少，則這些任職者都是觀察對象；若任職者較多，則應選擇 3~5 位任職者作爲觀察對象，在選擇觀察對象時，應綜合考慮觀察對象的業績、工作年限、年齡、性別等因素，合理搭配。

②觀察法優點

➤能夠深入到工作現場直接瞭解整個工作過程的全面情況，對工作任務、工作程序、工作方法、工作要求、工作環境等有較多相對直觀、客觀、準確的瞭解。

➤可以瞭解廣泛的信息：包括工作內容、工作中的正式行爲和非正式行爲，工作人員的工作態度等。

➤可以測定工作任務的實際完成時間，對作業過程進行動態分析。

➤可以在觀察過程中或觀察完成後與任職者面對面地交流，避免信息二次加工帶來的失真。

③觀察法缺點

➤容易干擾工作者的正常工作行爲。

➢如果使用公開觀察，在觀察狀態下，由於觀察對象的自我表現心理或掩飾心理，觀察到的工作者的行為表現可能與正常表現有失真。

➢適用範圍小，受時間、空間等客觀條件的限制。

➢無法觀察記錄任職者的內在心理活動，無法感受或者觀察到特殊事件。

➢不能直接得到有關任職者資格要求的信息。

➢工作量大，結構化的觀察法可能會產生龐大的數據。非結構化觀察法可能由於難以量化而同樣難以分析整理。

➢花費時間多。對每一個工作人員工作的觀察都需要持續一段時間，而且觀察前需要對觀察人員進行系統的培訓，因此，同等規模的工作分析採用觀察法所需的時間要遠遠多於採用訪談法、問卷分析法。

➢可參照的案例、經驗較少，給觀察法的操作帶來極大的不便。

④觀察法的適用範圍

➢適用於工作任務標準化、程序化，從事可操作性工作的崗位（如流水線上的崗位、機械維修崗位）。

➢適用於不斷重複、工作循環週期短的工作。

➢適用於觀察對象的工作相對穩定、比較簡單，在一定的時間內工作內容、程序、對工作人員的要求不會發生明顯的變化的工作，如出納。

➢適用於體力活動完成的工作。

⑤觀察法的不適用範圍

不適用於對隱蔽的心理因素的分析。

不適用於沒有時間規律與表現的工作。

⑥觀察法導致的誤差來源

➢觀察人員的強烈主觀色彩。

➢觀察人員的注意力與嚴謹程度。

➢觀察人員對工作的熟悉程度。

⑦觀察法的操作過程

觀察法主要包括三個過程，即：觀察前準備、現場觀察與記錄、數據整理與分析，詳見圖5-13。

```
┌─觀察前準備─┐┌現場觀察與記錄┐┌數據整理與分析┐
◇確定目標      ◇進入觀察現場    ◇歸類整理
◇選擇觀察對象  ◇現場記錄        ◇統計分析
◇確定時間、地點
◇確認設備工具
◇觀察人員的選擇
 與培訓
```

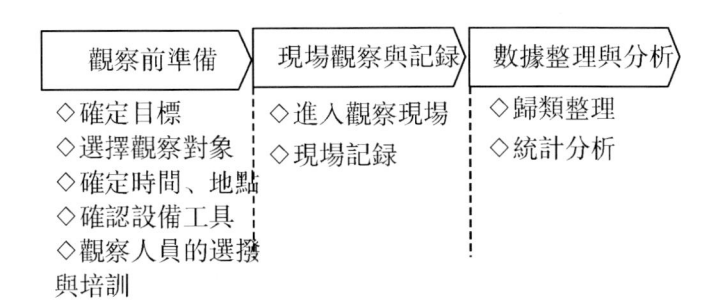

圖 5-13　觀察法的三個過程

⑧觀察法的記錄用表

根據觀察的要求，可以設計不同的表格，對於每天工作內容固定的崗位，可以設計結構化的觀察表；對於每天工作內容不固定的崗位，則需要邊觀察邊記錄工作的內容與過程，如表 5-2 所示。

表 5-2　　　　　　　　　觀察法記錄用表示例

被觀察崗位		所屬部門		被觀察者	
觀察者		觀察日期			

序號	工作任務	工作操作程序與方法	權限	結果	耗時（分鐘）	備註
1	起草通知	翻看會議記錄→撰寫→領導審核→修改	需審核	通知初稿，2頁	2小時	
2	派車	查看申請單→查詢出車記錄→填寫申請單	執行	派車單，1份	3分鐘	
3	接待來訪	倒水→詢問→記錄→送客	執行	來訪記錄，1份	15分鐘	

（2）工作日誌法

工作日誌法是通過工作人員自己對某一時期內的工作內容、工具使用及工作時間的記錄收集工作信息，並在此基礎上分析有關工作因素的一種方法。

①要求

➤工作者每天按時間順序記錄自己所進行的工作內容、工作成果、重要程度、工作性質以及各項工作所花費的時間等。

➤一般要連續記錄 10 天以上。

➤由本人記錄最為經濟和方便。

➤因為記錄者可能會帶有主觀色彩，因此，要求事後要對記錄分析結果進

行必要的檢查矯正，可以由工作者的直接上級來實施。

②工作日誌法的優點

所需費用較低，對高水準與複雜性工作的分析比較經濟有效。

③工作日誌法的缺點

➤無法對日誌的填寫過程進行有效的監控，導致任職者填寫的工作活動詳細化程度可能會與工作者的預期有差異。

➤任職者可能不會按照規定的填寫時間及時填寫工作日誌，導致事後填寫的信息不完整甚至「創造」工作活動。

➤需要占用任職者較多時間填寫日誌；

➤可能存在部分發生頻率低但是影響重大的工作任務，因在填寫日誌的區間段內沒有發生，而導致重要信息的缺失。

➤信息整理的工作量大，歸納工作繁瑣。

④工作日誌法的適用範圍

管理崗位、工作內容複雜或隨意性大的工作崗位。

⑤工作日誌法不適用的範圍

➤簡單而要求工作連續進行的崗位。

➤工作人員素質要求不高的崗位。

⑥工作日誌法導致的誤差原因

➤記錄不真實。

➤記錄日誌的時間不夠。

➤工作人員本身的隨機工作太多。

⑦工作日誌法的記錄用表

在設計工作日誌表時，應盡量使填寫人員需要記錄的事項簡單、明了，一是節約人員填寫時間，二是減少填寫人員由於填表而產生的不滿情緒。樣表如表 5-3 所示。

表 5-3　　　　　　　　　　　　　　工作日誌樣表

日期	年　月　日	崗位名稱		填表人	
工作開始時間		工作結束時間		中途休息時間	小時

工作類型	工作內容	輸出成果	所耗時間（分鐘）	重要程度	工作性質	
					日常	週期性
常規工作	複印文件	4 頁	6	D	√	
	起草《電腦購買合同書》	3 頁	30	C	√	

工作類型	工作內容	輸出成果	所耗時間（分鐘）	重要程度	以前是否出現過	
					是	否
突發事件						
臨時交辦工作	接待參觀	5 人參觀	40	A	√	

直屬主管簽字：	2018 年　月　日

| 填表說明 | 1. 本表需當天填寫，原則上每做完一件事填寫一項，填寫時請盡可能詳細、準確；
2. 本表需要直屬主管簽字確認，並對填寫內容真實性負責；
3. 「突發事件」是指工作職責範圍內產生的非常規工作；
4. 「工作內容」是對工作活動的具體說明；
5. 「輸出結果」可以是形成的具體文件、表單，也可以是解決了某個問題，或者是達成的某個計劃或目標等；
6. 重要程度欄填寫字母，分別是：A-緊急且重要，B-緊急但不重要，C-重要但不緊急，D-不緊急也不重要；
7. 「工作性質」在相應的選項欄打「√」，其中，「日常」指大部分時間均需開展的工作；「週期性」指需有一定時間間隔開展的工作，包括「月度」「季度」「年度」等 |

(3) 問卷調查法

問卷調查法是一種書面調查的方法，它是根據崗位分析的目的、內容等設計有針對性的調查問卷，通過被調查對象填答調查問卷的形式收集工作分析所需要信息的一種方法。

問卷調查法是運用最為廣泛的崗位分析方法之一，便於廣泛調查，收集的信息完整。問卷調查法與訪談法具有極高的互補性，二者結合使用，是目前崗位分析的主流方法。

①問卷調查法的優點

▶具有廣泛的適用性，可以突破時空限制，對眾多調查對象同時進行調查。

▶提供更為全面的工作分析信息，可以用於不同崗位間的比較。

➤通過讓員工參與，有助於員工對崗位分析工作的瞭解。
➤調查過程花費時間少，調查效率高。
➤調查信息可以量化，便於統計處理和分析。
②問卷調查法的缺點
➤所提問題一旦設定無法改變，收集信息較為限制。
➤對填寫問卷的人員的文字理解能力與表達能力有一定的要求。
➤對問卷設計的要求較高。
➤缺少互動過程，很難針對一些問題做深入的調查。
③調查問卷的分類
➤調查問卷分為結構化問卷、非結構化問卷、半結構化問卷。
➤結構化問卷又稱封閉式問卷，問卷中的每道題目提供有限的答案，填寫者只能選擇作答。
➤非結構化問卷又稱開放式問卷，問卷中的每道題目不設答案。
➤半結構化問卷中既有開放式題目，又有封閉式題目。
④問卷調查法的操作過程

問卷調查法包括準備、設計問卷、問卷預試與修改、發放與回收問卷以及問卷數據的處理與分析五個步驟，詳見圖5-14。

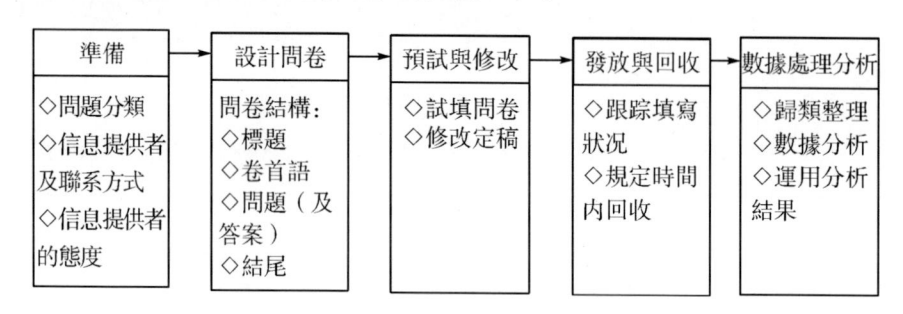

準備	設計問卷	預試與修改	發放與回收	數據處理分析
◇問題分類 ◇信息提供者及聯繫方式 ◇信息提供者的態度	問卷結構： ◇標題 ◇卷首語 ◇問題（及答案） ◇結尾	◇試填問卷 ◇修改定稿	◇跟踪填寫狀況 ◇規定時間內回收	◇歸類整理 ◇數據分析 ◇運用分析結果

圖 5-14　問卷調查法的五個步驟

⑤問卷調查的主要內容

問卷的調查內容不是固定不變的，主要的內容有以下幾個方面。

➤崗位基本信息，包括崗位名稱、崗位所屬部門、工作地點、崗位直接上級和直接下級等內容。

➤崗位職責概述，要求崗位任職者用簡短的語言概括崗位的職責。

➤崗位職責，要求任職者按照職責的重要性逐一列出本崗位的職責。為了滿足調查的需求，也可要求說明每一項職責占其全部工作時間的百分比，各項工作職責的百分比之和為100%。

➢任職資格，任職資格方面的調查要素包括崗位所需的學歷、工作經驗、專業知識、工作技能、工作能力等。

➢工作關係，主要包括內部關係和外部關係兩個調查要素。內部關係，就是工作中需要與企業內部的哪些部門或崗位發生聯繫；外部關係，就是工作中需要與哪些組織、政府部門發生聯繫。

➢工作環境，包括工作不良因素（如高溫、噪聲、粉塵等）、工作危險性等要素。

（4）訪談法

通過對工作者或相關人員進行訪談，獲得與崗位工作相關的信息，並對資料進行分析處理的方法。訪談法可以獲得其他崗位分析方法不能獲得的資料，另外還可以對其他途徑獲得的資料加以驗證。

①訪談法分類

訪談一般分為個別訪談、集體訪談。

➢個別訪談適用於各個員工的崗位有明顯差別、工作分析時間又比較充分的情況。

➢集體訪談適用於多個員工的崗位相同或崗位職責近似的情況。採用這種方法時，可以事後徵求被訪談者的直接上級對所收集資料的看法。

②訪談者

訪談者可以是企業內部的工作分析小組成員，如人力資源部的人員，也可以是外部的諮詢顧問。

③訪談對象

為了收集更為全面完整的工作分析信息，訪談的對象除崗位的任職者之外，還可以包括任職者的直接上級以及同級、下級。從不同角度獲得的信息，能夠更全面、客觀地反應目標崗位的相關信息。

④訪談法的優點

➢適用範圍廣泛，適用於各類崗位的信息收集，對被分析崗位工作人員沒有界定的要求。

➢能在較短的時間內深入收集到大量的信息，包括一些不易被觀察到或書面表達不清的內容。

➢獲取的信息具體、深入。訪談者具有適當解釋、引導和追問的機會，可探討較為複雜的問題，鑑別回答內容的真偽。

⑤訪談法的缺點

➢訪談的效果受訪談者的專業知識、經驗、溝通能力的影響，有時候可能

達不到預期效果。

➢與問卷調查相比，訪談法要付出更多的時間、人力和物力。

➢可能對組織的正常工作造成影響。訪談雙方需要充足的時間進行溝通，在大規模的訪談過程中尤為明顯，會妨礙員工正常工作甚至是組織的日常運轉。

➢易受任職者主觀意識和認知的影響。任職者如果對崗位分析有疑慮和不理解，或者受個人認知水準的局限，就可能提供不真實或錯誤的信息。

➢資料整理與分析的工作量比較大。

⑥訪談法的操作過程

訪談法包括訪談準備、訪談導入、進入正題、訪談結束四個過程，如圖5-15所示。

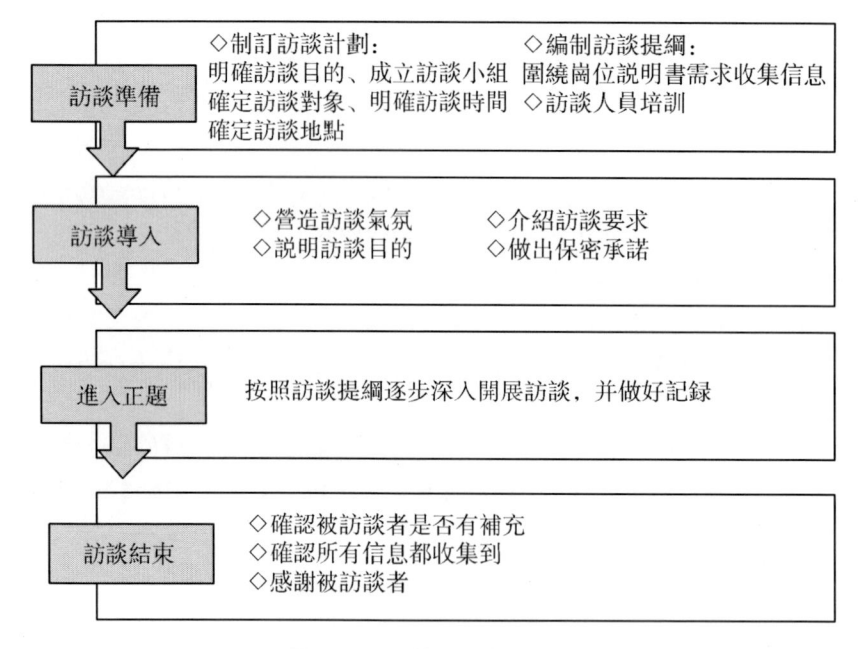

```
┌─────────┐   ◇制訂訪談計劃：          ◇編制訪談提綱：
│ 訪談準備 │   明確訪談目的、成立訪談小組  圍繞崗位說明書需求收集信息
└────┬────┘   確定訪談對象、明確訪談時間  ◇訪談人員培訓
     │        確定訪談地點
     ▼
┌─────────┐   ◇營造訪談氣氛            ◇介紹訪談要求
│ 訪談導入 │   ◇說明訪談目的            ◇做出保密承諾
└────┬────┘
     ▼
┌─────────┐   按照訪談提綱逐步深入開展訪談，并做好記錄
│ 進入正題 │
└────┬────┘
     ▼
┌─────────┐   ◇確認被訪談者是否有補充
│ 訪談結束 │   ◇確認所有信息都收集到
└─────────┘   ◇感謝被訪談者
```

圖5-15　訪談法的四個過程

訪談提綱的設計要與所調查目標直接相關，訪談的問題要按照一定的邏輯順序排列，一般是先易後難。訪談提綱設計完成後，最好找幾個人員做一次試訪談，對於表述不清楚或難度太大的問題，做一定的修改。表5-4為訪談提綱示例。

表 5-4　　　　　　　訪談提綱示例

1. 您在 XXX 部門，對嗎？您的部門負責人有幾個？分別叫什麼名字？你的直接上級是誰？直接下級是誰？
2. 您所在崗位的主要工作內容（職責）是什麼？
3. 請問與您工作聯繫密切的人員有哪些？聯繫的主要方式是什麼？
4. 您在履行職責過程中，碰到的主要困難或問題是什麼？
5. 請您描述一下，在您的工作職責中，耗費時間最多的三項工作是什麼？
6. 請您指出您的以上工作職責中最為重要、對公司最有價值的工作是什麼？
7. 組織所賦予您的最主要的權限有哪些？您認為這些權限有哪些是合適的，哪些需要重新界定？
8. 您在工作期間容易出錯的地方有哪些？請列舉 2~4 個實例。產生錯誤的原因主要是什麼？對其他工作有什麼影響？
9. 您認為在工作中您需要其他部門、其他崗位為您提供哪些方面的配合、支持與服務？在這些方面，目前做得好的是哪些？尚待改進的是哪些？
10. 您認為要出色地完成以上各項職責需要什麼樣的學歷和專業背景？需要什麼樣的工作經驗？在外語和計算機方面有何要求？您認為要出色地完成以上各項職責需要哪些能力？
11. 您認為要出色地完成以上職責需要具備哪些專業知識和技能？您認為要出色地完成以上各項職責需要什麼樣的個性品質？
12. 請描述一下您的工作環境，有何特殊性？
13. 在您的工作中，有不安全的因素嗎？如果有，請具體說明。

⑦訪談時的注意事項

➢所提問題要和職位分析的目的有關。

➢語言表達要清楚、準確。

➢所提問題必須清晰、明確，不能太含蓄。

➢所提問題和談話內容不能超出被談話人的知識和信息範圍。

➢所提問題和談話內容不能引起被談話人的不滿，或涉及被談話人的隱私。

（5）對以上四種常用方法的比較

以上介紹的觀察法、工作日誌法、問卷調查法以及訪談法，是崗位分析常用的四種方法，它們各有優缺點。通常在進行崗位分析時，會根據不同類型的崗位、現有資料的實際情況以及需要收集的信息，綜合使用各種方法。例如，對重複性、操作簡單的崗位，使用觀察法，同時輔以訪談法，對該崗位的直接上級進行訪談、驗證、澄清與補充觀察法所得出的結論。表 5-5 是四種方法優缺點的比較。

表 5-5　　　　　　　　四種常用崗位分析方法的比較

崗位分析方法	優點	缺點
觀察法	能較多、較深刻地瞭解工作要求	易受觀察人員水準、態度的影響，不易得到完整工作信息
工作日誌法	成本低；能較全面瞭解工作	日誌記錄人可能誇大工作內容及工作量，導致失真
問卷調查法	成本低；速度快，調查面廣；可在業餘進行；易於量化；可對調查結果進行多方式、多用途的分析	對問卷設計要求高；缺少互動，可能產生理解上的不一致
訪談法	效率較高，可以十分迅速地收集到工作信息	面談對象可能持懷疑、保留態度；對提問要求高；易失真

5.3.2　崗位說明書編製

崗位說明書又稱為職務說明書或職位說明書，是人力資源管理中最基礎的文件，也是最重要的文件之一，它表明了企業期望員工做些什麼，做這些事的標準，以及做這些事應具備的資格條件是什麼。

1. 崗位說明書的作用

崗位說明書是整個人力資源管理體系搭建的基礎，為人力資源管理的各項工作提供支撐，如圖 5-16 所示。

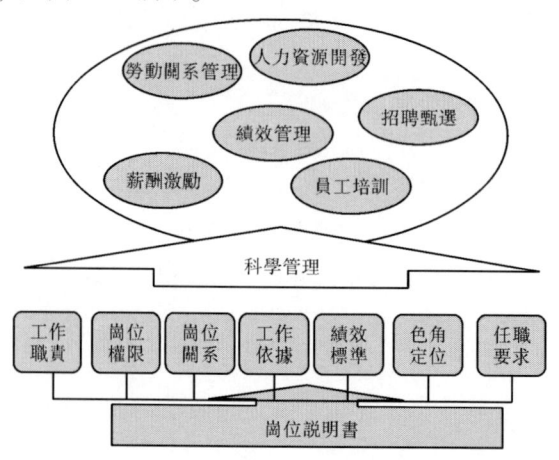

圖 5-16　崗位說明書在人力資源管理中的作用

（1）為員工招聘甄選提供依據

崗位說明書裡明確規定了崗位的任職條件，它為員工的招聘提供了依據。一些企業由於沒有規範的崗位說明書，一方面，在需要招聘人員時，不知道該如何選人，或者選什麼樣的人；另一方面，為了能擬寫一則像樣的招聘啓事，臨時借鑑其他企業相關崗位的任職要求，事實上，這種借鑑是不可取的。因為崗位任職條件是在崗位分析時，結合崗位工作的實際需要、社會能夠提供的人力資源以及企業願意為之付出的報酬而確定的，隨意的借鑑或想當然提出來的任職條件會給人力資源的管理帶來不確定性。

（2）為員工培訓提供依據

一是新入職員工或轉崗員工根據崗位說明書的規定，就能夠大致瞭解自己的主要工作是什麼，所在崗位的上級領導或帶新員工的師傅再結合崗位說明書的規定逐項給予講解就可以使員工很快熟悉工作。二是企業可以針對任職要求中的一些具體事項，給員工設計培訓課程，不斷更新員工的知識與技能，使培訓有的放矢。

（3）是員工績效管理的重要依據

一是崗位說明書明確了崗位的職責，為員工工作的完成情況提供了參照的依據；二是崗位說明書中有與職責相關聯的績效標準，這些績效標準就是績效考核的關鍵業績指標（KPI）或關鍵行為指標（KBI），企業在對員工進行考核時，可以在這些績效標準中選取指標；三是崗位說明書對工作職責的權限做了界定，員工對於一些工作是「執行」「組織執行」還是「決策」，在對其進行考核時，分配的權重是不一樣的。

可見，**規範、細化的崗位說明書為績效管理提供了重要的依據**。一些企業由於沒有規範的崗位說明書或者崗位說明書並不是為自己企業量身定做的，在績效管理時總會出現員工不認可考核結果，或者找不到合適的崗位考核指標的情況。

（4）是勞動關係管理的有力支撐

崗位說明書應作為員工簽訂勞動合同的附件，當員工由於轉崗而導致崗位工作內容發生變化時，應將新崗位的崗位說明書讓員工簽字後，附在勞動合同後，當發生因工作職責、考核或薪酬方面的糾紛時，崗位說明書能夠有效作為合同管理的支撐，但是，前提是企業的崗位說明書是符合員工實際崗位需要的，而不是隨意借鑑的一個其他企業的崗位說明書。

（5）為人力資源開發提供依據

人力資源管理中一項非常重要的工作是人力資源開發，就是通過一定的方

法使員工的素質和工作積極性不斷提高，最大限度地發揮員工的潛能，為企業做更大貢獻。根據崗位說明書對崗位工作的界定以及任職要求的準確描述，一方面，可以分析哪些崗位的工作內容與任職要求是相近的，崗位之間的員工可以通過輪崗提升綜合能力；另一方面，可以設計崗位的晉升路線，包括工作內容難度的提高，任職要求的提高，作為員工發展的路徑圖，使員工能夠明確自身的職業發展路徑，找到努力的方向。

（6）為崗位定薪提供依據

一個崗位的價值如何，與其他崗位相比，誰的價值更大，這就需要對崗位進行評價，崗位評價是企業確定薪酬政策的基本依據，崗位薪酬體系需要以崗位評價為支撐。而崗位評價的重要基礎資料就是崗位說明書，根據崗位說明書對崗位職責的界定、任職要求，以及需要的特殊要求等描述，對崗位做綜合的評價。如果沒有崗位說明書，就不能對崗位的工作職責履行的難易程度、崗位任職要求的高低、崗位工作環境等做出準確的判斷。

2. 崗位說明書編製的原則

（1）堅持對事不對人的原則

崗位說明書是以崗位工作為基準，針對崗位本身的要求進行編寫、描述或說明，不能考慮或針對實際崗位所在員工的具體情況進行編寫。特別是分析任職要求時，要以工作的實際需要出發，而不能以現所在崗位人員的實際資歷為參照，這是很多企業編製崗位說明書容易出現的問題。

（2）堅持實事求是的原則

崗位說明書要客觀、真實和公正，防止人為誇大或縮小崗位元素，做到不增不減。在編製崗位說明書時，往往會由於主觀的感受，誇大工作的難度，提高任職要求，或者賦予與崗位職責不匹配的權限，導致崗位說明書提供的信息失真，從而降低管理的科學性。因此，在編製崗位說明書時，應成立評審工作組對崗位說明書進行評審，或組織大家開展討論，必要時，可聘請第三方機構參與，以確保客觀、真實與公正。

（3）堅持統一和規範的原則

崗位說明書對所需編寫的每一項內容元素要不遺漏，並按照統一的要求，使用規範用語和標準進行編寫。因此，在崗位說明書編製前，應統一明確崗位說明書的模板，不同部門或專業指定專人，並對各要素編製的細節進行統一的培訓，以便達成共識，形成統一和規範的崗位說明書。

3. 崗位說明書的內容及編製方法

一般情況下，崗位說明書的內容主要包括崗位基本信息、崗位概要描述、

崗位職責、崗位績效標準、崗位工作關係、崗位工作條件、崗位任職要求七個部分。下面針對這七個部分的內容與編製方法分別說明。

（1）崗位基本信息

崗位基本信息的內容包括崗位名稱、崗位編號、所屬部門、崗位類別、工作地點、制定者、審核者、審批者、編寫日期、審核日期以及生效日期。

➢崗位名稱：是定崗時確定的崗位的名稱，要求簡單明了、能夠反應該崗位所處的層級，並且在公司內部要稱謂統一，崗位名稱應以人力資源部公布的為準。

➢崗位編號：崗位編號的規則可以由企業根據實際情況自行確定，最好不使用純數字，並且要將部門名稱體現在崗位編號內以便管理。例如：財務部的經理崗位，可以編號為「CWB-01」，其中，「CWB」為財務部拼音首字母。對於大型的集團公司，則應對相同部門名稱，區分不同區域或專業領域。原則上，崗位編號應由人力資源部統一制定。

➢所屬部門：就是該崗位所在的部門，在這裡填寫的應是部門的全稱。

➢崗位類別：這裡填寫的崗位類別應與公司崗位管理相關文件所列出的崗位類別一致。

➢工作地點：一般寫大的地名，例如：四川省成都市。

➢制定者：是指該崗位說明書的直接編製人員，一般應該是該崗位的直接上級，在這裡最好填寫制定者的姓名。

➢審核者：是指該崗位說明書的相關審核領導，一般應該是分管該崗位所在部門的領導，在這裡最好填寫審核者的姓名。

➢審批者：一般是企業主要領導或分管領導，同樣的，在這裡最好填寫審批者的姓名。

➢編寫日期、審核日期以及生效日期：這三個日期都很重要，可以通過這幾個日期瞭解崗位說明書是否是有效的，以及所規定的內容是否需要修訂等。

表 5-6 為崗位說明書基本信息的填寫示例。

表 5-6　　　　　　　　崗位說明書基本信息填寫示例

崗位名稱	績效管理專員	崗位編號	RLZYB-03	制定者	張三	填寫日期	2018-7-18
所屬部門	人力資源部	崗位類別	專業類	審核者	李四	審核日期	2018-7-26
工作地點	四川省成都市			審批者	王五	生效日期	2018-8-1

（2）崗位概要描述

用簡要的語言說明崗位的具體職責，明確崗位設置的目的，為什麼要設這

個崗位，不設這個崗位真的不行嗎？在描述時，可以對崗位職責的主要工作領域進行概括描述。例如：財務部經理的崗位概要描述為：「負責公司會計核算管理、財務監督、財務分析管理、預算管理和本部門行政管理工作，確保會計制度及公司財務管理工作的落實。」從這個概要描述可以看出財務部經理的主要負責領域，也能看到該項工作的目的與價值。

（3）崗位職責

這部分內容是崗位說明書的核心，也是重要的內容之一。在編製時，應將職責與權限、工作頻率以及績效標準連在一起描述，這樣可以使職責的界定更清晰，有利於員工的自我定位，有效地履職，也有利於上級主管的檢查與督促。表 5-7 為培訓專員崗位職責描述的示例。

表 5-7　　　　　培訓專員崗位職責描述示例

序號	工作領域	工作職責	職責權限 執行	職責權限 組織執行	職責權限 決策	工作頻率 日常	工作頻率 周期	工作頻率 隨機	崗位績效標準
1	培訓需求分析與計劃制定	1.1 負責定期統計、分析各部門的培訓需求，制訂公司培訓計劃	√				√		培訓需求調查覆蓋率100% 培訓費用預算完成率＞98%
		1.2 負責年度培訓費用的控制和分析，合理分配培訓資源	√				√		
		1.3 制訂培訓實施方案	√				√		
2	培訓實施	2.1 負責與各部門充分溝通，落實各項培訓計劃	√			√			培訓方案實施率＞95% 參培率＞98%
		2.2 負責與外部培訓機構建立聯繫，引進專業培訓師授課	√				√		
		2.3 負責準備培訓過程中需要的培訓資料、設施以及後勤支持	√				√		
		2.4 組織與協調培訓過程中的各項工作		√		√			
		2.5 負責送外培訓的審核與評定	√					√	
3	培訓評估與總結	3.1 組織培訓後的培訓效果評估和員工培訓滿意度調查，完成評估分析報告		√			√		培訓評估完成率100% 培訓檔案和臺帳無遺漏
		3.2 建立關鍵崗位和管理人員的培訓檔案和臺帳	√			√			
4	課程開發管理	4.1 負責公司內部培訓課程立項、審核管理	√				√		內訓課程驗收合格率＞95%
		4.2 組織開發培訓課題，編製培訓教材，編寫培訓教案		√			√		

➢工作領域：將工作按流程、工作職能進行劃分，從而幫助我們清晰地瞭解主要的工作內容。例如，在表5-7中，培訓專員的工作領域主要是按培訓工作的流程劃分的，即：培訓需求分析與計劃制定、培訓實施、培訓評估與總結，但該項工作還有一個課程開發管理，是培訓工作流程之外的，放在最後。再例如：某公司採購部經理的工作領域有「採購計劃管理、供應商管理、合同管理、採購跟蹤、物流管理、庫房監督管理」，這就是按工作職能進行劃分的。

➢工作職責：該崗位應承擔的主要職責，是崗位說明書的核心內容，描述時要簡單明了，要以動詞開頭。有些企業由於害怕遺漏了重要的要求，在崗位說明書的職責描述時，什麼都想寫進去，結果卻什麼都沒有說清楚。需要注意的是，崗位職責並不是越多越好，不同層級崗位的職責數量如表5-8所示。也不是寫得越細越好，職責分得越細，越有可能遺漏。

表 5-8　　　　　不同層級崗位工作領域及工作職責數量參考

崗位層級	工作領域數	工作職責數
高、中層管理崗	4-7	12-18
一般管理崗或技術崗位	3-6	10-16
基層員工	2-5	6-14

➢職責權限：是組織賦予該崗位的決策範圍、決策層次和控制力程度。主要包括執行、組織執行及決策，通常高層崗位更多的是決策，有少量組織執行；而中層崗位更多的是組織執行，有少量決策；一般管理或技術崗位多數是執行，有少數組織執行；而基層員工基本上都是執行。

➢工作頻率：包括三種情況，即日常、週期、隨機。「日常」是指幾乎每天都會開展或涉及的工作；「週期」是指定期（如一月一次，一週一次等）需開展的工作；「隨機」是指無規律、不確定出現的工作。工作頻率對於崗位管理很重要，**通常一個崗位的工作應該由日常的工作與週期性工作合理搭配，以確保崗位工作人員的工作量是平衡的。**

➢崗位績效標準：評價工作職責對應業績表現的衡量標準。績效標準可以從數量、質量、成本、時間、人員反應五個維度進行設計，應盡可能客觀、量化、數據易採集。績效標準可以對應每條職責逐項描述，也可以針對一個工作領域描述，同時，每個職責或工作領域對應的績效標準可以不止一條。原則上，崗位說明書中的績效標準不直接用於績效考核，應轉換成績效指標，並詳

細說明考核數據的來源、考核週期等。同時，崗位績效標準是基本的標準，在績效考核時可以高於該標準。

(4) 工作關係

在工作關係中，對內協作與對外協作一般是比較明確的，需要注意的是，填寫經常聯繫的部門或崗位即可，對於偶爾聯繫的，則不需要填寫。直接上級和直接下級在填寫時需要具體分析，如果一個部門內人數比較多，又設有正職與副職，一般正職與副職是有分工的，這時就要根據實際情況填寫。表 5-9 是某公司市場部經理崗位說明書中的工作關係填寫示例。

表 5-9　某公司市場部經理崗位說明書中的工作關係填寫示例

工作關係			
直接下屬人數	5	直接下屬崗位名稱	市場部副經理、市場調查專員、策劃專員、綜合事務專員
間接下屬人數	4	間接下屬崗位名稱	渠道專員、媒介專員
內部協作關係	客戶服務部、財務部、商務部		
外部協作關係	各區域經銷商		

(5) 工作條件

工作條件主要包括工作場所、工作時間與使用工具。表 5-10 為某公司財務部出納的工作條件填寫示例。

表 5-10　某公司財務部出納的工作條件填寫示例

工作條件			
工作場所	固定，室內（公司辦公樓）	工作時間	固定（每週 5 天，每天 8 小時）
使用設備	公司提供的電腦、電話、保險櫃等辦公設備		

(6) 任職要求

任職要求是崗位對任職者在學歷、專業、經驗、知識、技能以及其他方面特質的要求，其中，知識是指勝任本崗位應具有的與專業相關的理論知識，一般為通過學習獲得的；技能是指勝任本崗位應具有的業務技能，一般為通過實踐獲取的。

任職要求分為基本條件與理想條件，基本條件是指勝任該崗位的基本要求，低於這個要求一般不予錄取；理想條件是指符合公司未來 5-10 年發展要求的任職條件，這個理想條件就是員工的奮鬥方向。基本條件與理想條件在學

歷、專業、經驗、知識與技能方面應有所差異，但不一定所有條件都表述差異，要視具體情況而定。知識與技能可採用「精通、通曉、掌握、具有、熟悉、瞭解」6級表述法來進行評定。如圖5-17所示。

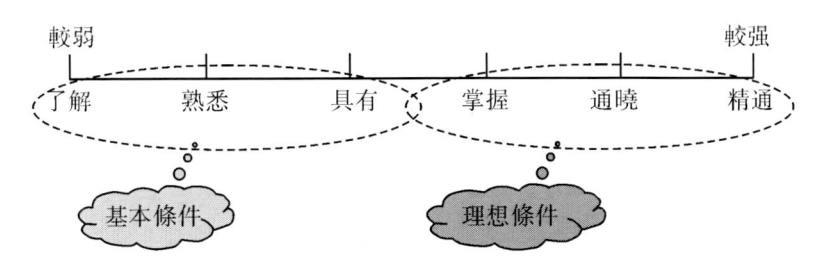

圖5-17　知識與技能的6級表述用詞

表5-11為某企業採購物流部經理崗位的任職要求示例。

表5-11　　　　某企業採購物流部經理任職要求示例

任職要求						
類別	學歷	專業	經驗	知識+技能	其他
基本條件	本科	管理類相關專業	4年以上飲料生產一線工作經歷，3年以上部門負責人經歷	（1）熟悉各種生產專用原輔料特質與質量標準 （2）熟悉現代企業管理基礎知識 （3）熟悉倉儲、物流管理相關知識 （4）具有公文寫作能力 （5）熟練使用計算機辦公軟件與倉庫管理電算化系統 （6）具有判斷市場發展趨勢的能力	
理想條件	研究生	管理類相關專業	4年以上飲料生產一線工作經歷，6年以上採購物流部門負責人經歷	（1）通曉各種生產專用原輔料特質與質量標準 （2）通曉現代企業管理基礎知識 （3）通曉倉儲、物流管理相關知識 （4）具有公文寫作能力 （5）熟練使用計算機辦公軟件與倉庫管理電算化系統 （6）具有判斷市場發展趨勢的能力	

在界定任職要求時應注意以下問題，首先，任職要求關注的是崗位本身而非任職者。要以工作為依據，制定切實的任職要求，即列出的任何資格條件必

須與工作有關。其次,任職要求是履行工作職責的最低要求,即必備資格,也是聘用員工的最低標準,如果企業設置了基本條件與理想條件,則應在薪酬方面對理想條件給予體現。另外,任職要求中的內容要符合法律條文,不能有種族、宗教、性別、年齡、身體殘疾等方面歧視性的表述。

5.4 定員管理

5.4.1 定員管理的影響因素

定員,是指根據企業既定的產品方向和生產規模,在一定時期內和一定的技術、組織條件下,規定企業應配備的各類人員的數量標準。定員管理是現代企業人力資源管理中最為基礎的工作,它涉及企業業務目標的實現、員工能力和數量的匹配,從而影響到企業整體營運效率。

一方面定員是否合理,將直接影響企業的人力成本、人員招聘、工作效率,另一方面定員又受到企業各方面因素的影響,如圖5-18所示。

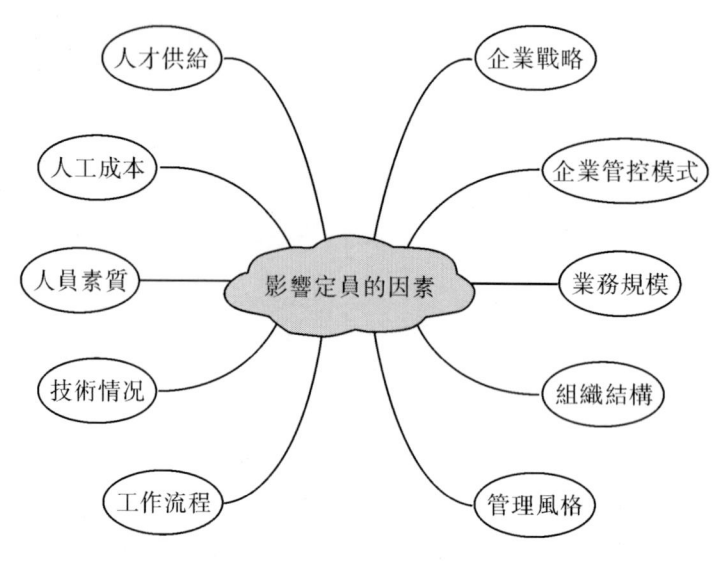

圖5-13 影響定員的十個因素

1. 企業戰略

根據邁克爾·波特的理論,環境決定戰略,戰略決定組織,組織決定人員。因此,從根本上看,企業戰略會間接影響企業定員。不同的戰略定位,企

業的定員也有較大差異，這是企業在定員時不能忽略的。

2. 企業管控模式

集團總部與下屬企業之間的管控模式包括財務管理型、戰略管理型與操作管理型三種，不同的管控模式下，集團人員數量與下屬企業的人員數量有較大的差異。對於財務管理型的集團總部，人員數量需求最少，而操作管理型的集團總部，人員數量需求最多。

3. 業務規模

企業的業務規模是在不斷變化的，在一定規模情況下，人員數量可以保持不變，一旦突破某一臨界點，人員數量就需要增加。同時，處於不同發展時期的企業，為了應對外部環境的變化，對某一個業務的規模通常有縮小、保持和擴大三種策略，在不同策略情況下，人員規模也需要及時調整。

4. 組織結構

組織結構是組織各部分排列順序、空間位置、聚散狀態、聯繫方式以及各要素之間相互關係的一種模式，是整個管理系統的框架。對於傳統的直線型組織結構，管理層級多，幅度相對較窄；金字塔結構下需要較多的管理人員；矩陣式結合了業務部門橫向管理和職能部門垂直管理，也需要配備較多的人員；扁平式組織結構有很多形態，例如網絡式、無縫隙組織、中心式組織、項目制團隊式等，近年來在一些 IT 企業比較流行，這一組織結構減少了管理層級，不需要那麼多管理人員。

5. 管理風格

管理風格指在管理過程中一貫堅持的原則、目標及方式等方面的總稱。一個企業的管理是側重「人治」（依靠領導者的個人能力）還是側重「法制」（重視制度的作用），決策偏重個人還是團隊，權限分配是集權還是分權，或者介於二者之間，這些都會影響企業定員。例如，一個企業側重於人治，管理者的管理幅度必然不能太大，就需要增加各層級管理崗上的人員數量。

6. 工作流程

工作流程對定員會產生非常直接的影響，如果企業的管理流程、操作流程標準化、制度化程度高，每個人在處理工作時都知道上道工序、下道工序和整個流程是什麼，那麼不但工作效率會提高，人員數量也能夠相對減少。反之，如果流程是非標準化或半標準化的，那麼相互扯皮、需要協調的事情會增加，工作效率受到影響，崗位人員的數量就需要增加。

7. 技術情況

一方面，對於技術密集型企業，設備先進，幾乎不需要基本的操作人員，

僅需要較少的高素質人才；如果設備陳舊或技術對人工依賴性強，以勞動密集型為主，那麼員工規模則相對較大。另一方面，對於非製造型企業，主要涉及信息化水準，如 ERP 或者 OA 系統的運用對工作都會產生一定的影響，從而影響人員數量。

8. 人員素質

一方面，由於人員素質強，工作效率高，可以有效節省人力；另一方面，也可以通過適當控制人員數量，激發人員時間管理能力、業務能力的提升。人的潛力是無窮的，有些企業提出「三個人干五個人的活，拿四個人的工資」也是有一定道理的，這樣一方面精簡了人員，同時又可以提高員工的收入。

9. 人工成本

企業根據市場競爭以及企業贏利情況，可以採用不同的人工成本策略，在市場衰退或者企業經營困難時，要壓縮控制人工成本，相應的就要壓縮人員數量；如果處於市場擴張階段，企業經營良好，則定員受人工成本約束較小。

10. 人才供給

企業在定員時，還需要「立足現在，備戰未來」，對於人才市場上供不應求的專業，在定員時可適當寬鬆，留有餘地，一是為未來儲備必要的人才，二是在企業的業務規模增加的情況下能夠提供支撐。

5.4.2 定員管理的原則

1. 先進合理原則

所謂先進，是指與同行業標準或條件相同的企業所確立的標準相比較，體現出組織機構精干、用人相對較少、勞動生產率相對較高的特點；所謂合理，就是要從企業的實際出發，結合本企業的技術、管理水準和員工素質，考慮到提高勞動生產率和員工潛力的可能性來確定定員人數。

2. 一般性原則

定員人數應當是企業正常生產所需要的人數，尤其是生產季節性比較強的企業，不能將生產旺季所需要的人數作為定員人數，而應以平均水準作為定員的目標，在生產旺季時，則應當以季節用工作為補充。

3. 比例協調原則

定員時，企業需要根據自身的業務類型、專業化程度、自動化程度、員工素質以及企業文化等因素，正確處理企業內各類崗位人員的比例關係；正確處理企業直接與非直接經營人員的比例關係；正確處理直接與非直接經營人員內部各種崗位之間的比例關係；合理安排管理人員與全部員工的比例關係。

4. 有利於員工健康和發展的原則

制定定員標準時既要考慮員工出勤率因素，留有餘地；還要考慮員工在崗培訓的時間，確保員工既能夠正常的休息，又能夠參加崗位技術培訓。

5. 專業管理原則

定員是一項專業性、技術性強的工作，它涉及企業的生產、技術、經營以及管理等方方面面，需要指定專人負責該項工作，而且從事該項管理工作的人員需要有較長的工作年限，瞭解企業的各項業務，並具備定員管理的專業知識。

5.4.3 勞動定額管理

勞動定額是在一定生產技術組織條件下，採用科學合理的方法，對生產單位合格產品或完成一定工作任務的活勞動消耗量所預先規定的限額。勞動定額管理是定員管理的基礎，也是一項生產技術性、經濟性很強的工作。

1. 勞動定額的制定方法

勞動定額制定的常用方法有四種，即技術測定法、統計分析法、比較類推法、經驗估計法。如圖5-19所示。

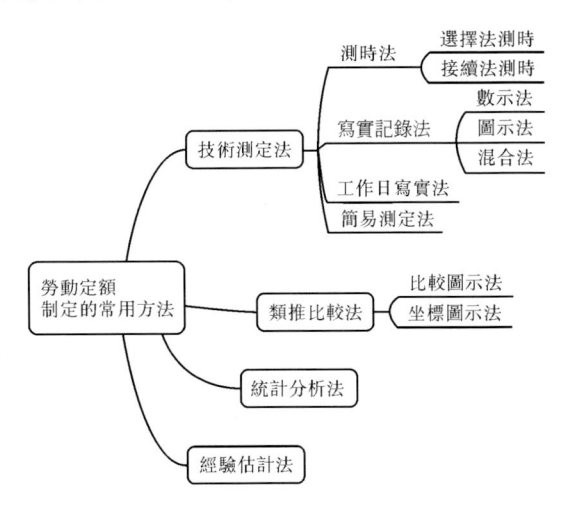

圖5-19 勞動定額編製的常用方法

➢技術測定法：根據生產技術或施工組織條件，對制定定額工作進行觀察、分析和總結，採取有效措施，剔除一切不正常的現象，提高工時的合理利用，並通過計算來確定定額。可以採用測時法、寫實記錄法、工作日寫實法和簡易測定法，測出各工序的個別消耗等資料，再對所獲得的資料進行科學的分

析，制定出勞動定額。如表 5-12 所示。

表 5-12　　　　　　　技術測定法的適用範圍與使用

方法		適用範圍
測時法	選擇法測時	適用於測定那些定時重複的循環工作的工時消耗，是精確度比較高的一種方法，既可以通過選樣，又可以用接續觀察來測時
	接續法測時	
寫實記錄法	數示法	可以同時對兩個人員進行觀察，觀察的工時消耗記錄在專門的數示法寫實記錄表中
	圖示法	可同時對三個以內的人員進行觀察。觀察資料記錄在專門的圖示法寫實記錄表中
	混合法	可以同時對三個以上人員進行觀察，記錄觀察資料的表格仍採用圖示法寫實記錄表。填寫表格時，各組成部分延續時間用圖示法填寫
工作日寫實法		用於測定整個工作班內的各種工時消耗，包括基本工作時間、準備結束工作時間、不可避免的中斷時間以及休息時間等
簡易測定法		將前幾種測定方法觀察對象的組成部分予以簡化，但仍保持了現場實地觀察記錄的基本原則

　▶類推比較法。以生產同類型產品或完成同類型工序的定額為依據，經過對比分析，推算出另一種產品或工序定額的一種方法。適用於結構上的相同性、工藝上的同類性、條件上的可比性、變化上的規律性。隨著企業生產專業化程度的提高，工序、工藝的通用化、系列化、標準化工作的開展，這種方法適用於生產技術組織條件比較正常，產品品種少，生產批量大的生產類型以及流水線作業等工序。

　▶統計分析法。根據以往生產相同或相似產品工序工時消耗統計資料，經過整理匯總和分析計算確定定額的方法。在統計記錄制度比較健全、數據比較準確的條件下，運用這種方法制定的勞動定額比較可靠。但由於這種方法是採用過去的歷史統計資料作為制定定額的依據，可能會將實際工作中存在的一些無益時間消耗包括到勞動定額中來。所以，統計定額一般不能反應出勞動定額的先進水準。

　▶經驗估計法。經驗估計法是根據生產實踐經驗，依照有關技術工藝文件或實物，並考慮所使用的設備工具、工藝裝備、原材料等條件，分析估算定額的方法。採用這種方法時，定額的制定工作量較小，速度較快，使用起來及時，但準確性較差。使用估計法制定的定額，不應作為正式定額下達，可作為臨時定額使用。在使用中要加強資料統計，使用一段時間後進行認真分析，再

確定正式定額。

2. 勞動定額的統計分析方法

勞動定額的統計分析是企業勞動定額管理的一項極其重要的基礎工作，既是勞動定額計算的重要基礎資料，也是瞭解勞動定額實施後，能否滿足企業生產組織和勞動組織的需要，新定額在執行中還存在哪些待解決的問題的重要依據。

（1）產品實耗工時的統計方法。企業在統計產品實耗工時指標時，可以通過各種工時統計的原始記錄取得有關數據，也可以採用抽樣調查的方法。

一是以各種原始記錄為依據的產品實耗工時統計。產品實耗工時的計算可以採用直接計算法與間接計算法獲得。

直接計算法的公式為：

$$單位產品實耗工時 = \frac{報告期內某產品實耗工時總數}{報告期內該產品成品總量}$$

其中，

$$報告期內該產品成品總量 = \frac{報告期生產合格產品完成定額工時總數}{該產品的工時定額}$$

間接計算法。對於大批量生產的企業，由於生產連續性強，很難區別投入批量。這時，可以用企業產品現行工時定額為基礎，按車間分產品，根據各工種的定額完成系數（勞動定額完成程度指標）計算出單位產品的實耗工時。間接計算法計算公式為：

$$單位產品實耗工時 = \sum 單位產品各工種現行工時定額 \div 本工種定額完成系數$$

間接計算法公式中，定額完成系數是按產品分工種計算的綜合平均數。

為了獲得各種工時消耗的原始記錄，按照記錄對象的不同，可分為生產人員工時記錄單（卡）和產品工時記錄單（卡）兩種原始記錄。企業可根據這兩種原始記錄，從不同的生產條件和生產類型出發，分別採用四種方法，匯總產品實耗工時，如表5-13所示。

二是以現場測定為基礎的產品實耗工時統計。以原始記錄為依據的產品實耗工時統計，往往受到填寫者人為因素的影響，存在一定的登記性誤差，使統計資料的準確性得不到切實的保證，特別是對於生產人員實際操作情況，以及各種時間的支配、利用的合理性，缺乏全面的瞭解。為了確切掌握生產人員工作時間的支配情況，使制定和修訂出的新定額達到先進合理的要求，還必須採用以下幾種方法，對生產人員加工產品的實耗工時，以及整個工作班、工作時

間消耗進行直接觀察。

表 5-13　以各種原始記錄為依據的產品實耗工時統計的四種方法

方法	特點	適用範圍
按產品零件逐道工序匯總產品的實耗工時	以車間為單位，分產品工種，按零部件逐道工序統計匯總實耗工時，是一項十分繁雜而細緻的工作	適用於生產比較穩定、產品品種少、生產週期短的企業
按產品投入批量統計匯總實耗工時	以一批投入生產的產品為對象，統計實際耗工時數和完成定額工時數。本方法比上一種方法減少了一定的工作量	主要適用於生產週期較短、投入批量不大的企業
按照重點產品、重點零部件和主要工序統計匯總實耗工時	從眾多的產品中選出重點產品，或從眾多的零部件、加工工序中選出重點零部件關鍵性工序，作為統計對象，分別按照一定的順序匯總實耗工時	適用於生產週期長、產品結構和工藝加工過程比較複雜的企業
按照生產單位和生產者個人統計匯總實耗工時	按照生產單位如車間、工段、作業組班或生產者個人，分別統計出每月或季度的實耗工時，然後根據原始記錄，如生產工時記錄單等，按產品歸類分組，最後得到產品實耗工時的資料	適用範圍較廣，如各生產單位和每個生產人員在同一時期內，加工製作的產品不同的情況

➢工作日寫實：對生產工人整個工作日中工時利用情況進行觀測，可以掌握以下幾類時間及其在工作日中的比重。①實際用於作業以及完成作業所必需的工時消耗，如作業時間、組織與技術性寬放時間、休息與生理需要寬放時間、準備與結束時間等；②不必要的工時損失和佔用，如停工時間、非生產工作時間等。

➢測時：以工序為對象進行現場觀測，可以進一步掌握生產人員在加工產品中作業等類時間的消耗情況，分析和研究各個工序工時消耗的構成，為統計匯總產品實耗工時提供基礎數據。

➢瞬間觀察法：根據統計抽樣的原理，通過對現場操作者或機器設備進行隨機的瞬間觀測，調查各項作業活動事項的發生次數及發生率，可以對產品實耗工時進行統計推斷，並能保證其具有一定的信度和效度。

（2）勞動定額完成程度指標的計算方法

勞動定額完成程度指標可根據產量定額和工時定額兩種形式，分別按下列公式計算。

一是按產量定額計算，其公式為：

$$產量定額完成程度指標 = \frac{單位時間內實際完成的合格產品產量}{產量定額} \times 100\%$$

二是按工時定額計算，其公式為：

$$工時定額完成程度指標 = \frac{單位產品的工時定額}{單位產品的實耗工時} \times 100\%$$

在生產單一產品的條件下，採用以上兩種計算方法所得到的結果是一致的。勞動定額完成程度指標主要適用於考核生產班組和生產者個人的定額完成情況。

案例：某個月張三完成合格產品 450 件，實耗工時為 180，該產品加工產量定額為 2 件／工時。則張三勞動定額完成情況如下：

$$產量定額完成程度指標 = \frac{450 \div 180}{2} \times 100\% = 125\%$$

$$工時定額完成程度指標 = \frac{\frac{1}{2}}{180 \div 450} \times 100\% = 125\%$$

在生產多種產品的情況下，為了考核企業、車間、班組和個人的勞動定額完成情況，只能採用工時定額的形式，以定額工時綜合反應出總的勞動成果。其計算公式為：

$$勞動定額完成程度指標 = \frac{完成定額工時總數}{實耗工時總數} = \frac{\sum Q_1 t_n}{\sum Q_1 t_1}$$

公式中：

Q_1 表示某個產品的實際產量；

t_n 表示某個單位產品的工時定額；

t_1 表示某個單位產品的實耗工時。

同時，通過公式中的分子與分母之差，可以判斷出勞動定額完成程度的好壞所產生的實際效果，即生產人員勞動工時的節約或超支情況。

案例：某個車間 2017 年第二季度生產 A、B、C 三種產品，每種產品的勞動定額完成情況及勞動定額完成程度指標計算如表 5-14 所示。

表 5-14　　A、B、C 三種產品勞動定額完成情況及相關計算

產品名稱	單位產品工時額（工時/件）	實際產量（件）	實際完成定額工時	單位產品實耗工時（工時/件）	實耗工時	勞動定額完成程度指標（%）
	t_n	Q_1	$Q_1 t_n$	t_1	$Q_1 t_1$	$Q_1 t_n / Q_1 t_1$
A	3	1,800	5,400	2.5	4,500	120
B	4	1,500	6,000	3	4,500	1.33
C	5	1,200	6,000	4.2	5,040	119
合計	-	-	17,400	-	14,040	124

通過以上量化分析，該企業在 2017 年第二季度的勞動定額平均超額完成 24%，生產人員在三季度節約了 3,360 個工時。

3. 勞動定額水準的概念和種類

勞動定額水準是在一定的生產技術組織條件下，行業或企業規定的勞動定額在數值上所表現的高低鬆緊程度。

(1) 在生產過程中，勞動定額形式具有多樣化，定額水準按定額的綜合程度可分為以下三類。

➢工序定額水準：指各個工序之間勞動定額的高低鬆緊程度。工序是制定勞動定額的基本單位，定額水準首先體現在現行的工序定額上。

➢工種定額水準：指各工種之間勞動定額的高低鬆緊程度。它是合理安排生產作業計劃，調配勞動力，實現有節奏、均衡生產的重要保證。

➢零件或產品定額水準：指工序、工種勞動定額匯總的結果。

(2) 按照勞動定額所考察的範圍，勞動定額水準又可分為以下三類。

➢車間定額水準：它是車間內部各個班組之間勞動定額綜合達到的高低程度。

➢企業定額水準：它是企業內部各個車間之間勞動定額綜合達到的高低程度。

➢行業定額水準：同行業所屬企業之間勞動定額綜合達到的高低程度。

(3) 按照定額的種類，勞動定額水準又可分為現行定額水準、計劃定額水準和標準定額水準。

4. 衡量勞動定額水準的方法

(1) 用實耗工時來衡量

實耗工時和定額工時相比，能反應生產員工實際完成定額的情況。如果對

比的結果超過正常的界限，就說明現行定額和實際生產水準有較大的距離，由此可以判斷出定額水準的高低。這種方法和勞動定額的考核結合在一起，資料取得比較方便，也可以對班組、工種、車間的定額水準進行綜合分析。

這種衡量方法的缺點是：實耗工時統計的準確性、可靠性較難保證，甚至可能掩蓋部分損失工時。實耗工時在一定程度上會受到現行定額水準的牽制，因此，其準確性較差。

（2）用實測工時來衡量

實測工時就是選擇達到平均技術熟練程度的員工，在正常的生產技術組織條件下，經過現場測定及必要的評定而獲得的工時。由於排除了日常生產中很難避免的不正常因素和條件的影響，用實測工時衡量定額水準是比較直接和可靠的。這種衡量方法，也容易瞭解生產的真實潛力。

這種方法的缺點是工作量大，只能有重點地選擇若干典型的、關鍵的工序或工種來進行。

（3）用標準工時來衡量

標準工時是指依據時間定額標準制定的工時，在衡量企業現行定額水準時，應選擇經過國家有關部門正式頒布或批准的時間定額標準作依據。該方法由於衡量標準客觀，因此反應現行定額的狀況比較真實，不同企業或車間採用同一時間定額標準來衡量，還能反應出企業之間以及企業內部定額水準的高低及先進程度。它的缺點是工作量大，也只能有重點地選擇若干典型的、關鍵的工序或工種來進行。

（4）通過現行定額之間的比較來衡量

與現行定額之間的比較，是指與條件（如生產技術組織條件、生產類型、生產的產品等）相同的企業的定額水準，或本企業歷史上先進的定額水準相比較。這種方法可以進行工序定額的比較，但更多的是進行工種、零部件及成套產品定額水準的比較。它的優點是使用起來比較簡便，有利於同行業的企業之間開展競賽和評比。它的缺點是適用面比較窄。

（5）用標準差來衡量

定額水準不僅要具有先進和合理性，還要具有平衡和統一性。因此，對定額水準還需要做橫向的綜合考察。可採用標準差來綜合評價某部門定額水準平衡的狀況。當定額水準不平衡時，採用某一評比方法（如實耗工時、實測工時、標準工時均可）進行衡量，就會發現它的波動性，而波動性的大小可通過標準差這一指標來體現。

現假定採取實耗工時的衡量方法，並對定額水準做橫向考察，先計算出某

部門各種定額完成率的平均值 $\bar{X}$，再計算該部門各種定額完成率的標準差（σ），計算公式為：

$$\sigma = \sqrt{\frac{\sum(x-\bar{x})^2}{n}}$$

公式中 n 為該部門統計人數。

最後，計算出均衡率系數（k），$k = \frac{\sigma}{\bar{x}}$，k 值越大，說明現行定額水準波動性越大。

上述各種衡量方法應根據企業具體情況和條件靈活運用。由於反應定額水準的現象較為複雜，因而也可以同時運用幾種方法，從不同角度來評價和說明現行定額水準的狀況。

5. 勞動定額管理的發展趨勢

隨著科學技術的進步，以及現代企業制度的建立，企業管理水準將會不斷提高，勞動定額工作在科學化的企業管理的帶動下，將會出現變化。具體將呈現以下幾個方面的發展趨勢。

（1）逐步實現科學化、標準化和現代化。

所謂科學化，是使勞動定額的理論和方法，建立在現代科學管理理論——系統論、信息論、控制論、耗散結構論、協同論、突變論等理論的基礎上，吸收相關學科如心理學、管理學、技術學、經濟學等科學理論的最新研究成果，使其達到新高度和新水準。

所謂標準化，是以制定、實施勞動定額為主要內容的有組織的活動過程，將企業勞動定額工作納入國家標準化的軌道，逐步推進企業勞動定額管理標準化、定額方法標準化、定額工作標準化。

所謂現代化，就是要建立勞動定額管理信息系統，建立各類產業部門勞動定額數學模型和數據庫，形成網絡系統；借助大數據技術，使勞動定額管理的數據更趨於接近實際需要，提高勞動定額對企業經營管理的指導價值。

（2）由傳統的單一管理逐步轉向以提高效率為宗旨的全員、全面、全過程的系統化管理。

所謂全員，是指企業的全部員工，無論是公司經理、技術人員、管理人員還是生產人員，一律納入勞動定額一體化管理的軌道。

所謂全面，是指以人為中心，又注重人與物、人與環境和工作地的相互結合，實行全方位的動態管理。

所謂全過程，是指在企業整個生產經營活動中都要實行定額管理，即從投

入到產出的各個環節、各個階段都要以提高工效為目的，強化勞動定額管理，使勞動定額管理成為企業總體管理系統的重要子系統。

（3）由過去的勞動定額與定員分散管理逐步轉向勞動定額定員一體化管理。

隨著中國勞動定額標準化工作的深入開展，企業對定員管理的重視程度也將會逐步提高。實踐證明，傳統的定員核算方法存在著許多不足，亟待加以完善。例如工業企業近幾年採用的「零基定員法」，就是採用更加精確量化指標，核定定員人數的一種新探索。在市場經濟體制下，企業競爭機制的不斷完善，勢必出現人力使用的嚴格控制。企業為了提高定員水準，將會引進最先進的定額方法，使定員管理定額化。

5.4.4 定員管理的量化方法

1. 按勞動效率定員

按勞動效率定員分為按勞動定額定員和全員勞動生產率定員兩種。

按勞動定額定員就是根據生產任務和勞動定額以及出勤等因素來計算崗位人數，計算公式為：

$$定員人數 = \frac{計劃期生產任務總量}{人員勞動效率 \times 出勤率}$$

在公式中的「人員勞動效率」是用勞動定額乘以定額完成率來計算，即：

人員勞動效率＝勞動定額×定額完成率

這種方法主要用於生產崗位的定員，適用於以手工操作為主的工種，人員的需求量不會受到設備等其他條件的影響。

案例：某車間每個輪班生產某產品的產量為1,200件，每個員工的班產量定額為6件，定額完成率平均為120%，出勤率為88%。則：

$$定員人數 = \frac{1,200}{6 \times 1.2 \times 0.88} = 189.40，因此，該車間定員人數應為190人。$$

2. 按設備定員

依據生產人員與設備的比例關係確定定員人數，即根據設備需要開動的臺數和開動的班次、員工看管定額以及出勤率來計算定員人數，計算方法為：

$$定員人數 = \frac{需要開動設備臺數 \times 每臺設備開動班次}{生產人員看管定額 \times 出勤率}$$

這種定員方法主要適用於以機械操作為主，使用同類型設備，採用多設備看管的工種，這些工種的定員人數，主要取決於機器設備的數量和員工在同一時間內能夠看管設備的數量。諸如電力生產企業、公共交通企業確定生產人員

數量通常採用此法。

案例：某個車間為完成生產任務需要開動自動車床 30 臺，每臺開動班次為 2 班，看管定額為每人看管 3 臺，出勤率為 92%，則該工種設備看管人員的定員人數為：

$$定員人數 = \frac{30 \times 2}{3 \times 0.92} = 21.73$$

故該工種設備看管的定員人數為 22 人。

需要注意的是，並不是企業或車間所有的設備均用於計算，對於設備開動臺數和班次，要根據設備生產能力和生產任務來計算。一是有可能生產任務不足，設備不必全部開動，有的可作為備用設備，不必配備看管人員；二是不同的設備需要開動的臺數，有不同的計算方法，一般要根據勞動定額和設備利用率來核算單臺設備的生產能力，再根據生產任務來計算開動臺數和班次。

3. 按崗位定員

崗位定員是根據崗位的多少，以及崗位的工作量大小和員工勞動效率來計算定員人數。這種方法適用於用連續性生產裝置（或設備）組織生產的企業，如冶金、化工、煉油、造紙、玻璃制瓶、菸草以及機械製造、電子儀表等各類企業中使用大中型設備的人員。除此之外，還適用於那些既不操縱設備又不實行勞動定額的人員，按崗位定員具體又表現為以下兩種方法。

（1）對設備崗位的定員。這種方法適用於在設備和裝置開動的時間內，必須由單人看管或操作，或者多崗位多人共同看管或操作的情況，定員時應考慮以下幾個方面的內容。

➢看管或操作的崗位量。

➢崗位的負荷量。一般的崗位如果負荷量不足 4 小時的要考慮兼崗、兼職、兼做。高溫、高壓、高空等作業環境差、負荷量大、強度高的崗位，員工連續工作時間不得超過 2 小時，這時總負荷量應視具體情況予以放寬時間。

➢每一崗位的危險和安全的程度，員工所須走動的距離，是否可以交叉作業，設備儀器儀表複雜程度，需要聽力、視力、觸覺、感覺以及精神集中程度。

➢生產班次、倒班及替班的方法。對於多班制的企業，需要根據開動的班次計算多班制生產的定員人數。

對於採用輪班連續生產的企業，還要根據輪班形式，計算輪休人員，例如，實行三班倒的班組，每 5 名員工，需要多配備 1 名員工。

對於生產流水線每班內需要安排替補的崗位，應考慮替補次數和間隙休息

時間，每1小時輪替一次，每個崗就定2人，採用2人輪換；1人工作，1人做一些較輕的準備性或輔助性工作，對於多人一機共同進行操作的崗位，其定員人數的計算公式為：

$$班定員人數 = \frac{共同操作的各崗位生產工作時間的總和}{工作班時間 - 個人需要與休息放寬時間}$$

公式中的「生產工作時間」，是指作業時間、布置工作場地時間和準備與結束時間之和，即：

生產工作時間＝作業時間＋布置工作場地時間＋準備與結束時間

案例：某車間有一套設備，現有4個崗位共同操作，通過工作日寫實的記錄發現，甲崗位生產工作時間為220分鐘，乙崗位生產工作時間為280分鐘，丙崗位生產工作時間為240分鐘，丁崗位生產工作時間為300分鐘，根據該工種的勞動條件和勞動強度等因素，規定個人需要與休息放寬時間為50分鐘，則：

$$班定員人數 = \frac{220 + 280 + 240 + 300}{480 - 50} = 2.42$$

因此，確定該車間該套設備的定員人數為3人。

需要注意的是，上述公式計算崗位定員是一種初步核算，為合併崗位、實行兼職作業提供依據。在實際工作中，還要根據計算結果與設備的實際情況進行勞動分工，以便最後確定崗位數目。

（2）工作崗位定員。這種方法適用於需要設置崗位，沒有具體對應的設備，又不能實行定額的人員，如檢修工、檢驗工、值班電工、保安等。這種定員方法和單人操縱的設備崗位定員的方法基本相似，主要根據工作任務、工作區域、工作量，並考慮實行兼職作業的可能性等因素來確定定員人數。

4. 比例定員法

比例定員法即按照與企業員工總數或某一類人員總數的比例，來計算某類人員的定員人數。

在企業中，由於勞動分工與協作的要求，某一類人員與另一類人員之間總是存在著一定的數量依存關係，如廚師與就餐人數，老師與學生保育員與入托兒童人數，醫務人員與就診人數等。企業對這些人員進行定員時，應根據國家或主管部門確定的比例，採用下面的計算公式：

某類崗位定員人數＝員工總數或某一類人員總數×定員標準

對於企業中非直接生產崗位，如輔助生產崗位，黨建工作崗位，工會工作崗位等，以及某些從事特殊工作的崗位，也可參照此種方法確定定員人數。

5. 按職責分工定員

這種方法主要適用於企業管理人員和工程技術人員的定員。一般是先定組織機構、定各職能部門，明確了各項業務及職責範圍以後，根據各項業務工作量的大小、複雜程度，結合管理人員和工程技術人員的工作能力、技術水準確定定員。

6. 工作日寫實法

工作日寫實法就是把工作人員在整個工作日從上班到下班的所有工時消耗按順序記錄下來，進行分析的一種方法。

（1）寫實的對象與範圍

寫實的對象可以是人員工作過程也可以是設備運轉情況；寫實的範圍可以是個人的，也可以是集體的；寫實的內容可以是典型的，也可以是全面的。這些都要根據工作日寫實的目的和要求來決定。

（2）寫實的步驟

工作日寫實分為寫實前準備、寫實觀察記錄和整理分析三個階段。

➢寫實前準備的內容包括：

寫實的對象選擇。為了分析和改進工時利用的情況，找出工時損失的原因，可以分別選擇先進、中間和後進員工為對象，便於分析對比。

事先調查寫實對象和工作地情況，如設備、工具、勞動組織、工作地布置、員工技術等級、工齡、工種等。

寫實人員要把寫實的意圖和目的，向寫實對象講清楚，以便取得相關人員的積極配合。

明確劃分寫實事項，並規定各類工時的代號，以便記錄。

➢寫實觀察記錄。寫實應從工作開始，一直到下班結束，並將整個工作日的工時消耗毫無遺漏地記錄下來，以保證寫實資料的完整性。在觀察記錄過程中，寫實人員要集中精力，按順序判斷每項活動的性質，並簡明扼要地記錄每一事項及起止時間。如果發生與機動時間交叉的活動項目，應記清其內容。

➢寫實資料的整理與分析

計算各項活動事項消耗的時間。

對所有觀察事項進行分類，通過匯總計算出每一類工時的合計數。

編製工作日寫實匯總表，在分析、研究各類工時消耗的基礎上，分別計算出每類工時消耗占全部工作時間和作業時間的比重。

擬定各項改進工時利用的技術組織措施，計算通過實施技術組織措施後，可能提高勞動生產率的程度。

根據寫實結果，寫出分析報告。

（3）工作日寫實的分類

工作日寫實根據觀察對象和目的的不同可分為三種，即個人工作日寫實、工組工作日寫實、自我工作日寫實。

➤個人工作日寫實。以某一崗位工作為對象，由觀察人員實施的工作日寫實，是工作日寫實的一種基本形式。個人工作日寫實的目的側重於調查工時利用、確定定額時間，總結先進工作方法和經驗等。表5-15 為個人工作日寫實表示例。

表5-15　　　　　　　　　　個人工作日寫實示例

地點	崗位工作人員	時間			
一車間	姓名：XX 工種：XXX 工齡：一年半	時期：2016 年11 月6 日 工作起止時間：上午8：30~16：00			
工時類別		工時代號	工時消耗		另有：交叉時間（min）
			時間（min）	占工作日比重（%）	與作業時間比例（%）	
定額時間（td）	作業時間	tz	213	71.00	100.00	4
	作業放寬時間	tzk	59	19.67	27.70	4
	休息放寬時間	txk	10	3.33	4.70	9
	準備結束時間	tzj	3	1.00	1.41	
	總計		285	95.00	33.81	13
非定額時間（tfd）	組織造成的非生產時間	tzf	0	0	0	
	個人造成的非生產時間	tgf	0	0	0	
	組織造成的停工時間	tzt	11	3.67	5.16	3
	個人造成的停工時間	tgt	4	1.33	1.88	
	合計		15	5.00	7.00	3
觀測者：××× 2016 年11 月6 日			審核者：××× 2016 年11 月7 日			

➤工組工作日寫實以工組為對象，由觀察人員實施的工作日寫實。可細分為同工種工組工作日寫實與異工種工組工作日寫實兩類。

同工種工組工作日寫實。被觀察的工組為相同工種的作業者（如都是車工、都是維修工）。此種寫實可以獲得反應同類作業者在工時利用以及在生產效率等方面的優劣和差距資料，發現先進工作方法以及引起低效或時間浪費的原因。

異工種工組工作日寫實。被觀察的工組由不同工種作業者構成（如兼有

基本工和輔助工之工組，兼有多種技術工種之工組）。此種寫實可以獲得反應組內作業者負荷、配合等情況的資料，為改善勞動組織，確定合理定員等提供依據。

➤自我工作日寫實。由工作者自己實施的工作日寫實。此種寫實，有特定的寫實記錄表格，由工作者對各項工作的時間消耗等事項作原始記錄，專業人員做分析改進。主要用於工作比較複雜，不便於觀察的管理類崗位及技術類崗位。

（4）制定或核實定員

制定或核實定員一般是以工作日寫實為基礎依據，計算每一個崗位的工時有效利用率。一般標準是：

➤工時利用率在80%以上，崗位基本滿負荷，應該維持現有工作負荷；

➤50%~80%，應該增加工作職責和工作內容；

➤30%~50%應該考慮兼任另一崗位工作；

➤30%以下，應該考慮撤銷該崗位，其工作由其他崗位兼任。

對特殊崗位，做專門處理。這種方法雖然科學，但是，需要的工作量極大，需要耗費大量的人力物力。

上述六種定員核定的基本方法，在確定定員標準時，應視具體情況靈活運用。根據經驗，不同類崗位的定員方法如表5-16所示。

表5-16　　　　　　各類崗位定員常用方法

崗位類別	常用定員方法
管理類	比例定員法、按職責分工定員、工作日寫實法
市場經營類	比例定員法、按勞動效率定員
技術類	比例定員法、按職責分工定員、崗位定員法
專業類	按職責分工定員、崗位定員法、工作日寫實法
生產操作類	按勞動效率定員、按設備定員、工作日寫實法
服務類	比例定員法、工作日寫實法
後勤輔助類	按勞動效率定員、比例定員法

5.4.5　企業定員的新方法

除了以上定員方法之外，**隨著大數據技術的支持，還可以使用一些新的量化方法研究企業的定員人數**，這些方法包括運用數理統計方法確定管理類崗位

定員人數，運用概率推斷確定定員人數，運用排隊論確定定員人數以及運用零基法確定定員人數。這些方法的前提都要求有足夠多且準確的數據累積，而且這些數據不僅僅是企業內部的數據，還包括同行業其他企業或者客戶的數據。不過，隨著大數據的發展，這些方法的應用可以使定員工作更輕鬆、精準。

下面以「運用數理統計方法確定崗位定員人數」為例來說明這些方法的使用。數理統計方法對於管理崗位人員數量的確定，很有價值，能夠解決管理人員數量確定的難題，一般步驟如下。

1. 崗位要素分析

將管理崗位按專業職能分類，在分類的基礎上，分析與該分類相關的因素，盡可能找到可以量化的數據，例如人力資源管理相關崗位與企業的員工總人數、培訓頻率、人員招聘數量、產品或服務更新頻率等因素有關，財務管理崗位與員工總人數、產品數量、生產設備數量、客戶數量等因素有關。實踐證明，通過分析，均能將這些因素轉化為量化的數據。

2. 迴歸分析

用迴歸分析法求出管理人員與其工作量各影響因素的關係，即定員 Y 與影響因素 x_n 之間的關係，這些關係一般不是簡單的線性關係，可能是冪函數、指數函數或對數函數。在實際操作中，冪函數的使用情況比較多。

常見與冪函數相關的表達式如下：

$$Y = k \cdot x_1^{l1} \cdot x_2^{l2} \cdot x_3^{l3} \cdots x_p^{lp}$$

公式中，Y 為某類管理人員數，$x_1 \sim x_p$ 為該類管理人員工作量各影響因素值，$l_1 \sim l_p$ 為各因素值的程度指標，k 為係數。

企業要獲得較準確的定員數，需要收集瞭解幾十家同類型企業的有關資料和數據，然後進行迴歸分析。

案例：某公司生產 A、B、C 三種產品，質量管理人員需要對 A、B、C 三種產品的半成品及成品進行抽檢，撰寫檢驗報告，並根據質量情況提出改進要求。同時，需要對購買的原、輔材料進行抽檢，對供貨商的產品質量情況進行評估，因此，產品生產的數量及原輔材料購買數量直接影響管理人員的工作量。該公司根據 2016—2014 年年底的統計資料，利用計算機進行迴歸分析，得出了質量管理崗位定員的基本計算公式，即：

$$Y = 0.291 \cdot x_1^{0.0971} \cdot x_2^{0.0762} \cdot x_3^{0.089} \cdot x_4^{0.046} \cdot x_5^{0.032}$$

公式中：x_1 為 A 類產品生產的數量平均值，x_2 為 B 類產品生產的數量平均值，x_3 為 C 類產品生產數量平均值，x_4 為原材料購買數量的平均值，x_5 為輔助材料購買數量的平均值。

該公司未來5年預計的A、B、C三種產品年產量平均值分別為15,000件、9,600件及13,080件，原材料購買數量年平均值為17,600件、輔料購買數量平均值為12,800件。則該公司未來5年對質量檢驗人員的定員人數為：

$P = 0.291 \cdot 15,000^{0.0971} \cdot 9,600^{0.0762} \cdot 13,080^{0.089} \cdot 17,600^{0.046} \cdot 12,800^{0.032} = 7.344$

因此，未來5年，該企業的質量管理崗定員人數為8人。

從案例的計算過程中可以發現，這裡的定員把不同種產品以及所有原材料、輔料的檢驗放在一起計算的，這就要求質量管理人員能夠全業務開展工作。當然，對於大型企業來說，也可以根據實際需要，將質量管理人員分類後，再做迴歸分析。

5.5 崗位評價

5.5.1 崗位評價的重要概念

崗位評價是指依據崗位分析的結果，按一定標準，對工作的性質、強度、責任、複雜性及所需資格條件等關鍵因素的差異程度，進行綜合評價的活動，是對組織中各類崗位工作的抽象化、定量化與價值化的過程。

1. 崗位評價的作用

對崗位進行科學定量測評，以量值表現崗位特徵，使崗位有統一的標準，便於比較崗位之間價值的高低；為企業崗位歸級序列等奠定基礎；為建立內、外部公平合理的薪酬制度提供科學的依據。如圖5-20所示。

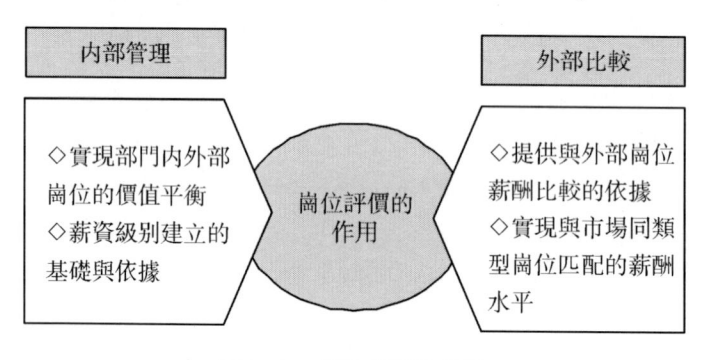

圖5-20 崗位評價的作用

2. 開展崗位評價時的注意事項

➢崗位評價「對事不對人」。崗位評價的對象是組織中客觀存在的具體崗位，其評價的核心是崗位的職責、任職資格、崗位條件等，而非以人為中心對崗位的現有任職者進行評價。這也是很多企業在開展崗位評價過程中常犯的錯誤。

➢崗位評價是對各個崗位在組織中的貢獻價值的評價。崗位評價是對各個崗位特定的職責任務對組織貢獻價值進行比較、評價的過程，而非對任職者的崗位績效進行評價，也就是說，崗位評價依據的是在一般情況下，該崗位職責的重要性、難易程度，而不是現在的任職者在這一崗位上所做出的貢獻大小及完成任務的好壞。

➢崗位評價衡量的是各崗位之間的相對價值，而不是絕對價值。崗位評價是對同一組織內不同崗位間的相對價值進行評價，根據預先選定的報酬要素及各等級標準，對各崗位逐一進行測評，得出各個崗位的相對價值，使崗位之間有一個比較的基礎，並形成相對的價值體系。

➢崗位評價的標準應符合企業的實際。崗位評價的方法不止一種，在選擇時要根據企業的規模、崗位工作的特點做出合適的選擇。

➢應該讓員工瞭解並參與到崗位評價中。由於崗位評價的技術性很強，對評價人員的要求也很高，需要對企業的崗位有深刻的認識與瞭解，並且能夠以公平公正的態度理性評價所有崗位，因此讓所有員工參與崗位評價是不可能的，但要讓員工瞭解崗位評價的標準，以及崗位評價結果是如何運用的。

5.5.2 崗位評價與薪酬設計的關係

崗位評價是薪酬設計的基礎，通常的薪酬體系設計分為四個階段七個步驟，如圖 5-21 所示。可見，崗位評價是薪酬體系設計的基礎，通過崗位評價，根據各崗位的內在要求，將其分類、定級。

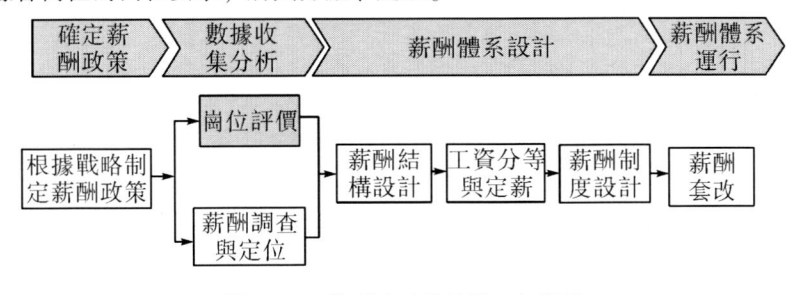

圖 5-21 薪酬體系設計的四個階段

1. 崗位評價與薪酬水準的關係

崗位評價點數與薪酬水準具有對應關係，這種關係可以是線性的，如圖5-22中的直線A或直線B，這種關係也可以是非線性的，如圖5-22中的曲線M。其中，曲線M表示崗位的相對價值與給付該崗位的薪酬並不是按照相同的比例增加，崗級較低的員工薪酬增加比例相對較小，而崗級較高的員工薪酬增加比例相對較大。

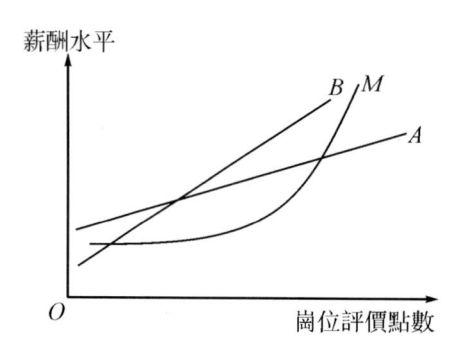

圖5-22 崗位評價與薪酬水準的關係

2. 崗位評價結果與薪酬政策線

在薪酬設計過程中，能夠得到兩組數據，一是崗位評價點數，二是對應崗位的市場薪酬水準，這兩組數據之間具有內在關聯。將兩組數據進行擬合，可以得到一條直線或曲線，稱為薪酬政策線。薪酬政策線是制定薪酬標準的基礎。繪製薪酬政策線的步驟如下。

（1）開展崗位評價，制定崗位等級表。

（2）進行市場薪酬調查，對調查數據進行統計。由於崗位數量眾多，不可能對每一個崗位的薪酬水準都進行調查，一般是從每一個崗位等級中選擇若干典型崗位。典型崗位的選擇條件：一是崗位在勞動力市場上具有普遍性，二是崗位的市場薪酬水準相對穩定，三是能夠獲得有關數據。

（3）將典型崗位的評價點數和市場薪酬調查數據列表，舉例如表5-17所示。

表5-17　　　　崗位評價點數與市場薪酬水準列表示例

崗級	崗位名稱	崗位評價點數	市場薪酬水準（元）
1	前臺接待 輔助工	155	3,000
2	倉儲保管員	170	3,400

表5-17(續)

崗級	崗位名稱	崗位評價點數	市場薪酬水準（元）
3	設備操作工	200	3,800
4	維修工 行政助理 四級行銷員 出納	255	4,300
5	生產計劃員 統計員	300	4,500
6	會計 績效專員	340	4,800
7	設計技師 行政主管	375	5,200
8	生產主管 品控工程師	400	5,800
9	行銷部副經理	425	6,500
10	財務部經理	440	7,600

（4）繪製散點圖並畫出趨勢線。根據表5-17繪製散點圖，如圖5-23所示。從圖中可以看出，崗位評價點數與市場薪酬水準之間呈非線性關係。

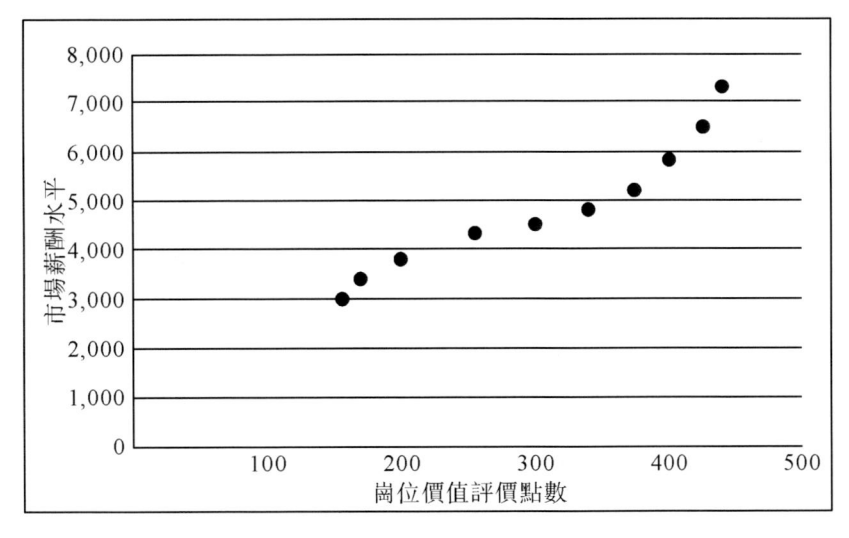

圖5-23 崗位評價點數與市場薪酬水準關係散點圖

（5）形成薪酬政策線。在散點圖的基礎上，可以在EXCEL中直接繪製趨

勢線，並擬合出該趨勢線的公式，如圖 5-24 所示。該例中，薪酬水準 Y 與崗位評價點數 X 的公式為：$Y = 0.034,4X^2 - 8.111,2X + 3,765.8$，由此可以繪製出相應的薪酬政策線。

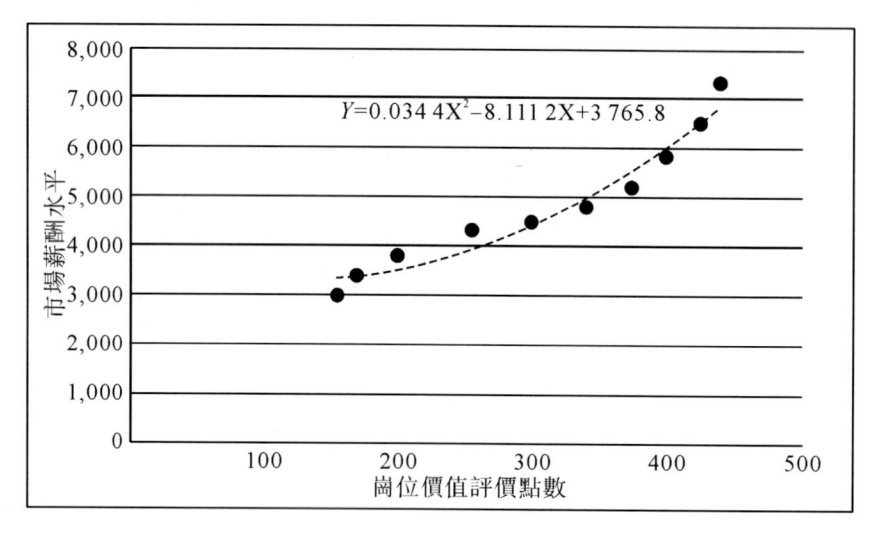

圖 5-24　薪酬政策線

5.5.3　崗位評價方法

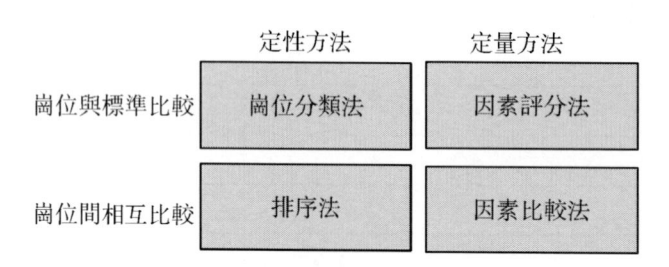

1. 崗位評價的基本方法

崗位評價的基本方法有四種，即崗位分類法、排序法、因素評分法以及因素比較法。四種方法的出發點、對比依據、複雜程度等有較大的差異，如圖 5-25 所示。

圖 5-25　崗位評價的基本方法

這四種方法各有優缺點及其適用範圍，詳見表 5-18。企業可以根據自身的實際情況，選擇不同的方法開展崗位評價。

表 5-18　　　　　　　　　　四種崗位評價方法的比較

	排序法	崗位分類法	因素評分法	因素比較法
概述	根據組織通常的價值標準對崗位進行排序	根據工作內容進行分類和定級，再將崗位放入不同的類別和級別	選取若干關鍵性報酬因素，對每個因素的不同水準進行界定，賦予一定的分值，按此進行評價，得到每個崗位的總點數	先確定標杆崗位及評價因素，再形成關鍵崗位分級表，其餘崗位與此比較，最終得到總分值
優點	◇快速、簡單 ◇費用低	◇簡單、快速、容易實施 ◇在組織中崗位發生變化的情況下，可以迅速地將組織中新出現的崗位歸類到合適的類別中去	◇相對精確 ◇有說服力 ◇容易解釋	◇較精確、系統 ◇有助於評價人員做出正確的判斷 ◇比較容易向員工解釋
缺點	◇主觀性強，缺乏評價標準 ◇很難說明不同等級職位之間的相對價值差距	◇崗位等級描述自由發揮空間大，主觀性強 ◇對崗位要求的說明可能比較複雜，缺乏靈活性 ◇很難說明不同等級職位之間的價值差距	◇操作過程較複雜 ◇存在一定的主觀性 ◇需進行充分的溝通，以對要素理解達成共識，多人參與時會出現意見不一致的現象	◇複雜費時 ◇難度大 ◇成本高
適用範圍	◇不適用於職位數量較多組織 ◇適用於較小規模、職位數量較少的組織	◇工作崗位比較多 ◇工作之間要求的差別大； ◇適合公共部門及大公司的管理人員和專業技術人員	◇適用範圍較為寬泛 ◇側重比較企業各要素對工作的影響程度	◇適用範圍較為寬泛 ◇側重比較企業中多種要素對工作崗位帶來的影響

　　對於崗位數量比較多，有一定規模的企業，如果不借助外部力量，自己選擇評價方法，自己設計評價要素具有較大的難度。因此，可以考慮採用國際上比較成熟的方法，如海氏評價法與 IPE 評價法等，這些方法有成熟的評價量表、對各要素的解釋、計分方法等，而且是經過反覆使用驗證的，具有比較高的信度與說服力。

2. 海氏評價法

（1）海氏評價法概述

海氏評價法又叫海氏三要素評價法以及「指導圖——形狀構成法」，是由美國薪酬設計專家艾德華‧海於1951年開發的，20世紀90年代才開始廣泛使用。據統計，世界500強企業中有三分之一以上企業進行崗位評價都採用海氏三要素評價法。海氏評價法實際上是一種因素評分法，它將付酬因素分為知識技能、解決問題能力及職務所承擔的責任，形成相應的三個量表分別進行評分，最後根據各崗位的特點賦予不同的權重計算出加權總分。圖5-26為海氏三要素及其分解。

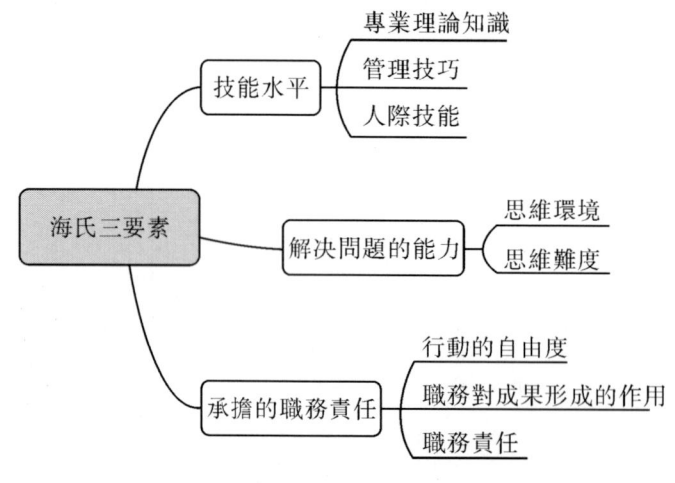

圖5-26　海氏三要素及其分解

海氏三要素分別代表了投入、過程與產出，其關係如圖5-27所示。

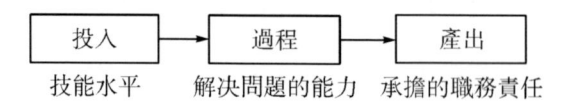

圖5-27　海氏三要素的關係

海氏三要素的描述與釋義如表5-19所示。

表 5-19　　　　　　　　　　　海氏三要素的描述與釋義

付酬因素	付酬因素釋義	子因素	子因素釋義
技能水準	要使工作績效達到可接受的水準所必需的專門知識及相應實際運作技能的總和	專業理論知識	對該職務要求從事的專業領域的理論、實際方法與專門知識的理解。該子因素分八個等級，從基本的（第一級）到權威專門技術的（第八級）
		管理技巧	為達到要求績效水準而具備的計劃、組織、執行、控制、評價的能力與技巧。該子因素分五個等級，從起碼的（第一級）到全面的（第五級）
		人際技能	該職務所需要的溝通、協調、激勵、培訓、關係處理等方面主動而活躍的活動技巧。該子因素分「基本的」「重要的」「關鍵的」三個等級
解決問題的能力	在工作中發現問題，分析診斷問題，提出、權衡與評價對策，做出決策等的能力	思維環境	指定環境對職務行使者的思維的限制程度。該子因素分八個等級，從幾乎一切按既定規則辦的第一級（高度常規）到只做了含混規定的第八級（抽象規定的）
		思維難度	解決問題時對當事者創造性思維的要求。該子因素分五個等級，從幾乎無須動腦只需按老規矩辦的第一級（重複性），到完全無先例可借鑑的第五級（無先例的）
承擔的職務責任	職務行使者的行動對工作的最終結果可能造成的影響及承擔責任的大小	行動的自由度	職務能在多大程度上對其工作進行個人性指導與控制。該子因素包含八個等級，從自由度最小的第一級（有規定）到自由度最大的第八級（戰略性指引的）
		職務對成果形成的作用	該子因素包括四個等級：第一級是後勤作用，即只在提供信息或偶然性服務上出力；第二級是諮詢性作用，即出主意和提供建議；第三級是分攤性作用，即與本企業內外其他部門和個人合作，共同行動，責任分攤；第四級是主要作用，即由本人承擔主要責任
		職務責任	可能造成的經濟性後果。該子因素包括四個等級，即微小的、少量的、中級的和大量的，針對每一級均有相應的金額下限，具體數量要視企業的具體情況而定

（2）評價量表

①技能水準評價量表

技能水準是崗位任職者達到合格的工作績效所必須具備的專業知識和專業技能，包括以下 3 個衡量要素。

➢專業理論知識：共分為基本的、初等業務的、中等業務的、高等業務的、基本專門技術的、熟練專門技術的、精通專門技術的以及權威專門技術的

8個等級。這8個等級代表專業理論知識的廣度和深度，第1~4個等級所要求的，由受教育程度和工作經驗所決定；第5~8個等級所要求的，需要通過比較長期的工作實踐和在工作中的培訓獲得。在使用時可以結合崗位任職要求的規定給予評價。

➢管理技巧：為達到要求績效水準而具備的計劃、執行、控制及評價的技巧，分為起碼的、有關的、多樣的、廣博的以及全面的5個等級。

➢人際技能：履行崗位職責所需要的溝通、協調、激勵等技巧，分為基本的、重要的、關鍵的3個等級。

具體的評價量表如表5-20所示。

表5-20　　　　　　　　　技能水準的評價量表

專業理論知識	人際技能	管理技巧											
		起碼的			相關的			多樣的			廣博的			全面的		
		基本的	重要的	關鍵的	基本的	重要的	關鍵的	基本的	重要的	關鍵的	基本的	重要的	關鍵的	基本的	重要的	關鍵的
	基本的	50 57 66	57 66 76	66 76 87	66 76 87	76 87 100	87 100 115	87 100 115	100 115 132	115 132 152	115 132 152	132 152 175	152 175 200	152 175 200	175 200 230	200 230 264
	初等業務的	66 76 87	76 87 100	87 100 115	87 100 115	100 115 132	115 132 152	115 132 152	132 152 175	152 175 200	152 175 200	175 200 230	200 230 264	200 230 264	230 264 304	264 304 350
	中等業務的	87 100 115	100 115 132	115 132 152	115 132 152	132 152 175	152 175 200	152 175 200	175 200 230	200 230 264	200 230 264	230 264 304	264 304 350	264 304 350	304 350 400	350 400 460
	高等業務的	115 132 152	132 152 175	152 175 200	152 175 200	175 200 230	200 230 264	200 230 264	230 264 304	264 304 350	264 304 350	304 350 400	350 400 460	350 400 460	400 460 528	460 528 608
	基本專門技術	152 175 200	175 200 230	200 230 264	200 230 264	230 264 304	264 304 350	264 304 350	304 350 400	350 400 460	350 400 460	400 460 528	460 528 608	460 528 608	528 608 700	608 700 800
	熟練專門技術	200 230 264	230 264 304	264 304 350	264 304 350	304 350 400	350 400 460	350 400 460	400 460 528	460 528 608	460 528 608	528 608 700	608 700 800	608 700 800	700 800 920	800 920 1056
	精通專門技術	264 304 350	304 350 400	350 400 460	350 400 460	400 460 528	460 528 608	460 528 608	528 608 700	608 700 800	608 700 800	700 800 920	800 920 1,056	800 920 1,056	920 1,056 1,216	1,056 1,216 1,400
	權威專門技術	350 400 460	400 460 528	460 528 608	460 528 608	528 608 700	608 700 800	608 700 800	700 800 920	800 920 1,056	800 920 1,056	920 1,056 1,216	1,056 1,216 1,400	1,056 1,216 1,400	1,216 1,400 1,600	1,400 1,600 1,840

例如：對市場部經理崗位的技能水準進行評價，首先考慮專業理論知識，作為部門經理，一定是有了一定的工作經歷，並且對本專業的知識有一定的瞭

解，但是，並不需要其達到最權威的，因此可以評定為第 6 級「熟練專門技術」；其次，考慮管理技巧，作為中層管理者，其管理技巧至少應是多樣的或廣博的，而市場部的要求更高，所以評定為第 4 級（廣博的）；最後考慮人際技能，作為市場部來說，每天與客戶打交道，承擔了對內與對外溝通的重要職能，並且作為部門負責人，協調、激勵等技能也要求較高，因此，評定為第 3 級（關鍵的）。最終市場部經理在技能水準的得分為 608 分。

②解決問題的能力

解決問題的能力包括考察和發現問題，分清問題的主次輕重，診斷問題產生的原因，有針對性地提出若干備選對策，在權衡與評價這些對策各自利弊的基礎上做出決策，然後付諸實施等環節。一般說來，在企業中層級越低的崗位，解決的問題越簡單，越有規章制度可遵循，發揮創造性思維的要求也越低；層級越高的崗位則相反。解決問題的能力包括以下兩個衡量因素。

▶思維環境：崗位所處環境對擔任職務人員的思維所造成的限制，分為高度常規性的、常規性的、半常規性的、標準化的、明確規定的、廣泛規定的、一般性規定的以及抽象規定的 8 個等級。

▶思維難度：崗位需要任職者進行創造性思維的程度大小，分為重複性的、模式化的、中間型的、適應型的以及無先例的 5 個等級。由於人的思維不能憑空進行，必須以事實、原理、方法為依據，即使是從事創造性的工作也是如此。因此解決問題的能力是用其職能的利用率來衡量的，用百分數表示。

解決問題的能力的評價量表如表 5-21 所示。

表 5-21　　　　　　　　　　解決問題能力的評價量表

		思維難度				
		重複性的	模式化的	中間型的	適應型的	無先例的
思維環境	高度常規性的	10%~12%	14%~16%	19%~22%	25%~29%	33%~38%
	常規性的	12%~14%	16%~19%	22%~25%	29%~33%	38%~43%
	半常規性的	14%~16%	19%~22%	25%~29%	33%~38%	43%~50%
	標準化的	16%~19%	22%~25%	29%~33%	38%~43%	50%~57%
	明確規定的	19%~22%	25%~29%	33%~38%	43%~50%	57%~66%
	廣泛規定的	22%~25%	29%~33%	38%~43%	50%~57%	66%~76%
	僅一般性規定的	25%~29%	33%~38%	43%~50%	57%~66%	76%~87%
	抽象規定的	29%~33%	38%~43%	50%~57%	66%~76%	87%~100%

仍以市場部經理崗位為例，作為中層管理者，加上要經常面對市場做出判斷，其思維環境相對比較複雜，但與公司的高層管理者相比，還具有一定的限制，包括公司的規章制度，以及上級領導的意見，因此，其思維環境可以評定為第七級（僅一般性規定的）；同樣的，這個崗位的創造性思維要求較高，可評定為第4級（適應型的）。最終市場部經理解決問題的能力的評定為66%。

③承擔職務責任

這裡的責任不是指崗位所規定的必須履行的職責或相應的權限，而是指崗位任職者的行為對工作最終成果可能造成的影響，該項包括職務責任、職務對成果形成的作用以及行動的自由度3個衡量因素。

➢職務責任：指可能造成的經濟效益，分為微小、少量、中等和巨大4個等級。

➢職務對成果形成的作用：分為4個等級。第一級為後勤性作用，只提供一點信息或偶然性服務；第二級為輔助性作用，提出意見或建議，補充、解釋與說明或有一定貢獻；第三級為分攤性作用，與其他職務共同負責工作結果，與本企業內部人員（不包括本人的上級和下級）、其他部門的或企業外部的人員合作；第四級為主要作用，本崗位承擔主要責任，獨立承擔或雖有其他崗位參與，但其他崗位是次要的。

➢行動的自由度：崗位在多大程度上受到指導與控制，包括有規定的、受控制的、標準化的、一般規定的、有指導的、方向性指導的、廣泛指導的、戰略性指引8個等級。

承擔職務責任的評價量表見表5-22。

表 5-22　　　　　　　　承擔職務責任的評價量表

職務責任		微小			少量			中等			巨大		
職務對成果形成的作用		間接		直接	間接		直接	間接		直接	間接		直接
		後勤	輔助	分攤	主要	後勤	輔助	分攤	主要	後勤	輔助	分攤	主要	後勤	輔助	分攤	主要
行動的自由度	有規定的	10 12 14	14 16 19	19 22 25	25 29 33	14 16 19	19 22 25	25 29 33	33 38 43	19 22 25	25 29 33	33 38 43	43 50 57	25 29 33	33 38 43	43 50 57	57 66 76
	受控制的	16 19 22	22 25 29	29 33 38	38 43 50	22 25 29	29 33 38	38 43 50	50 57 66	29 33 38	38 43 50	50 57 66	66 76 87	38 43 50	50 57 66	66 76 87	87 100 115

表5-22(續)

職務責任		微小				少量				中等				巨大			
行動的自由度	標準化的	25	33	43	57	33	43	57	76	43	57	76	100	57	76	100	132
		29	38	50	66	38	50	66	87	50	66	87	115	66	87	115	152
		33	43	57	76	43	57	76	100	57	76	100	132	76	100	132	175
	一般規定的	38	50	66	87	50	66	87	115	66	87	115	152	87	115	152	200
		43	57	76	100	57	76	100	132	76	100	132	175	100	132	175	230
		50	66	87	115	66	87	115	152	87	115	152	200	115	152	200	264
	有指導的	57	76	100	132	76	100	132	175	100	132	175	230	132	175	230	304
		66	87	115	152	87	115	152	200	115	152	200	264	152	200	264	350
		76	100	132	175	100	132	175	230	132	175	230	304	175	230	304	400
	方向性指導的	87	115	152	200	115	152	200	264	152	200	264	350	200	264	350	460
		100	132	175	230	132	175	230	304	175	230	304	400	230	304	400	528
		115	152	200	264	152	200	264	350	200	264	350	460	264	350	460	608
	廣泛性指導的	132	175	230	304	175	230	304	400	230	304	400	528	304	400	528	700
		152	200	264	350	200	264	350	460	264	350	460	608	350	460	608	800
		175	230	304	400	230	304	400	528	304	400	528	700	400	528	700	920
	戰略性指引的	200	264	350	460	264	350	460	608	350	460	608	800	460	608	800	1,056
		230	304	400	528	304	400	528	700	400	528	700	920	528	700	920	1,216
		264	350	460	608	350	460	608	800	460	608	800	1,056	608	800	1,056	1,400

還是以市場部經理崗位為例，作為部門負責人，其職務可能造成的經濟後果不會是巨大的，但考慮到其面對市場，產生的經濟後果也有一定的分量，因此，職務責任評定為第3級（中等）；對於職務對成果的作用，其作為中層管理者，肯定應該是獨立承擔，評定為第4級（主要）；在行動的自由度方面，雖然該崗位具有一定的獨立性，但作為一個中層管理者，要受到一定的控制與約束，對於非常規的、有一定影響的決策，需要向上級匯報，由上級做出決策，並承擔責任，因此，評定為第7級（方向性指導的）。由此，市場部經理崗位承擔職務責任的評分為350。

④總分計算的方法

使用三個量表從三個方面評定，得到了各個崗位的得分，這時還需要計算各崗位的總分。計算公式為：

總得分＝技能水準得分×（1＋解決問題得分）×權重X＋職務責任得分×權重Y

公式中的X、Y為權重，其中，X＋Y＝1。權重的具體取值需要由崗位的「形狀構成」決定，所謂崗位的「形狀」主要取決於職務責任與技能水準和解決問題的能力比較。在海氏評價法中，將崗位分為三個「形狀」，即「上山」

型、「平路」型與「下山」型。具體和確定方法如下。

上山型：職務責任比技能水準和解決問題能力重要。如公司副總裁、銷售經理、負責生產的廠長等崗位。則 X<Y。

平路型：職務責任與技能水準和解決問題能力並重。如會計、績效專員等崗位。則 X=Y。

下山型：職務責任不及技能水準和解決問題能力重要。如科技研發、市場分析等崗位。X>Y。

詳見圖 5-28 所示。

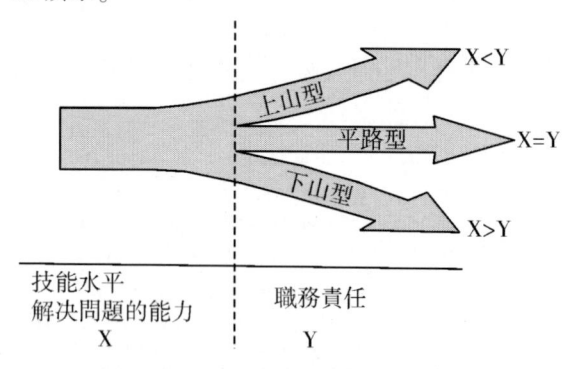

圖 5-28　崗位形狀與權重的關係

表 5-23 是某企業使用海氏評價法對崗位評價計算總分的示例。

表 5-23　　某企業使用海氏評價法的崗位評價得分

崗位	技能水準	解決問題的能力	承擔職務責任	權重 X	權重 Y	評價總分
公司總經理	1,056	87%	1,400	0.3	0.7	1,572
製造部經理	528	50%	330	0.6	0.4	607
設備管理員	350	43%	115	0.7	0.3	385
材料會計	304	38%	175	0.5	0.5	297
客服專員	200	16%	115	0.4	0.6	162

3. IPE 評價法

（1）概述

IPE 評價法又稱 IPE 評價系統（International Position Evaluation System），也是國際上最通用的兩套崗位評價的方法之一。通過多位從事職位評估工作的資深專家的長期研發，它已由原來的基本方法發展成為現在易於運用的 IPE 系統，包含了對各行業崗位進行比較的必要因素，並通過不斷的改進以配合機構的需要。

這套崗位評價系統共有 4 個因素，10 個維度，104 個級別，總分 1225 分，每級間隔 25 分，評估的結果可以分成 48 個崗級。4 個因素分別是影響（Impact）、溝通（Communication）、創新（Innovation）和知識（Knowledge），見圖 5-29。

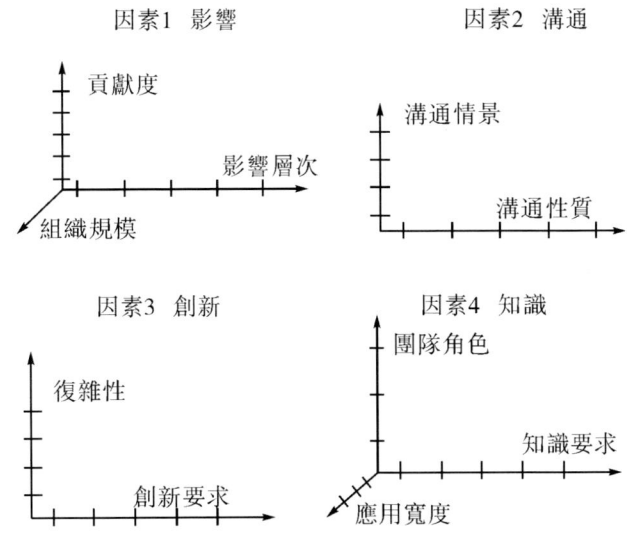

圖 5-29　IPE 評價系統的 4 個因素及 10 個維度

在 4 個因素的基礎上，IPEV3.1 還增加了一個選擇因素：風險（Risk），風險包括危險性與環境兩個維度。如圖 5-30 所示。

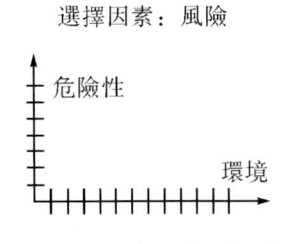

圖 5-30　可選要素風險及其 2 個維度

IPE 評價法與其他崗位評價方法最大的不同是，考慮了組織的規模因素。IPE 系統設計目的是為了在組織中科學地決定職位的相對價值等級。它使不同行業、不同專業領域、不同職能的崗位可以在同一尺度上進行比較。IPE 系統在選擇確定崗位價值的因素時，考慮到崗位的投入、過程和產出的全過程，篩選出相互獨立、且對崗位的價值有本質影響的因素，並確定了每個因素在體系中的權重。這些因素的選擇包括：評價因素的取向反應出企業的經營價值導

向；評價因素在一定程度上適用於所有崗位；評價因素反應出崗位價值的本質；評價因素之間有聯繫但又保持獨立。

（2）IPE 的評價計分

IPE 的評價總分為 1245 分（1210+35），其中因素 1（影響）的分值最高，各要素的分值情況見圖 5-31。

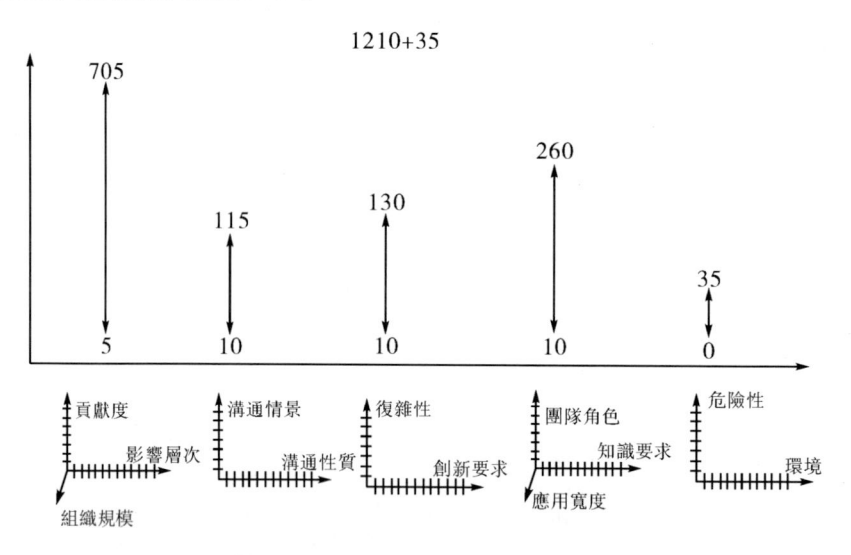

圖 5-31 IPE 系統各要素的分值分佈

IPE 系統對每個因素詳細定義，給出各維度、各等級的含義，對應於每個維度的每個等級，根據被選擇的刻度，自動生成分數。

（3）IPE 評價結果應用

IPE 系統的完整性還體現在對結果的應用設計，根據評價的分數區間，有明確的對應崗級，如表 5-24 所示。

表 5-24　　　　　　　IPE 評價結果對應崗級

分數區間	崗級	分數區間	崗級	分數區間	崗級
26～50	40	426～450	56	826～850	72
51～75	41	451～475	57	851～875	73
76～100	42	476～500	58	876～900	74
101～125	43	501～525	59	901～925	75
126～150	44	526～550	60	926～950	76
151～175	45	551～575	61	951～975	77

表5-24(續)

分數區間	崗級	分數區間	崗級	分數區間	崗級
176~200	46	576~600	62	976~1,000	78
201~225	47	601~625	63	1,001~1,025	79
226~250	48	626~650	64	1,026~1,050	80
251~275	49	651~675	65	1,051~1,075	81
276~300	50	676~700	66	1,076~1,100	82
301~325	51	701~725	67	1,101~1,125	83
326~350	52	726~750	68	1,126~1,150	84
351~375	53	751~775	69	1,151~1,175	85
376~400	54	776~800	70	1,176~1,200	86
401~425	55	801~825	71	1,201~1,225	87

5.5.4 崗位評價的步驟

崗位評價包括準備、設計、評價打分、匯總分析四個階段。如圖5-32所示。

準備階段
◇明確崗位評價的目標
◇確認部門職責及崗位說明書
◇建立崗位評價工作小組

設計階段
◇確定崗位評價方法
◇制訂崗位評價實施計劃
◇確定評價因素與權重
◇編制崗位評價操作細則

評價打分階段
◇培訓崗位評價工作小組成員
◇選擇標杆崗位，開展試評價
◇分析、討論、調整操作方法，達成共識
◇逐個崗位評價

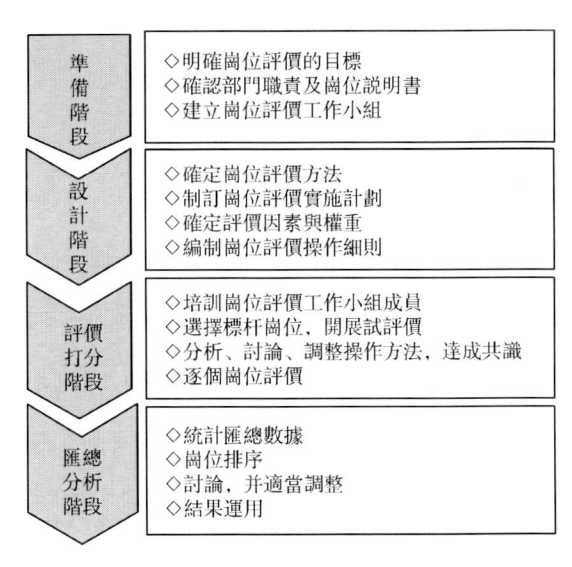

匯總分析階段
◇統計匯總數據
◇崗位排序
◇討論，并適當調整
◇結果運用

圖5-32 崗位評價的步驟

1. 準備階段

準備階段包括三個步驟。

➢明確崗位評價的目標。首先在明確崗位評價的目標時，需要瞭解企業發展戰略的要求、行業發展的前景、需要解決的激勵問題等。明確的崗位評價目標對於後續的評價方法選擇、標杆崗位選取、結果運用等均有較大的指導價值。

➢確認部門職責及崗位說明書。崗位評價的前提是明確的部門職責界定與明確的崗位說明書，並且這些部門職責界定法與崗位說明書是當下正在用的。崗位說明書中的職責、權限、任職要求、崗位工作關係、工作條件等內容直接影響崗位評價打分的結果，同時，在崗位評分的過程中，重要的參考依據就是崗位說明書，因為，沒有任何一個人對所有的崗位都非常瞭解，能夠在沒有崗位說明書的情況下對崗位的各個要素給出準確的判斷。有些企業在崗位評價時，沒有崗位說明書，或者使用已經不再適用的舊版崗位說明書，使得崗位評價結果出現較大偏差。

➢建立崗位評價工作小組。崗位評價工作小組應包括所有的高層、中層管理者、不同專業的管理及技術人員、一線的基層員工等，對於管理與技術人員以及一線基層員工，要求其在本行業的工作時間至少3年以上。在條件許可的情況下，盡量要聘請外部專家參與打分，以便評價結果更可靠。

2. 設計階段

設計階段共包括四個步驟。

➢確定崗位評價方法。確定崗位評價方法時，可以有多個選擇，一是基本的崗位評價方法有4種（在第5.5.3節已有詳細介紹），選定方法後，需要自行設計評價體系；二是可以選擇已有成熟評價體系的評價方法，如海氏評價法、IPE法、CRG法等。崗位評價方法的選擇非常重要，要選擇符合企業自身實際情況的評價方法。

➢制訂崗位評價實施計劃。崗位評價實施計劃包括開展崗位評價各項工作的時間節點、地點、參與人員，以及對預計可能出現情況的處理方式。

➢確定評價因素與權重。如果是自己設計評價量表，則有這個步驟，如果使用成熟的量表，可以沒有這一步驟。

➢編製崗位評價操作細則。操作細則的內容包括評價打分的各個細節，對各評價因素的解釋，以及結合企業實際情況，一些特殊崗位採取的處理方法等。不管是自己設計評價體系，還是使用成熟的評價評價體系，操作細則都是必需的。

3. 評價打分階段

評價打分階段包括四個步驟。

➢ 培訓崗位評價工作小組成員。對崗位評價工作小組進行培訓的內容至少包括：一是崗位評價相關知識，二是崗位評價的目標，三是崗位評價操作手冊的內容，四是對崗位評價的量表做逐項的分解與說明。通過培訓，使崗位評價小組的人員達成共識，以便後續得到一致的評價結果。

➢ 選擇標杆崗位，開展試評價。標杆崗位又稱為基準崗位，一般包括四個特徵：第一，其工作內容或職責在長期以來相對穩定，且被大多數人熟知和認可；第二，是基本上所有組織都有的崗位；第三，是組織中有代表性的崗位，與非標杆崗位具有可比性；第四，通常是以勞動力市場來確定薪酬水準的崗位。一般需要在組織中選擇 10%～15% 的標杆崗位。在標杆崗位確定後，針對標杆崗位進行試評價，一是檢驗選擇的評價系統，二是使評價小組的成員熟悉評價系統，三是發現問題，進一步完善操作細節。

➢ 分析、討論、調整操作方法，達成共識。對試評價的結果進行分析，對存在問題進行討論，必要時可以調整操作的方法、評價要素的描述，對一些需要統一確定的打分細則，做進一步的明確規定等，以便評價小組人員以及專家達成共識。

➢ 逐個崗位評價。對於需要評價的崗位，按評價系統逐個評價打分。需要注意幾點：一是在正式評價時，需要安排合適的時間，盡量一氣呵成；二是安排相對安靜的地點，使評價人員不被打擾，專注完成崗位評價打分；三是評價人員之間應有一定的間隔空間，互相不影響，獨立完成評價打分。

4. 匯總分析階段

匯總分析階段包括四個步驟。

➢ 統計匯總數據。將不同人員的評價打分進行統計匯總，在統計匯總時，可以考慮對不同的人員給予不同的權重，對於資深、有管理經驗、全面瞭解崗位的人員給予較高的權重，對於比較基層或缺乏全面瞭解崗位的人員，給予相對低的權重，以確保總體的評價結果符合崗位的實際情況。表 5-25 是某企業對參與人員權重的分配。

表 5-25　　　　某企業崗位評價人員計分權重示例

序號	類別	賦予權重
1	HR 專家	30%
2	公司領導	20%

表5-25(續)

序號	類別	賦予權重
3	部門負責人	20%
4	管理及技術骨幹代表	12%
5	班組長	10%
6	基層員工代表	8%
合計		100%

➤崗位排序。匯總工作完成後，就可以對崗位進行排序。在崗位排序時，並不需要所有評價人員都參與，而且，這只是初步的排序結果，應該注意保密。

➤討論，並適當調整。對崗位排序的情況進行討論，不排除有個別崗位的排序情況與人們平時理解情況不一致，這時應該分析，是平時的認知不準確，還是評價的結果有偏差，如果是結果有偏差，找出產生偏差的原因。

➤結果運用。根據崗位得分劃分崗位分值區間，進行歸集處理，形成崗位評分與崗位等級對應表。需要注意的是，在劃分崗位的分值區間時，可以是等距的，也可以是不等距的，一般實際操作中，都採取的是不等距的劃分。通常，越是基層的崗位，分值之間的差異越小；往中、高層崗位時，分值之間的差異變大。表5-26為某企業的崗位評分與崗位等級對應表。

表5-26　　某企業的崗位評分與崗位等級對應表

崗位分值區間	崗級	崗位分值區間	崗級
25分及以下	1	481~520	15
26~50	2	521~560	16
51~75	3	561~600	17
76~100	4	601~640	18
100~130	5	641~680	19
131~160	6	681~720	20
161~200	7	721~760	21
201~240	8	761~800	22
241~280	9	801~850	23
281~320	10	851~900	24

表5-26(續)

崗位分值區間	崗級	崗位分值區間	崗級
321~360	11	901~950	25
361~400	12	951~1,000	26
401~440	13	1,000分以上	27
441~480	14		

通過崗位分值區間的劃分以後，就可以將相應崗位放在不同的崗級內，運用於定薪或崗位體系的建立。

5.6 崗位體系

崗位體系設計是將崗位進行分層、分類的過程，目的是將組織中的崗位和任職者予以分類，並針對不同崗位類別的特點和需求，使用不同的人力資源管理策略，提高管理的有效性。

5.6.1 基本概念

1. 職類

工作性質和特徵相近的若干職組的集合。若干工作性質和特徵相近的職組歸集在一起，就構成了某一職類，不同職類的崗位，工作性質完全不同。職類是崗位分類中的大類。

2. 職組

由工作崗位性質和特徵相似相近的若干職系所構成的崗位群。職組是崗位分類中的中小類。劃分職組後，崗位不僅隸屬於部門，還同時隸屬於職組，甚至有可能出現跨部門的崗位同在一職組的現象。

3. 職系

是職責繁簡難易、輕重大小及所需條件並不相同，但工作性質相似的所有職位的集合。簡言之，一個職系就是一種專門的職業，職系是崗位分類中的細類。

職類、職系和職組按照崗位的工作性質和特點對崗位進行橫向分類。

4. 職級

職級是指工作責任大小、工作複雜性與難度以及對任職者的能力水準要求

近似的一組職位的總和，實行同樣的管理與報酬。

5. 職等

是指不同職系之間，職責的繁簡難易、輕重大小及任職條件要求充分相似的所有職位的集合。同一職等的所有職位，不管它們屬於哪個職級，其薪金相同。

職級與職等是按照崗位的責任大小、技能要求、勞動強度、勞動環境等要素指標對崗位進行的縱向分層。

對職系、職組、職等與職級的理解，可見圖5-33。

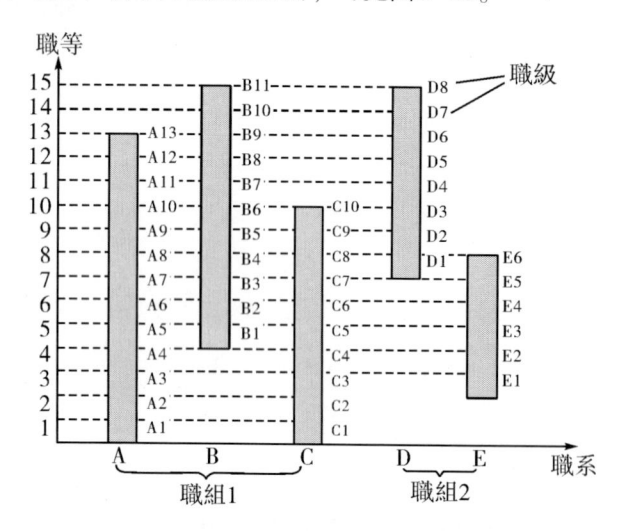

圖5-33 職系、職組、職等與職級的關係

5.6.2 崗位體系設計時應考慮的因素

崗位體系設計包括橫向的分類與縱向的分層，它們分別受不同因素的影響。

1. 橫向分類設計時應考慮的因素

進行橫向分類時要考慮的因素包括：第一，企業的業務價值鏈，以及在業務價值鏈驅動下的部門職能劃分，明確為完成組織目標需要什麼性質的部門提供怎樣的職能。第二，需要與業務流程銜接，全面分析企業的業務流程需求，需要注意的是，雖然在設計崗位序列時必須考慮業務流程，但是最終形成的崗位序列並不需要與組織的業務流程一一對應。第三，要考慮崗位工作內容的相似程度，這是劃分崗位序列的主要依據，包括崗位性質相同或相似，職責內容的專業屬性相似以及工作內容或者職責的範圍屬於同一方面等。第四，要考慮

組織的崗位數量與人員規模，一般如果組織的崗位數量和人員較少，就沒有必要將職位序列劃分得太細。

2. 縱向分層設計時應考慮的因素

在進行縱向分層設計時，需要考慮的因素包括：第一，職責的重要性、職責的範圍與難度，以及需要的知識、技能、素質的高低。對這些因素的評價主要通過崗位評價實現，因此，這裡也是對崗位評價結果的運用。一般將一類崗位序列劃分成4~6個等級，但是具體設為幾個層級還要考慮組織的實際需要。第二，有時為了對員工的能力做更細緻的劃分，為員工的發展設計更加明確的路徑，還需要在層級範圍下進一步細分。第三，同樣需要考慮組織人員數量的多少、職責分工的粗細以及員工完成一個完整的職業生涯所需的時間等因素。一般來說，比較合理的職位通道結構應該是橄欖形，即兩頭小、中間大，要根據組織實際的人數多少和每一職位等級的人數占總人數的大致比例來確定合理的崗位等級數量。

5.6.3　崗位體系設計的步驟與方法

1. 崗位的橫向分類

在進行橫向分類時，首先應分析企業的業務價值鏈，因為不同的業務價值鏈代表了不同的商業模式，企業的部門劃分與崗位設置有較大的差異。通過價值鏈的分析可以形成相應的職類。例如，某軟件企業的主體業務是軟件開發、測試、銷售、客戶服務，支持性業務包括營運管理、人力資源管理、財務管理、行政後勤管理等業務。則該企業的崗位橫向可以分為：管理類、技術類、專業類及後勤輔助類四個職類。

第二步應分析企業的流程及職能劃分情況，劃分職組，並分析各崗位的職責相似性質與工作的繁簡程度等，劃分職系。上例中的製造企業通過分析形成的崗位橫向分類如表5-27所示。需要注意的是，對於職組的劃分中，可以給出具體的名稱，也可以如表5-27那樣，用諸如管理A、管理B的方式描述。而在職系中列出的不是具體的崗位名稱，而是指做相關工作的崗位集合，比如人力資源管理中包括績效管理、薪酬管理、員工關係管理等崗位。

表5-27　　　　　　　　某軟件企業的崗位橫向分類

職類	職組	職系（崗位序列）
管理類	管理A	公司層管理
	管理B	部門管理

表5-27(續)

職類	職組	職系（崗位序列）
技術類	技術 C	架構、系統設計、開發、測試、質量、資料、語言翻譯、運維、工程、項目管理、系統管理與維護、網絡管理、應用管理、IT 規劃
	技術 D	業務諮詢、解決方案、IT 規劃諮詢、諮詢拓展
專業類	專業 E	投資分析與管理、戰略分析與管理、市場分析、公共關係、市場行銷、銷售、客戶管理、商業分析、合同管理、人力資源管理、財務管理、審計、法務
後勤輔助	後勤輔助 F	業務支持、前臺、採購、司機、保安

2. 崗位的縱向分層

崗位的縱向分層就是劃分職級與職等的過程。職級的劃分有利於形成職業發展通道。依據市場的發展變化與企業的價值取向，按照不同職位在職責的重要性、職責範圍及難度、所需知識、技能、素質的差異性等，參考行業的標杆實踐。對於上例中的軟件企業，分別對各類崗位設計不同的發展路徑，管理類崗位的發展路徑為三層，分別為經理→高級經理→資深經理；技術類崗位為六級，分別為技術員→助理工程師→工程師→資深工程師→高級工程師→資深高級工程師；專業類為四級，分別是助理專員→專員→高級專員→資深專員；後勤輔助類分為三級，分別是輔助一級→輔助二級→輔助三級。如圖5-34所示。

3. 明確崗位晉升條件

崗位體系建立以後，應制定相應的崗位管理制度，明確崗位的晉升條件，為員工的發展明確標準。在確定崗位晉升條件時，可以將員工的職稱、能力、工作年限或本單位工作年限、績效考核等結合起來制定標準。表5-28是某企業專業類崗位的晉升條件描述示例。

崗級區間	管理類		技術類		專業類	後勤輔助類
	A	B	C	D	E	F

崗級	A 管理	B 管理	C 技術	D 技術	E 專業	F 後勤輔助
24	資深經理					
23	資深經理					
22	22	資深經理				
21	高級經理	21 資深經理				
20	20	20	資深高級工程師 20			
19	19	19 高級經理	19			
18	經理 18	18 高級經理	18 高級工程師	資深高級工程師 18		
17	17	17	17	17		
16	16	16	16	16		
15		15 經理	15 資深工程師	高級工程師 15		
14		14	14	14		
13			13	13		
12			12 工程師	資深工程師 12	資深專員 12	
11			11	11	11	
10			10	10	10	
9			9 助理工程師	工程師 9	高級專員 9	輔助三級 9
8			8	8	8	8
7			7	7	7	7
6			6 技術員	助理工程師 6	專員 6	輔助二級 6
5			5	5	5	5
4			4	4	4	4
3			3	技術員 3	助理專員 3	輔助一級 3
2				2	2	2
1				1	1	1

崗位序列

圖 5-34　某軟件企業崗位體系圖示例

表 5-28　　　　　　　某企業專業類崗位晉升條件示例

崗位類別	崗位名稱	主要角色	晉升目標	晉升條件 司齡	晉升條件 職稱	晉升條件 績效考核要求
專業類崗位	助理專員	不獨立負責某一業務模塊工作，或負責某一業務模塊中的部分工作；需要在專業人員或高級專業人員的指導下，開展局部或初級的信息收集以及分析工作	專員		初級	
專業類崗位	專員	能通過發揮專長在某一業務領域獨立工作，但熟練程度有進一步提升空間	高級專員	2年	中級	考核為「良好」及以上
專業類崗位	高級專員	具有該領域較為豐富的經驗和技能；在某一領域獨立開展工作，並能夠為本領域內其他專業人員提供一定的技術指導	資深專員 / 部門主管	4年	中級	連續兩年考核為「優秀」
專業類崗位	資深專員	具有該領域豐富的經驗和嫻熟的技能，能夠分配協調並指導本領域專業人員開展工作並能對其工作成果進行審核	部門副職	5年	高級	連續三年考核為「優秀」

通常，員工的晉升可以分為三個不同的層次：一是崗位內晉升，二是層級內晉升，三是跨層級晉升。

（1）崗位內晉升

同一崗位內的晉升，主要指同一崗位不同薪酬等級的晉升，比如從9級晉升到10級，這樣的晉升比較簡單，只要工作時間與績效考核結果符合一定的條件即可。

（2）層級內晉升

層級內的晉升，指同一類崗位中不同層級崗位的晉升，如專業類崗位的專員晉升為高級專員，這樣的晉升設定的要求應高於崗位內晉升，不僅要求工作時間、績效考核的結果，還應考慮職稱或學歷的提升。

（3）跨層級晉升

跨層級晉升，指不同類崗位的晉升，如從專業類崗位中的高級專員晉升到

管理類崗位的主管，這樣的晉升應設定更高的要求，不僅要求工作時間、績效考核結果，還應考慮相關能力的累積，比如從專業類崗位到管理類崗位，就需要考核其是否具備了相應的管理素質。

第六章　績效量化管理

6.1　績效管理概述

6.1.1　對績效的理解

1. 績效是什麼

績效是指組織、團隊或個人，在一定的資源、條件和環境下，完成任務的出色程度，是對目標實現程度以及達成效率的衡量與反饋。由此可見，說到績效應該區別對待，對於組織、團隊或個人，績效的呈現是不一樣的。如圖6-1所示。

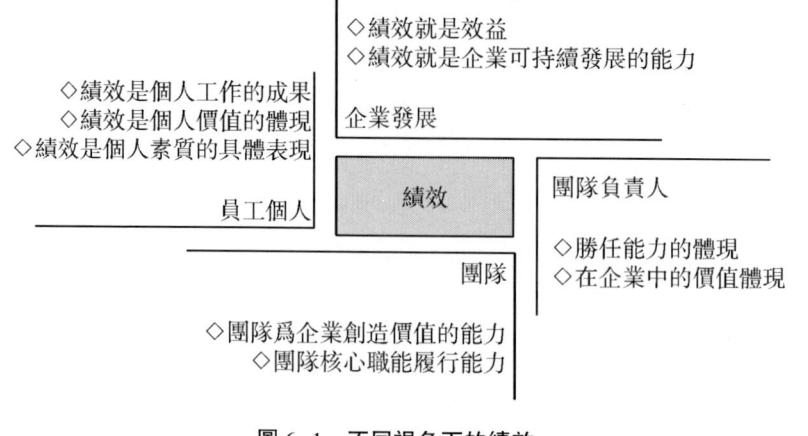

```
                        ◇績效就是效益
                        ◇績效就是企業可持續發展的能力
    ◇績效是個人工作的成果
    ◇績效是個人價值的體現    企業發展
    ◇績效是個人素質的具體表現
                                         團隊負責人
              員工個人      績效
                                         ◇勝任能力的體現
                                         ◇在企業中的價值體現
                          團隊
              ◇團隊爲企業創造價值的能力
              ◇團隊核心職能履行能力
```

圖6-1　不同視角下的績效

績效具有多因性、多維性以及動態性三種性質。

➢多因性：指績效的優劣並不取決於單一的因素，而要受制於主、客觀的

多種因素影響。

➢ 多維性：指績效的達成需從多種維度或多方面去分析與衡量。

➢ 動態性：績效是會變化的，隨著時間的推移，績效差的可能改進變好，績效好的也可能退步變差，因此管理者切不可憑一時印象，以僵化的觀點看待下屬或某一個團隊的績效。

2. 影響組織績效的因素

影響組織績效的因素主要包括：組織戰略定位、高層管理者、組織結構、組織內部信任關係四個方面。

（1）組織戰略定位

組織的戰略定位決定了組織的經營範圍、所服務的客戶群體及所採用的競爭策略，這些將在宏觀層面上影響組織的績效，且組織的戰略變化也會影響微觀層面上的組織結構。如果企業的戰略定位不清晰，定位不準確，就會影響組織整體的目標設定，從而影響各部門直至員工的目標，進而影響整個組織的績效。

（2）高層管理者

高層管理者的心智及領導方式對組織績效具有重要的影響。從戰略定位、組織架構到績效管理制度體系以及組織的各項政策，無一不滲透了高層管理者的管理理念、管理思路與管理的決策，這些要素既會從宏觀層面影響組織的績效，又能夠從微觀層面影響組織的績效。例如，高層管理者可以通過開放溝通渠道，加強組織成員間的溝通，提高員工滿意度，激發員工的創新意願，從而使他們有更強的責任感，努力提高工作質量，促進組織績效的提高。

（3）組織結構

根據同素異構原理，**同樣數量和素質的一群人，由於組織網絡及其功能的差異，而形成不同的權責結構和協作關係，可以產生不同的協同效應**。組織結構是實現企業戰略目標的重要保證，是為實現目標對資源的一種系統性安排，只有調整好企業的組織結構，理順各部門之間、各部門內部的關係，明晰權責，才能為高效的工作打下基礎。組織結構不僅僅是保證企業高效運作的根本，也能最大限度地減少員工在事務性工作上被消耗掉的精力。

（4）組織內部信任關係

組織內部的長期有效的信任關係直接影響著組織成員「履約」的願望，信任與組織績效密切相關。信任意味著員工有行動的決定權，當組織實行充分授權後，可以減少組織內部的協調成本和員工工作的被動性，提升員工的工作積極性，促使員工主動發揮潛能，盡自己最大的努力完成工作，從而進一步提

升整個團隊或組織的績效。

3. 影響員工績效的因素

影響員工績效的因素主要有五個方面，包括工作者、工作條件、工作方法、工作環境以及組織管理系統。

（1）工作者

與工作者有關的因素包括個人興趣、與崗位的適應性、公平感三個因素。

➤個人興趣。興趣是工作的動力，如果員工對一份工作感興趣，那麼做起來就會事半功倍；相反，如果員工對一份工作缺乏興趣，那麼做起來就會事倍功半。例如，同樣是做行銷，如果員工對行銷非常感興趣，那麼他就會主動學習行銷方面的知識，主動聯繫已有客戶和挖掘潛在客戶，在遇到問題時也會主動分析原因，實現改進；而如果員工對行銷工作缺乏興趣，那麼他在開拓市場及聯繫客戶時就會顯得被動，缺少積極性與主動性，一旦遇到挫折，就會放大非主觀因素的影響，而不是想辦法解決問題。

➤與崗位的適應性。每個人的能力、素質、潛能以及性格都是不同的，而每個崗位對人的要求也有較大的差異，比如行銷崗位，需要有較強溝通能力，能快速把握客戶需求，恰好也有一些員工性格外向，善於言談，人際關係能力強，洞察能力也強，這樣的員工就適合安排在行銷崗位上，也就是所謂的「人崗匹配」。因此，**當發現員工績效低的時候，並不能馬上下結論說員工的態度不行、能力不行，而是應該分析員工是否與崗位相適應。**

➤公平感。亞當斯的公平理論指出，員工經常會就自己的所得與其他人的所得相比較，當自己的所得與付出之比的數值小於其他員工的所得與付出之比時，他就會感到明顯的不公平。此時，員工要麼要求公司提高自己的所得，要麼是自己減少對公司的付出。同時，員工也會將自己現在所得與付出之比的數值與以前自己所得與付出之比的數值相比較，當前者較小時，他也會感到明顯的不公平，而自動減少對公司的付出，從而影響績效。無論是哪一種情況的發生，員工的績效都會或多或少地降低。因此，企業需要採取相應的措施，以消除或減少員工產生的不公平感。

（2）工作條件

工作條件主要包括兩個方面，一是資源支持，比如能否為員工及時提供必要的信息、完成工作的時間，必要時給予一定的指導等；二是為完成工作提供的工具或技術條件，例如行銷崗位的員工需要處理大量的客戶信息，對客戶的狀態做動態管理，如果企業能夠提供一套信息系統幫助員工完成這種繁雜、瑣碎但又重要的事情，那麼員工可以留出更多的時間思考如何去與客戶溝通、研

究客戶的實際需求，甚至有多一點的時間與客戶保持聯繫，這樣自然就會提高其客戶開發與維護的績效。

（3）工作方法

工作方法主要包括工作流程設計、工作協調模式、工作標準制定等因素，會直接影響工作的質量與工作的效率。工作流程涉及工作的步驟或工序，工作中的每個環節如何銜接，完成一項工作輸出成果等。工作協調模式涉及工作的匯報關係、決策的方式等。工作標準告訴員工，要完成一項工作，必須做什麼事情，以及做成什麼樣。**如果不知道用什麼來衡量工作成果有沒有實現，就不能明確目標是否達成了，還有多大的差距**。要分析目前的工作狀況並予以改進，就必須讓員工清晰地瞭解「怎麼才算是把工作做好了」。

（4）工作環境

工作環境包括兩個方面，一是工作的硬件環境，良好、令人舒適的工作環境，會讓員工提高工作效率，從而有利於自身潛能的發揮；混雜、讓人不安或不適的工作環境，會讓員工效率低下，不利於潛能的發揮。二是工作的氛圍等軟環境，當一個員工處於一個充滿活力與創造力、勇於開拓與進取、彼此之間相互激勵與促進的團隊中，他個人的績效也肯定會高；相反，當一個員工處於相互猜疑與妒忌、安於現狀、彼此之間不提供任何幫助的團隊中時，他個人的績效也肯定會低。這是團隊行為規範對個人影響的集中體現。

（5）組織管理系統

組織管理系統主要指激勵、績效管理體系、培訓以及培訓的效果等。

➢激勵。這裡的激勵包括兩大類，一類是物質激勵，一類是精神激勵。物質激勵主要是指薪酬方面，精神激勵主要體現在得到的認可、價值實現、發展的機會等。一方面，如果企業的薪酬低於行業的平均水準，這在一定程度上就會影響員工的積極性的發揮，從而影響到員工的績效，長期下去，員工流動率就會增高。另一方面，作為員工來說，既是經濟人，也是社會人和自我實現的人，如果企業一直採用外部招聘的方式來填補空缺的職位，企業現有員工便會感到自己所做的貢獻沒有得到認可，長期下去也會出現績效下降的情況。此外，無論是物質激勵還是精神激勵，都應該體現及時性原則，如果激勵不及時，就達不到應有的效果。

➢績效管理體系。每個企業都有自己的績效管理體系，但據有關調查顯示，真正擁有適合自身發展的績效管理體系的企業不到總數的 20%。也就是說，大多數企業的績效考核或流於形式，或有失公平，或起不到應有的作用，這樣的考核不但達不到提升績效的目的，反倒會使員工因為產生不滿而影響正

常能力的發揮,降低績效水準。

>培訓及培訓的效果。當企業出現新的業務,必然需要有員工來處理相關業務,一方面,大部分員工對新事物會有一種習慣性的抗拒,另一方面,員工對新的事物並不是很熟悉,害怕新的業務會給自己帶來「麻煩」,所以企業要給他們提供培訓與指導。員工在新的領域所能取得業績的好壞除了自身因素影響外,與培訓的效果更是直接相關的。企業如果為了節省成本,提供的培訓不到位,僅僅敷衍了事,這樣做帶來的後果是員工的不熟練與缺少技能影響到他們潛能的發揮,從而影響員工的績效。

以上五個因素通過相互作用,對員工的績效產生影響,如圖6-2所示。

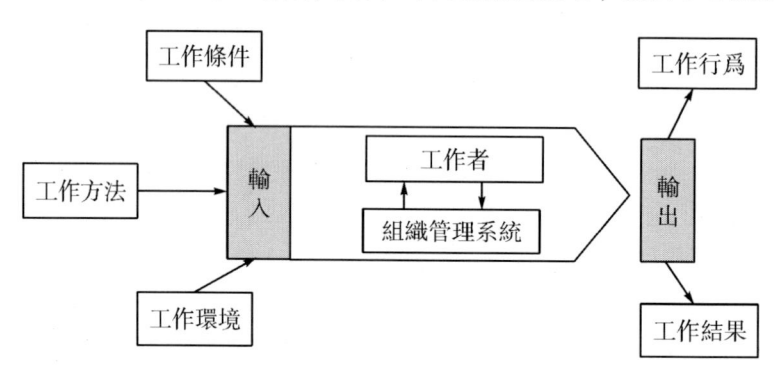

圖6-2　影響員工績效的五個因素

6.1.2　對績效管理的理解

1. 績效管理的內容

績效管理是指為了達成組織目標,相關方共同參與的績效目標及計劃制定、績效實施與檢查、績效評價與反饋以及績效結果應用、績效目標提升的持續循環過程。績效管理的內容包括制定或修改績效目標、制訂績效計劃、績效輔導、績效評價與反饋、績效評價結果應用五個方面的內容,如圖6-3所示。

制定目標、績效指標:制定目標是績效管理的重要環節,主要是對企業戰略目標的分解,形成各年度的目標任務,在此基礎上形成量化的可以衡量的績效指標。

制訂績效計劃:績效計劃是對完成目標的具體工作任務的落實,展現了一個團隊圍繞績效目標在一個月或一個季度內需要開展的主要工作。

績效輔導與反饋:通過在日常的工作中觀察員工的行為,對出現的偏離目標與計劃的行為及時予以糾正,對工作中存在的問題給予及時的資源支持與工

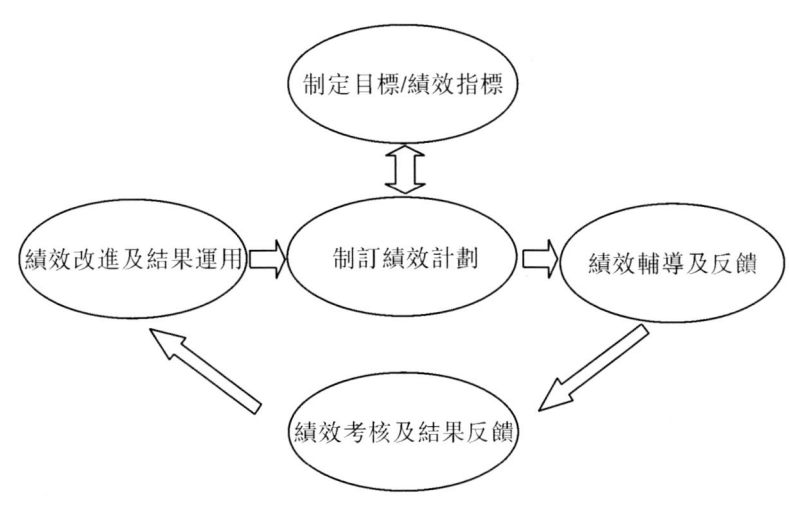

圖 6-3　績效管理的內容

作指導。

績效考核及結果反饋。在一定週期內，對工作計劃或績效目標的達成情況進行檢驗，分析偏差與存在的不足，並將考核的結果及時反饋給相關團隊或個人，以便目標的有效達成。

績效改進及結果運用。根據上一個週期中發現的問題，及時制訂改進計劃，同時，根據考核的結果給予適當的獎勵或懲罰，以規範員工的行為。

2. 績效管理的作用

績效管理的作用主要體現為以下四方面。

（1）保證組織戰略目標的實現

企業管理者將戰略目標分解為公司的年度經營目標，並進一步分解到各個部門，就成為部門的年度業績目標；各個部門向每個崗位分解核心指標，形成每個崗位的關鍵業績指標。年度經營目標的制定過程要有各級管理人員的參與，讓各級管理人員以及基層員工充分發表自己的看法和意見，這種做法一方面保證了公司目標可以層層向下分解，不會遇到太大阻力，另一方面也能使目標的完成具備群眾基礎，大家認為是可行的，才會努力克服困難，最終促成組織目標的實現。

（2）促進組織和個人績效的提升

績效管理通過設定科學、合理的組織目標、部門目標和個人目標，為企業員工指明了努力方向。管理者通過績效溝通與輔導及時發現下屬工作中存在的問題，給下屬提供必要的工作指導和資源支持；下屬通過工作方法的改進，保

證績效目標的實現。在績效考核環節，對個人和部門的階段工作進行客觀、公正的評價，明確個人和部門對組織的貢獻，通過多種方式激勵高績效部門和員工繼續努力提升績效，督促低績效部門和員工找出差距改善績效。在績效反饋面談過程中，通過考核者與被考核者面對面的交流溝通，幫助被考核者分析工作中的長處和不足，鼓勵下屬揚長避短，促進個人得到發展；在績效反饋階段，考核者應與被考核者就下一階段工作提出新的績效目標並達成共識，被考核者承諾目標的完成。

另一方面，績效管理通過對員工進行甄選與區分，可以保證優秀人才脫穎而出，同時淘汰不適合的員工。通過績效管理能使內部人才得到成長，同時吸引外部優秀人才，使人力資源能滿足組織發展的需要，促進組織績效和個人績效的提升。

（3）提高管理計劃的有效性

在現實中，一些企業缺少計劃，管理的隨意性很大，企業經營管理常處於不可控狀態，而績效管理則可以改善這一狀態。因為績效管理系統性強，認定合理的目標，通過績效考核這一制度性要求，能夠加強各部門和員工工作的計劃性，提高公司經營管理過程的可控性。不少管理者往往是為工作而工作，很少考慮和分析這些工作與組織目標的關係。**績效管理則告訴管理人員保持忙碌與達成組織目標並不是一回事**。績效管理的貢獻就在於它對組織最終目標的關注，促使組織成員的努力方向從單純的忙碌朝著有效的方向轉變。

（4）促使管理者提高管理技能

在企業裡，部分管理人員缺乏必要的管理技能，或忙於具體的業務工作，或為瑣碎事務脫不開身，不知道如何帶團隊，如何發揮團隊的優勢。而績效管理的制度性和系統性的要求將迫使團隊負責人必須制訂工作計劃，必須對員工工作做出評價，必須與下屬充分討論工作，並幫助下屬提高績效。通過績效管理可以提升管理者以下幾個方面的管理技能。

➤制定目標與分解目標的能力：績效管理是將企業的戰略規劃與員工的績效目標有效結合起來，員工的目標就來自於企業戰略目標的層層分解。因此，管理者必須掌握分解目標和制定部門目標的能力。

➤幫助員工提高績效的能力：幫助員工提高績效的過程就是管理者的管理過程，如何有效地幫助員工實現績效目標需要管理者不斷提高指導、鼓勵與監控的能力。

➤溝通的技能：管理即溝通，而溝通的技能恰恰是很多管理者所欠缺的，因此，要想管理好員工的績效，管理者必須不斷研究與實踐溝通的技巧與方

法，提高自身溝通的能力。

➢評價員工績效的能力：員工的績效最終要通過上級的評價來檢驗，管理者必須學會公平、公正地考核員工，給員工一個令人信服的評價。

➢績效分析與診斷的能力：為使績效管理更加有效，管理者還必須能分析和診斷員工績效，找出績效管理中存在的不足，以便查漏補缺，不斷幫助員工完善與提高。

這一系列的技能要求本來是每位管理者應該具備的，但事實上許多企業由於沒有明確規定，無形中也就淡化了管理者的管理要求和責任。績效管理則通過一套完善的制度措施無形中規範與訓練了管理者的管理技能。

6.1.3 績效管理中容易出現的問題

1. 認識上的誤區

誤區一：將績效考核等同於績效管理

這是一種比較普遍的現象，企業管理者沒有真正理解績效管理的含義，忽略了績效管理的系統性，而是將關注點聚焦於績效考核，認為只要做了績效考核就是實現了績效管理，大多數時候，我們聽到企業管理者談論的是績效考核而不是績效管理。事實上，績效管理與績效考核不能等同。績效管理不僅關注考核之前的目標設定與計劃制訂，還關注績效實施過程中，管理者與員工之間的持續的雙向溝通過程。在此過程中，管理者和員工就績效目標達成協議，並以此為導向，開展持續的工作溝通，幫助員工不斷提高工作績效，完成工作目標。同時，績效管理還關注考核結果如何運用於工作的改進，如何運用於員工的發展。如果簡單地認為績效考核就是績效管理，就會忽略績效目標，忽略績效溝通，那麼缺乏溝通和共識的績效管理肯定會在管理者和員工之間設置一道屏障，阻礙績效管理的良性循環，造成員工和管理者之間認識上的分歧，使得員工反感管理者，管理者對員工能避則避。

如圖6-3所示，績效考核只是績效管理的一個環節，是對員工前期工作的總結和評價，遠非績效管理的全部，如果只把關注點放在績效考核上，必然會偏離實施績效管理的初衷；另外，只注重績效考核的管理者會認為績效考核的形式特別重要，總想設計出既省力又有效的績效考核表，希望能夠找到萬能的考核表，以實現績效管理。因此，他們在尋找績效考核工具和方法上花費了大量的時間和精力，卻難以找到能解決一切問題、適合所有員工的考核方法和工具。

誤區二：績效管理是人力資源部的事情

不少企業認為：人力資源管理是人力資源部的事情，績效管理是人力資源管理的一部分，當然由人力資源部來做。如果績效管理沒有做好，也只是人力資源部的責任。甚至一些企業讓人力資源部把企業所有部門、所有員工的考核全部做完，這樣就會出現問題，一方面，人力資源部對考核無從下手，特別是對於各個部門員工的具體行為與表現無法考核，只能以考勤情況、著裝是否符合規定等表面現象以偏概全，另一方面，作為分配工作、協調工作的直接管理者（直線經理）卻沒有了考核的權限。

事實上，人力資源部在績效管理中的角色主要是績效管理制度的制定者、績效管理工作各個環節的組織者與督促者。績效管理中的目標設定、計劃制訂、績效溝通以及績效考核等工作應該是直線經理的責任與權限。

誤區三：過於追求完美

這是一個普遍存在的現象，管理層和人力資源部門往往會進入一個追求完美的誤區，例如追求每個人都對考核滿意，追求績效表格的規範性和完整性，追求績效工具和績效方法的先進性等。

然而，令所有人都滿意的績效管理制度是不存在的。績效管理的目的之一就是要約束工作積極性差、工作態度不認真、總是期望「搭便車」的那些不努力的員工，如果績效管理令這樣的員工滿意了，其促進作用又在哪裡呢？企業的績效管理從無到有，或從有到完善，是企業員工和管理層逐步接受的過程；而且，企業所處的環境是不斷變化的，為考核建立的方法和指標，隨著時間的推移也會發生變化。因此，績效管理很難顧及全面。同時，績效考核是要付出成本的，考核目標的選定，考核指標的設置和考核流程的執行是需要耗費時間、耗費成本的。因此，企業在完善績效管理的同時，也要考慮到投入產出比。同時，完美的考核往往會導致主次不分，導致考核目標過多，容易分散精力，使員工無所適從。換個角度講，即使企業設計出詳細而全面的、涉及員工方方面面的考核指標體系，指標中也必然會出現更多的定性指標，從而使得最終的考核結果更加難以消除主觀因素的影響。

績效管理不能追求完美，而是要弄清楚這一個階段，組織關注的重點是什麼，要實現的主要目標是什麼，以解決主要問題為突破口。

誤區四：績效管理只是管理者單方面的事

有些企業認為只要管理者知道績效管理就可以了，員工知不知道並不重要，因此在培訓或宣傳時，只面向管理者。更為嚴重的是，一些企業除了人力資源部與總經理之外，沒有人知道績效管理是怎麼回事，這也是績效管理得不

到有效推行的一個重要原因。如果員工不瞭解績效管理，自然就會對績效考核持有恐懼和反感心理，員工對績效管理更加會敬而遠之。因此，必要的宣傳貫徹與培訓是必不可少的，要讓員工明白績效管理對他們的好處，他們才會樂意接受，才會配合管理者做好績效計劃，主動參與績效溝通。

誤區五：只關注個人績效

儘管員工的個人績效對於組織的績效起著重要的作用，但是，如果只關注個人績效，那麼就會忽視團隊的協作，淡化員工的合作意識和團隊精神，同一個團隊裡的員工之間或許會相互惡性競爭，形成以自我為中心的個人英雄主義。

從績效的分類來看，績效不僅有個人績效，還有組織績效、團隊績效等，因此企業在進行績效考核指標設定時，需根據各崗位的實際情況，來選擇是否需要適當加入一些與團隊績效相關的指標。因為，從績效目標的來源來看，不僅有崗位應負職責，還有自上而下的戰略目標分解和內外部客戶的需求。

2. 技術上的盲區

盲區一：績效指標設定不科學

績效指標設定不科學表現在三個方面，一是隨意性，很多企業說不清績效指標是怎麼來的，還有一些企業期望一勞永逸，請專家幫助設計一套指標，用很多年不變，更有一些企業為了考核臨時提出一些指標。在指標設定、權重設置、考核標準等方面表現出隨意性，常常體現長官意志和個人好惡。為了充分利用績效指標的導向性，提高績效管理的有效性，績效指標一定要以戰略為指導，從戰略目標中逐層分解而來，同時，指標也是動態的，每年的目標不一樣，相應的績效指標就要隨之變化。二是沒有重點，很多企業都追求指標體系的全面和完整，包括了安全指標、質量指標、生產指標、設備指標和政工指標等，可謂面面俱到。但事實上，作為績效管理，應該抓住關鍵績效指標，將員工的行為引向組織目標的方向，要通過建立指標體系將績效管理與員工的業績結合在一起，引導員工的行為趨向組織的戰略目標。而太多和太複雜的指標只能是增加管理的難度和降低員工的滿意度，對員工的行為是無法起到引導作用的。三是指標缺乏針對性，一些企業期望用一套指標考核所有的員工。但是，隨著知識含量的增加，企業工作的個性化越來越明顯，不同崗位工作的特點，績效結果的表達方式也必然是不同的。

盲區二：績效考核方法選擇不當

績效考核的方法有很多種，比如目標管理法、量表評價法、行為錨定量表法、關鍵事件法等，不同的方法適用於不同類型的對象。然而，在選擇方法方

面,很多企業要麼不做規定,由考核者自行選擇考核方法;要麼統一規定一種方法,針對所有的考核對象使用一種方法。這就導致由於方法選擇不當,考核結果達不到預期效果。因此,企業在設計績效管理方案時,就應系統、全面地選擇績效考核的方法,針對不同的對象、不同的需求,詳細地規定績效考核方法的選擇以及操作細則。

盲區三:缺少績效考核的反饋與面談

一是考核者主觀上和客觀上不願將考核結果及其對考核結果的解釋反饋給被考核者,被考核者無從知道考核者對自己哪些方面感到滿意和肯定,哪些方面還需要改進。出現這種情況往往是因為考核者擔心反饋會引起下屬的不滿,在將來的工作中採取不合作或敵對的工作態度,也有可能是由於績效考核結果本身無令人信服的事實依託,僅憑感覺或是印象,如果給予反饋勢必會引起爭議,達不成共識。二是考核者無意識或無能力將考核結果反饋給被考核者,這種情況的出現往往是由於考核者本人未能真正瞭解績效考核的意義與目的,加上缺乏良好的溝通能力,使得考核者缺乏駕馭反饋績效考核結果的能力和勇氣。然而,在績效考核的反饋與面談是管理過程中,上級就工作目標與工作方法與下屬進行溝通、達成共識的一個很好的手段,通過績效考核面談,直線經理可以將對員工的意見與建議表達出來,瞭解員工的真實想法;員工也可以借此機會瞭解上司對自己的看法,瞭解自己需要改進之處。

盲區四:對績效考核結果缺乏系統的應用

很多企業僅僅把考核結果作為工資、獎金的分配工具,一說到考核,就意味著扣減工資、獎金,這樣的導向,勢必會讓員工看不到績效管理對於企業管理的促進作用,從而會抵觸績效管理。績效考核作為分配依據僅是其所具有的管理功能之一,通過績效考核發現的問題,還應該運用於企業的流程改進,提升組織或團隊的整體績效;運用於員工的培訓,提升員工的工作技能;運用於員工的晉升,激發員工的潛能,等等。

盲區五:崗位分析缺失或不規範

崗位分析未受到應有的重視,一些企業崗位分析缺失,沒有明確的崗位說明書;還有一些企業雖然有崗位分析,形成了崗位說明書,但是不規範、不科學,由此導致員工對自己的職責、權限以及工作的標準並不十分清楚。事實上,在績效管理中,清晰的職責界定,以及與之相對應的績效標準是崗位績效管理的重要依據,只有具備這些基礎,直線經理對下屬工作績效的判定才不會拍腦袋,與員工溝通時才不會「沒底氣」。特別對於那些量化指標比較少的崗位來說,通過科學的崗位分析過程形成的規範的崗位說明書,對績效管理起更大的支撐作用。

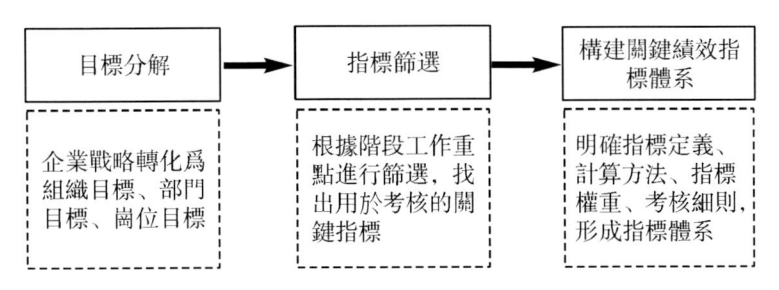

6.2 績效指標體系

6.2.1 績效指標體系設計的步驟

績效指標體系設計是績效管理實施過程中的首要環節，也是最難的一個環節，同時也是最重要的一個環節。績效指標體系的設計過程是對目標的轉化過程，也是分析一定時限內組織或崗位工作重點的過程。績效指標體系的設計通常有目標分解、指標篩選、構建關鍵績效指標體系三個步驟，如圖6-4所示。

```
┌─────────┐      ┌─────────┐      ┌──────────────┐
│ 目標分解 │  →   │ 指標篩選 │  →   │ 構建關鍵績效指 │
│         │      │         │      │   標體系     │
└─────────┘      └─────────┘      └──────────────┘
┌─────────┐      ┌─────────┐      ┌──────────────┐
│企業戰略轉│      │根據階段工│      │明確指標定義、│
│化為組織目│      │作重點進行│      │計算方法、指標│
│標、部門目│      │篩選，找出│      │權重、考核細則│
│標、崗位目│      │用於考核的│      │，形成指標體系│
│標       │      │關鍵指標  │      │             │
└─────────┘      └─────────┘      └──────────────┘
```

圖6-4　績效指標體系設計的步驟

1. 目標分解

將企業的戰略目標分解為組織的中、短期目標，再分解為部門及崗位目標，在進行目標分解時，應讓更多的人員參與，以便目標達成共識。一般在分解組織目標時，由企業的一把手主導，中層管理者參與；在分解部門目標時，由各部門的負責人主導，分管領導及相關部門參與；在分解崗位目標時，由直線經理主導，部門負責人及所有員工參與。需要注意的是，直線經理可能是部門負責人也可能不是，直線經理指的是某個崗位或員工的直接上級，如果一個部門有2個負責人，一般會有工作分工，這時，部門正職與部門副職分別成為不同崗位的直線經理。再比如一個生產部有3個班組，班組長就是相關班組崗位人員的直線經理。

企業一般在每年年底開展第二年的目標分解，通過分解形成的目標，可以讓相關人員簽訂目標責任書，作為年度績效考核的依據之一。

2. 指標篩選

根據二八原理，不管是部門還是員工個人，80%的時間在做著20%重要或重複的工作，為了突出重點，並不需要將所有的目標都納入考核，因此需要根據一個時期內企業的工作重點做出篩選。在指標篩選時需要注意的是篩選後的

部門指標與崗位指標之間仍然需要有關聯性，否則部門指標的落實找不到相應的支撐。

3. 構建關鍵績效指標體系

用於績效考核的指標必須定義明確、有指標權重、有計算方法、有考核細則，否則績效考核時會增加操作難度，同時也不能說服被考核對象。**關鍵績效指標體系既包括量化的指標，也包括無法量化的指標，這時就需要細化考核要素。**

6.2.2　目標分解的方法

德魯克認為，並不是有了工作才有目標，恰恰相反，是有了目標才能確定每個人的工作。所以企業的使命和任務，必須轉化為目標，如果一個部門沒有目標，這個部門的工作必然會被忽視。因此，管理者應該通過目標對下級進行管理，當最高層管理者確定了組織目標後，必須對其進行有效分解，轉變成各部門以及每個人的分目標，管理者根據分目標的完成情況對下級進行考核、反饋及獎懲。

1. 目標有效性的 SMART 原則

目標有效才能保證目標對工作的指導性，也才能作為績效考核的依據，因此在目標分解時必須要符合目標有效性的 SMART 原則，如表 6-1 所示。

表 6-1　　　　　　　　　SMART 原則的含義與要點

標準項目	含義及要點
具體的 （Specific）	含義：績效目標應清晰、明確、詳細 要點： ◇需要完成哪些具體任務 ◇明確目標的定義或計算方法
可衡量的 （Measurable）	含義：目標易於量化的，易於衡量的 要點： ◇目標達成的具體要求，如何知道已經實現了目標、實現的程度如何 ◇可以從數量、質量、成本、人員反應等方面考慮
可實現的 （Attainable）	含義：目標在一定時期內經過努力可以實現的 要點： ◇目標切合實際，且具有一定的挑戰性 ◇對較高要求目標，有支撐的條件或數據，說明目標能達成

表6-1(續)

標準項目	含義及要點
相關的 (Relevant)	含義：來自戰略，與組織、部門或團隊、個人的目標是一致的 要點： ◇是戰略目標的分解、總目標的一部分 ◇與部門或團隊以及個人的職責相關
有時限的 (Time-bound)	含義：目標要有合理的時間約束 要點： ◇明確的時間期限 ◇時間期限要準確，不易太長

為了進一步說明 SMART 原則，在表 6-2 中，對同一目標分別列出了符合與不符合 SMART 原則的兩組目標表述的對照。

表 6-2　　符合與不符合 SMART 原則的兩組目標對照

不符合 SMART 原則的目標	符合 SMART 原則的目標
降低接待費用	2017 年度接待費用比上年度減少 3%
提高客戶滿意度	客戶滿意度≥85%
項目回款 1.5 億元	2017 年 9 月以前項目回款 1.5 億元
及時處理客戶投訴	接到客戶投訴後的 20 分鐘內向客戶做出回應

2. 目標的縱向分解

目標的縱向分解要解決的問題，一是組織的目標如何落實到具體執行的人員，二是各個部門或崗位的目標來自哪裡。目標按層級來分，通常可劃分為組織目標、部門目標、個人目標三個大的層次，這三個層次是鏈式關係。如圖 6-5 所示。

通過目標的縱向分解就能明確部門、崗位績效目標的來源，即：

➢部門目標＝公司經營管理目標分解＋本部門職能相關的目標＋客戶的期望與要求

這裡的客戶既包括內部客戶，如上級領導、各部門工作的配合，也包括外部客戶。

➢崗位目標＝部門目標分解＋崗位職責相關目標＋上級主管的要求

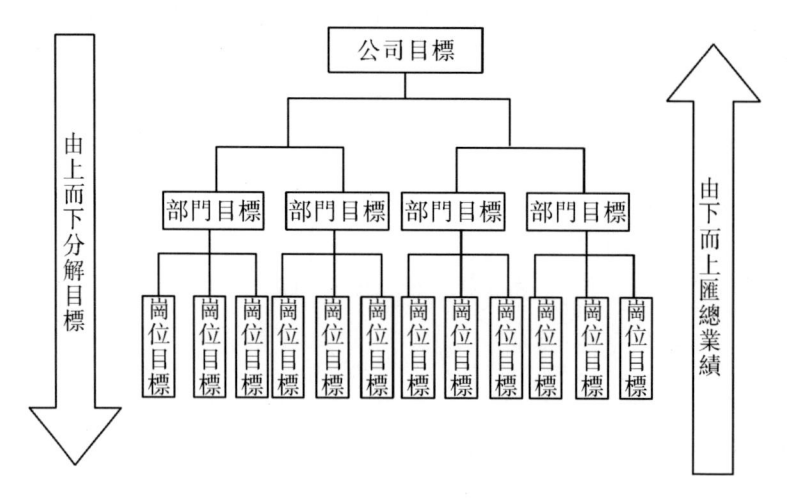

圖 6-5　目標的縱向分解

圖 6-6 說明了高、中層管理者的績效目標與組織目標的關係。

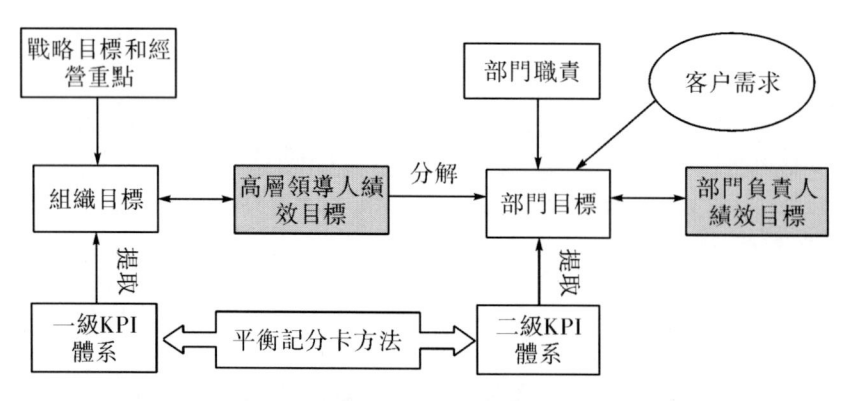

圖 6-6　高、中層管理者的績效目標與組織目標的關係

　　需要注意的是，目標的縱向分解，並不是機械的數字分拆，而是要把形成目標的因果關係梳理清楚。比如某公司確定年度利潤總額目標為 5,000 萬元，而利潤總額＝收入－成本，利潤總額的目標就往下分解為收入目標和成本目標。收入目標繼續分解為產品 A 收入、產品 B 收入、產品 C 收入等；成本目標分解為採購成本、生產成本、行銷成本、管理成本等。產品 A、B、C 的收入還可以進一步分解為銷售部的目標，進而分解到具體的銷售崗位上；各項成本則根據成本產生的部門，分解到各相關部門，當進一步分解到崗位時，這時的成本不一定能夠分解到具體的崗位上，但是相關的崗位為成本的控制做的一些工作則可以表述出來，成為支撐目標完成的計劃任務。分解示例如圖 6-7。

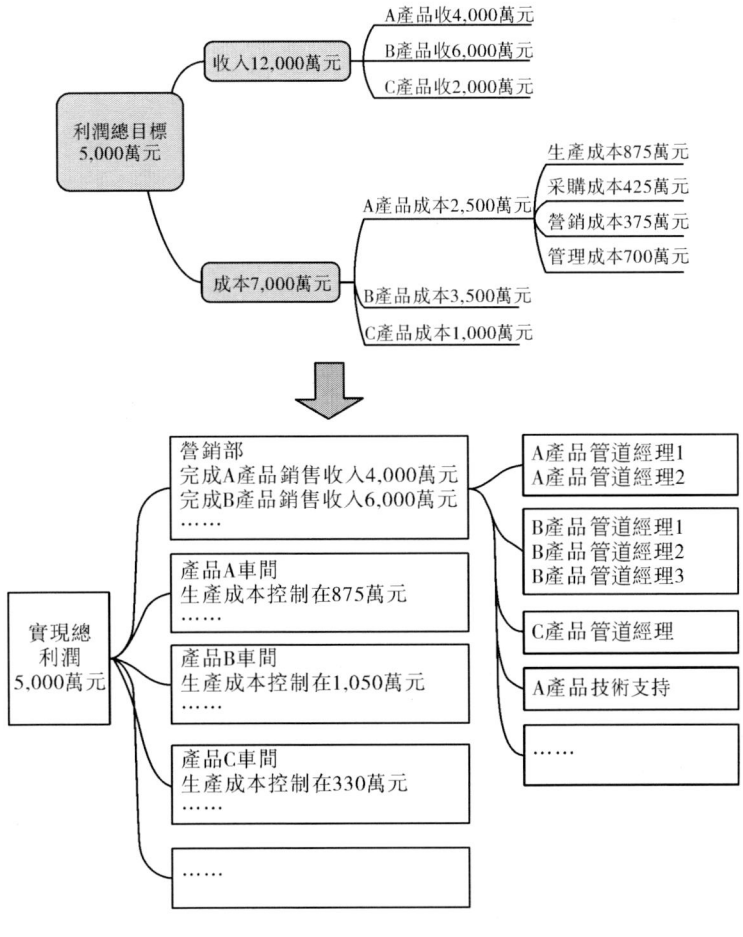

```
                          ┌─ A產品收4,000萬元
        ┌─ 收入12,000萬元 ─┼─ B產品收6,000萬元
        │                 └─ C產品收2,000萬元
利潤總目標
5,000萬元                              ┌─ 生產成本875萬元
        │                              ├─ 采購成本425萬元
        │                 ┌─ A產品成本2,500萬元 ─┤
        │                 │            ├─ 營銷成本375萬元
        └─ 成本7,000萬元 ─┼─ B產品成本3,500萬元   └─ 管理成本700萬元
                          └─ C產品成本1,000萬元
```

```
                  ┌─ 營銷部                              ┌─ A產品管道經理1
                  │  完成A產品銷售收入4,000萬元          │  A產品管道經理2
                  │  完成B產品銷售收入6,000萬元     ────┤
                  │  ……                                 │  B產品管道經理1
                  │                                     │  B產品管道經理2
                  ├─ 產品A車間                          │  B產品管道經理3
                  │  生產成本控制在875萬元          ────┤
實現總            │  ……                                 │  C產品管道經理
利潤      ────────┤                                 ────┤
5,000萬元         ├─ 產品B車間                          │  A產品技術支持
                  │  生產成本控制在1,050萬元        ────┤
                  │  ……                                 │  ……
                  │
                  ├─ 產品C車間
                  │  生產成本控制在330萬元
                  │  ……
                  │
                  └─ ……
```

圖 6-7　**目標縱向分解示例**

3. 目標的橫向分解

目標的橫向分解要解決的問題是，到底有哪些目標，如何才能確保目標是完整的。通常用平衡記分卡指導組織目標的橫向分解，用五維度模型來指導崗位目標的橫向分解。

（1）平衡計分卡

平衡計分卡是從財務、客戶、內部運作、學習與成長四個維度，將組織的戰略落實為可操作的目標的戰略實施工具。平衡計分卡克服了傳統的單一財務指標考核的局限性，兼顧了客戶、內部運作以及學習與成長三個重要的方面，它使企業既能有效跟蹤財務目標，同時又可以關注關鍵能力的發展，並開發出對未來成長有利的無形資產。四個維度對總體戰略的支持與分解模型如圖6-8

所示。

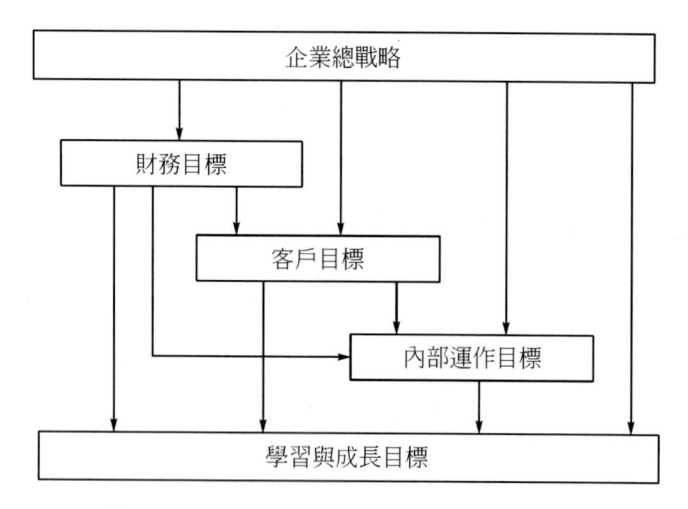

图 6-8 平衡計分卡對總戰略的支持與分解模型

➤財務：財務維度的目標可以顯示企業的戰略及其實施和執行是否對改善企業盈利有所貢獻。財務目標通常與獲利能力有關，包括營業收入、資本報酬率、經濟增加值、銷售額的提高或現金流量等。

➤客戶：企業為了獲得長遠的財務績效，必須創造出讓客戶滿意的產品和服務，包括客戶滿意度、客戶保持率、客戶獲得率、客戶盈利率、在目標市場中所占的份額等。

➤內部運作：需要形成怎樣的獨特優勢，使企業能專注於客戶的需求，以吸引和留住目標細分市場的客戶，並滿足股東對高額財務回報的期望，包括流程效率、良品率、一次成功率等。

➤學習與成長：這個維度的目標呈現了企業形成持續的成長和改善的關鍵因素，就是要不斷地學習與成長。平衡計分卡的前三個維度揭示了企業的實際能力與實現突破性業績所必需的能力之間的差距，為了彌補這個差距，企業必須投資於員工技術的再造、不斷地創新、留住人才。這些都是平衡計分卡學習與成長層面追求的目標，包括員工滿意度、員工保持率、員工培訓、創新效率等。

平衡計分卡四個維度的目標與願景及戰略的關係如圖 6-9 所示。

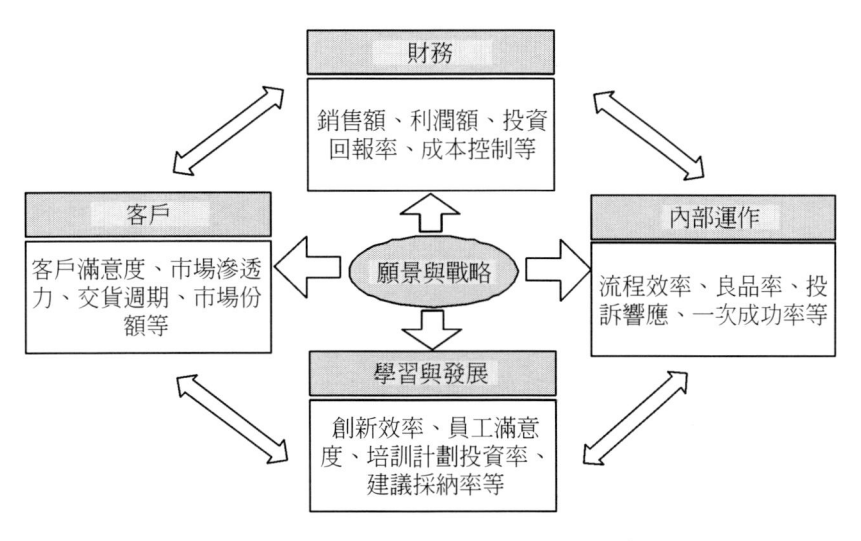

```
                        財務
          銷售額、利潤額、投資
          回報率、成本控制等

    客戶                              內部運作
客戶滿意度、市場滲透      願景與戰略     流程效率、良品率、投
力、交貨週期、市場份                    訴響應、一次成功率等
額等

                      學習與發展
          創新效率、員工滿意
          度、培訓計劃投資率、
          建議採納率等
```

圖 6-9　平衡計分卡各維度目標的關係及舉例

（2）五維度模型

五維度模型指的是在目標分解時可以從數量、質量、時間、成本、人員反應五個維度分解目標，該模型主要適用於對崗位目標的分解。

➢數量：一般採用個數、次數、人數、項數或額度來表示，也可以用工作完成率來表示，例如接聽電話的個數、約見客戶的次數等。

➢質量：大多數情況下，質量指標基本上都是需要評估該項工作質量達標情況，一般採用比率、準確率、達成率、合格率等表述，例如產品合格率、培訓計劃達成率等。

➢時間：一般而言，幾乎所有工作，都可以考慮其完成的時間要求，通常採用完成時間、及時性、延誤等表述，如延誤的天數、及時完成率、按時完成產品數量等。

➢成本：通常是指完成該項工作所耗費的成本，一般採用費用額、預算控制等表述，如單位產品維修費用、預算控制率等。

➢人員反應：一般是指客戶的滿意情況，這裡的客戶包括外部客戶，以及內部客戶。如客戶滿意度、客戶有理由投訴次數等。

通常每一項工作，都能從這五個維度設定目標，以「編寫崗位說明書」這項工作舉例，詳見表 6-3。但是，在實際的操作中，並不需要這麼多的績效目標，只需要根據工作的實際內容選取其中重點的 1-2 項納入考核即可。比如「編寫崗位說明書」這項工作最重要部分最容易出問題的和就是時間與質量，所以可以選取時間與質量的維度作為績效目標。

表 6-3　　　　　　　　　　　五維度模型設定目標示例

工作內容：編寫崗位說明書	
目標維度	目標要求
數量	工作分析的漏項數＝0 項
質量	崗位說明書中不符合崗位具體情況的項數＝0 項
時間	上報延遲天數＝0 天
成本	預算費用使用率≤100%
人員反應	上一級主管（部門）要求修改的次數≤2 次

6.2.3　指標篩選的方法

指標篩選至少要進行兩次，第一次篩選主要是為了去掉互相重複的、崗位完全無法控制的、影響不太大的、管理成本過高或者計算過於複雜甚至不能計算的量化指標。第二次篩選時要求根據對企業經營和經濟效益影響力的大小將指標進行排序，選擇最重要的幾項指標作為最終確定的崗位 KPI。

第一次篩選主要是使用定性的方法，由績效領導小組根據實際情況做出決策，而第二次篩選就需要使用量化的分析方法。最常用的方法是魚骨圖法。

魚骨圖是日本 ISHIKAWA 教授設計的一種找出問題所有原因的方法，是非常有效的量化分析的工具。魚骨圖就是將造成某項結果的眾多原因，進行系統的圖解分析，並以圖形的方式來表達結果與原因的關係，因形如魚骨而得名。

魚骨圖繪製的過程是：

➤繪製主骨：把需要分析的目標寫在魚頭上，可以是某一項工作，也可以是某個部門或某個崗位的績效目標。

➤畫出大骨：根據魚頭的目標，填寫一級指標。

➤畫出中骨：在一級指標之下分解出二級指標。

➤畫出小骨：有需求時，可以對二級指標進行分解。

以銷售目標的分解為例，繪製魚骨圖如圖 6-10。

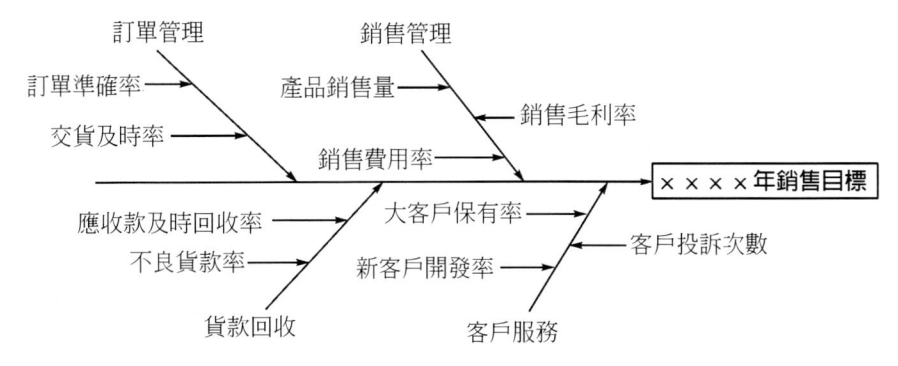

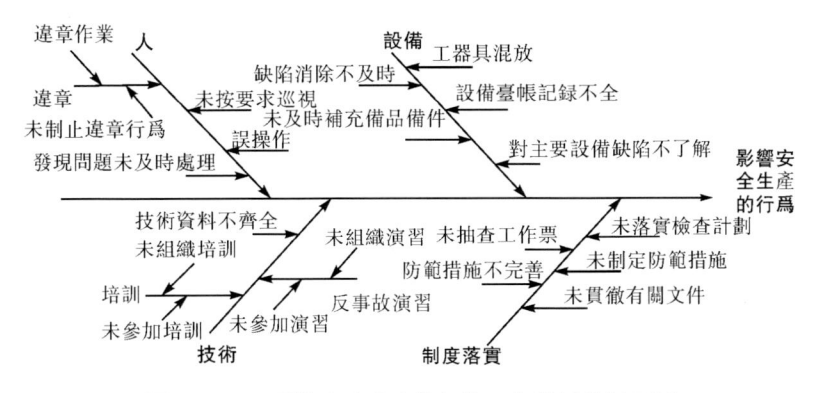

图 6-10　针对销售目标的鱼骨图分解示例

下面以对安全生产目标达成的「行为控制」为例进行分析，影响安全生产的因素主要有人的因素、设备的因素、技术的因素及制度的因素，而每一种因素又受到更具体的可再分解的小因素的影响。在运用鱼骨图分解时，以「影响安全生产的行为」作为主骨及鱼头，以人、设备、技术及制度四个大的影响因素为大骨，对每一种因素继续深入分析出中骨及小骨。如图 6-11 所示。

图 6-11　「影响安全生产的行为」鱼骨图分析示例

针对具体事件的分析，最好是相关资深人员一起通过头脑风暴提出各种可能性，再归类绘制到鱼骨图中。鱼骨图绘制完成后，再针对各要素做统计分析，分析的数据可以是平时的记录数据，也可以是请相关的资深员工通过排序打分的方式。图 6-12 为「影响安全生产行为」各要素的统计图。

通过图 6-12 发现，违章作业、未按要求巡视、缺陷消除不及时、设备台帐记录不全、发现问题未及时处理、未制止违章行为、工器具混放、误操作 8 个要素的频数较高，因此，筛选出这 8 个要素作为「影响安全生产行为」的考核指标。

第六章　绩效量化管理　241

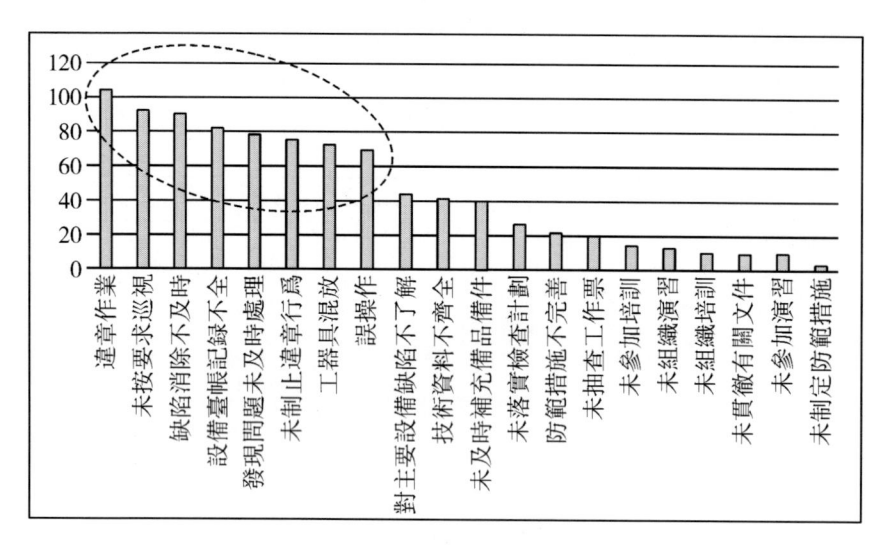

圖 6-12 「影響安全生產行為」各要素的統計圖示例

類似這樣以某一個行為作為主要因素分析的情況，還需要根據部門職責及崗位說明書，把確定的 8 個指標分解到相關的部門及崗位。如表 6-4 所示。

表 6-4　將 8 個指標分解到相關的部門及崗位示例

指標名稱	相關責任部門	相關責任崗位
違章作業	生產部	所有操作崗位
未按要求巡視	安全管理部	崗位 A、崗位 B
缺陷消除不及時	生產部	崗位 C、崗位 D
設備臺帳記錄不全	設備維修部	崗位 F
	生產部	崗位 C、崗位 D
發現問題未及時處理	生產部	崗位 C、崗位 D
	設備維修部	崗位 F
未制止違章行為	安全管理部	崗位 A、崗位 B
	生產部	崗位 G
	設備維修部	崗位 H
工器具混放	設備維修部、生產部	崗位 F
誤操作	生產部	所有操作崗位

242　量化與細化管理實踐

6.2.4 構建關鍵績效指標體系的方法

1. 績效指標的構成

關鍵績效指標由關鍵業績指標（KPI）與關鍵行為指標（KBI）構成，如圖6-13所示。關鍵業績指標KPI就是對結果的量化，而關鍵行為指標KBI就是對過程的量化，是考察各部門及各層級員工在一定時間、一定空間和一定職責範圍內，關鍵工作行為履行狀況的量化指標，是對各部門和各層級員工工作行為管理的集中體現。

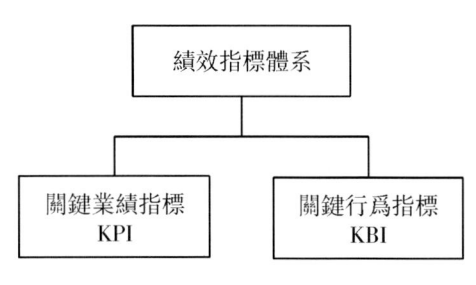

圖6-13　關鍵績效指標的構成

對於不同層級的員工，業績指標與行為指標所占的比例是不一樣的，對於高層管理者來說，更多的是業績指標，而對於基層員工來說，更多的是行為指標，良好的過程會獲得良好的結果，因此，對基層員工的過程控制很重要。如圖6-14所示。

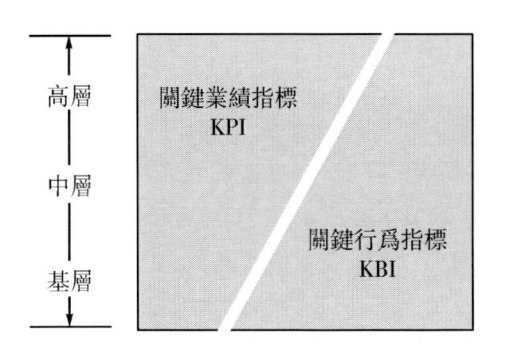

圖6-14　不同層級人員的KPI與KBI所占比例不同

2. 績效指標體系的內容

績效指標體系的內容包括指標名稱、指標定義或計算公式、權重、考核數據來源、考核週期、衡量標準等幾個部分。表6-5為某企業市場部的關鍵績效指標體系表。

第六章　績效量化管理 | 243

表 6-5　　　　　　　　　　某企業市場部的關鍵績效指標

BSC	KPI	KBI	KPI 或 KBI 定義/計算公式	權重	考核數據來源	考核週期	衡量標準 指標值	衡量標準 計分細則
財務	銷售計劃完成率		$\dfrac{實際完成銷售額}{計劃銷售額} \times 100\%$，計劃數按年度下達目標為準	20%	公司領導	年度	合格：≥100%	不扣分
							需改進：<100%	每少 2%，扣 2 分
客戶		市場調查任務未及時完成次數	未按公司要求及時完成市場調查任務，按次進行考核	10%	公司領導	季度	合格：0 次	不扣分
							需改進：0 次以上	每少 1 次，扣 3 分
	新客戶開發計劃完成率		$\dfrac{實際完成新客戶銷售額}{新客戶計劃銷售額} \times 100\%$，計劃數按年度下達目標為準	10%	公司領導	年度	合格：≥100%	不扣分
							需改進：<100%	每少 2%，扣 3 分
		投標差錯導致客戶丟失的次數	由於投標工作組織疏忽導致的客戶丟失，按次進行考核	10%	公司領導	季度	合格：0 次	不扣分
							需改進：0 次以上	每 1 次，扣 5 分
內部運作		《生產任務單》下發延誤的天數	在合同簽訂後，按流程及時下發《生產任務單》，對未及時下發的天數進行考核	15%	生產部	1 個項目週期	合格：0 天	不扣分
							需改進：0 天以上	每延誤 1 天，扣 3 分
		發貨差錯次數	小配件銷售發貨數量、型號的誤差，均計為發貨差錯，按次進行考核	10%	技術品控部	1 個項目週期	合格：0 次	不扣分
							需改進：0 次以上	每 1 次，扣 3 分
		客戶未按約定回款次數	由於催收不力，導致的客戶未在合同約定時間內回款，按次進行考核	15%	財務部	季度	合格：0 次	不扣分
							需改進：0 次以上	每 1 次，扣 5 分
學習與成長		培訓計劃未完成人次	按未按計劃完成培訓的人次數進行考核	10%	人力資源部	年度	合格：0 人次	不扣分
							需改進：≥1 人次	每多 1 人次，扣 3 分

（1）指標定義與計算公式

對於需要經過計算才能確定完成情況的，要明確計算公式。有些指標可以設計成比率指標也可以設計成頻數指標，具體需要看哪一種類型的指標更方便考核，比如表 6-5 中的培訓計劃完成情況的考核，可以是「培訓計劃完成率」，也可以是「培訓計劃未完成人次」，前者需要將實際參加培訓人次與計劃參加培訓的人次數進行比較，但計算後的百分比卻變得不那麼直觀，比如一個大部門的 20% 與一個小部門的 30%，代表的含義是不一樣的，且培訓工作在一年中不一定是均衡開展的，有可能某個季度很忙，一場培訓都沒有；而某個月比較空閒，多做幾場培訓，因此計算比率的意義並不大；而後者不需要計算，可以直接按未完成的人次數進行考核，更直觀。而對於銷售計劃完成情況來說，由於銷售額的數據較大，取數也比較容易，使用銷售計劃完成率這樣的指標，更能體現其完成的實際情況，也便於在過程中，比如季度、半年等時間節點上，對照時間與計劃完成情況，直觀反應該項工作的實效。

（2）權重

權重看上去很簡單，但要設計得科學卻不那麼容易。在考核中，權重是一個導向，通常權重大的，表示該項工作相對其他工作更重要。權重直接影響評價結果，是考核的「指揮棒」。因此，在權重設計時需要注意以下規則。

➢每個維度的權重一般不高於 30%，不低於 5%。過高的權重會導致團隊成員「顧大頭，扔小頭」，對某些與工作質量密切相關的標準不重視。

➢最重要的業績要賦予最高的權重。

➢最不重要的業績要賦予最低的權重。

➢有相同重要性的業績要賦予相同的權重。

➢所有的權重加起來要達到 100%。

在確定權重時，可以採用排序法、比較法以及德爾菲法。

①排序法：排序法確定權重，根據各項指標的重要性進行排序，再通過計算來求得各指標的權重。在對指標重要性排序時，可以由績效領導小組的成員通過頭腦風暴的方法，收集大家的意見。表 6-6 是指標重要性排序收集意見表的示例。

表 6-6　　　　　　　　指標重要性排序示例

指標名稱	按重要性排序
指標 I	3
指標 II	4
指標 III	1
指標 IV	5
指標 V	2

註：數字 5 代表最重要，數字 1 代表最不重要。

針對表 6-6 的結果，則可以計算權重，得到表 6-7 的結果。需要注意的是，計算的結果僅是權重確定的方向性依據，最終的權重數值還需要根據權重設計的基本原則確定。

表 6-7　　　　　　　　根據排序結果計算權重示例

指標名稱	排序結果	計算	最終權重
指標 I	3	$\dfrac{1}{1+2+3+4+5} \times 3 = 0.2$	20%

表6-7(續)

指標名稱	排序結果	計算	最終權重
指標Ⅱ	4	$\frac{1}{1+2+3+4+5} \times 4 = 0.27$	25%
指標Ⅲ	1	$\frac{1}{1+2+3+4+5} \times 1 = 0.07$	10%
指標Ⅳ	5	$\frac{1}{1+2+3+4+5} \times 5 = 0.33$	30%
指標Ⅴ	2	$\frac{1}{1+2+3+4+5} \times 2 = 0.13$	15%

②比較法：將績效指標進行兩兩比較，重要項得分較多，反之得分較少，再將各比較結果加總後得出各指標的權重。表6-8為比較法確定權重的示例。

表6-8　　　　　　　　比較法確定權重示例

績效指標	指標Ⅰ	指標Ⅱ	指標Ⅲ	指標Ⅳ	指標Ⅴ	得分合計	確定權重
指標Ⅰ	-	2	2	1	1	6	25%
指標Ⅱ	0	-	2	1	1	4	20%
指標Ⅲ	0	0	-	2	0	2	10%
指標Ⅳ	1	1	1	-	2	5	25%
指標Ⅴ	1	1	2	0	-	4	20%

③德爾菲法：這種方法確定權重比較簡單，但又能集思廣益。具體做法如下。

➤將篩選出來的指標，設計權重調查表。

➤將調查表通過郵件或設計成電子問卷發給相關人員，包括企業的高、中層管理者、資深的員工代表。

➤收回調查表，統計結果。

➤如果離差較大，將上述過程重複一遍，第二次調查時，可將平均值或中位數告之相關人員，由相關人員再次選擇。

以上過程如圖6-15所示。

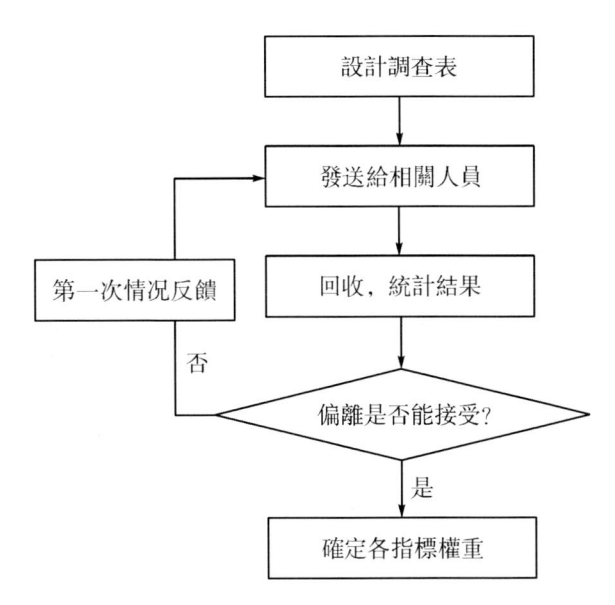

```
                    ┌──────────────┐
                    │  設計調查表  │
                    └──────┬───────┘
                           ↓
                    ┌──────────────┐
              ┌────→│發送給相關人員│
              │     └──────┬───────┘
              │            ↓
    ┌──────────────┐ ┌──────────────┐
    │第一次情況反饋│ │回收，統計結果│
    └──────────────┘ └──────┬───────┘
              ↑否           ↓
              │      ╱╲
              └────┤偏離是否能接受?├
                     ╲╱
                      ↓是
                    ┌──────────────┐
                    │確定各指標權重│
                    └──────────────┘
```

圖 6-15　使用德爾菲方法確定權重的過程

（3）衡量標準

衡量標準的設計方法主要有完成比例法、數量遞減法、基準加減分法、累積計分法、直接扣分法、否決計分法、區間計分法、等次計分法八種。

➢完成比例法：該方法是先確定某項工作的指標分數，最終根據完成情況計算得分，計算公式：指標得分＝（實際完成值÷計劃目標值）×指標分數。該方法適用於工作或目標可以分拆計算的情況。例如：培育上市企業的指標分數為 4 分，目標是完成 6 戶企業上市，而該市 2017 年實際上市的企業為 5 戶，則該項指標得分為（5÷6）×4＝3.33 分。

➢數量遞減法：計分方法是將實際完成值與目標值進行對比，根據差距，按規定的扣分規則逐一扣分，當比例低於某個程度時，減至 0 分。適用於目標明確的定量指標，且不鼓勵超額完成。例如：銷售計劃完成指標為 8 分。任務完成率達 100% 得 8 分。每少 0.1 個百分點扣 0.05 分，扣至 0 分為止。

➢基準加減分法：計分方法是設置零分、達標分和最高分三個基準分數。達到目標值要求時，得達標分；高於目標值的按相應比例加分，加至最高分為該考核指標滿分值；低於目標值的按相應比例減分，減至一定程度為零分。該種計分方法具有獎勵創造高績效和懲罰任務不達標的雙重作用。例如：新客戶開發指標分數為 10 分，完成目標值 500 戶得 8 分，每多 1 戶加 0.02 分，最多加 2 分，每少 1 戶扣 0.02 分，扣至 0 分為止。

第六章　績效量化管理　247

➢累積計分法：指標內包括多項任務時，每完成一項加相應分數，加至滿分為止。適用於由多項目標任務組成或按步驟分解考核的指標。例如：員工合理化建議分數為 3 分，提出合理化建議每 1 條，得 0.5 分；每條合理化建議被採納得 1 分，加至滿分為止。

➢直接扣分法：計分方法為每少完成一項扣減相應分數或出現違規現象時，就扣減相應分數，扣至零分為止。此方法適用於由多項任務組成或避免某些違規現象出現的指標，例如客戶投訴控制指標為 7 分，每發生 1 次客戶有理由投訴扣 1 分，扣完為止。

➢否決計分法：計分方法是將實際完成情況與目標進行對比，完成得滿分，未完成不得分。此方法適用於具有硬性要求必須全部完成的指標，或為單一任務難以分解的指標，例如安全生產達標的指標為 5 分，安全生產達標，得 5 分；安全生產未達標，不得分。

➢區間計分法：計分方法為分割目標值，確定目標值的區間範圍以及對應的分值，例如培訓滿意度的指標分值為 10 分，劃分為 4 個區間，培訓滿意度≥90%，得 10 分；90%＜培訓滿意度≤85%，得 8 分；85%＜培訓滿意度≤80%，得 6 分；培訓滿意度<80%，不得分。

➢等次計分法：計分方法是根據評價標準對照實際完成情況進行等次評價，分為不同等級，並分別對應一定的分值，例如員工的團隊精神 10 分，分為優、良、基本合格、不合格四個等級，優得 10-9 分；良得 8-7 分；基本合格，得 6-5 分；不合格，得 4 分及以下。

以上八種計分方法是基本的方法，也可以根據實際需要綜合在一起使用。**在設計衡量標準時需要注意區分正指標與逆指標，正指標越大越好，逆指標越小越好**。例如，客戶滿意度、銷售收入、利潤這些都是正指標，當小於目標值時就會減少該項得分；而費用、投訴、不良品率等指標都是逆指標，當大於目標值時就會減少該項得分。

6.3 績效計劃管理

績效計劃管理是實現績效目標的過程管理工具，體現了上下級之間圍繞績效目標的達成所建立的有關工作方面的共識。

6.3.1 績效計劃對績效目標達成的支撐作用

一方面，績效指標側重於量化數據的考核，而績效計劃則側重於對定性工

作或職責履行的考核；另一方面，大部分績效指標的考核週期一般是年度或半年度的，而績效計劃一般是月度考核。通過績效計劃中各項工作的完成，逐步實現績效目標。如圖6-16所示。

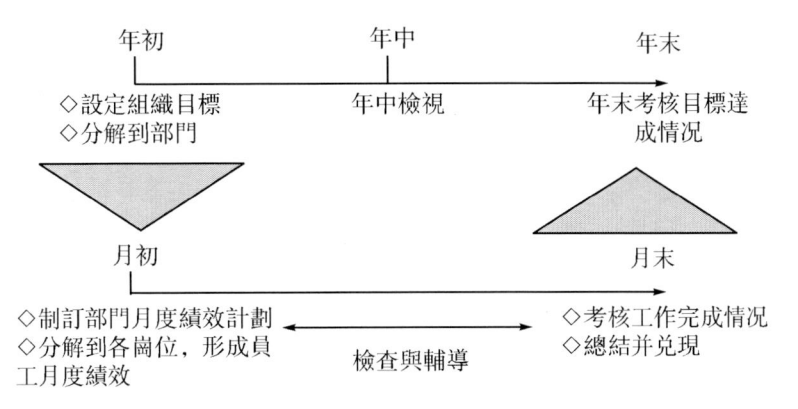

```
      年初              年中                年末
◇設定組織目標        年中檢視          年末考核目標達
◇分解到部門                            成情況

      月初                              月末
◇制訂部門月度績效計劃              ◇考核工作完成情況
◇分解到各崗位，形成員    檢查與輔導    ◇總結并兌現
 工月度績效
```

圖6-16　績效計劃對目標達成的支撐作用

經常有企業提出來，說績效指標的考核似乎離平時的工作太遠，還有的認為對於管理工作可以考核的指標並不多，或者不容易考核，但平時做的工作又還不少。事實上，這些疑惑產生的根源就是忽略了績效計劃的管理，放大了對績效指標的期望，遺漏了過程管理。

6.3.2　績效計劃的內容

績效計劃在制定時應分為部門績效計劃與員工績效計劃。部門績效計劃制定的依據包括：為確保年度績效目標完成的各項工作、部門職責履行的工作計劃、上級領導的要求以及對其他部門工作的配合的計劃。

部門績效計劃需要分解到員工的績效計劃中去，一般員工績效計劃制定的依據有：部門績效計劃內容分解、為確保完成崗位績效目標需要完成的各項工作、崗位職責履行的工作計劃。

績效計劃的內容應包括工作內容、完成時限、考核標準、考核者與被考核者就計劃確認達成共識的簽字等。表6-9為某企業的部門績效計劃用表。

表 6-9　　　　　　　　某企業部門績效計劃用表示例

部門：　　　　　　　　　　　計劃期間：__年__月__日—__年__月__日

序號	工作內容	權重(A)	完成人	完成時間 起	完成時間 止	完成情況評價 自評	完成情況評價 上級評價(B)	完成情況評價 績效會議評價(C)	單項得分=A×(B×50%+C×50%)

部門負責人簽字：　　　　　月　　日　直接上級簽字：　　　　月　　日

評價標準	101-105 分	「完成，有加分」——①完成工作中，產生了創新性成果；②因處理緊急、突發事件增加了工作量，且取得良好效果；③解決了本部門職責之外的問題，並產生了直接效益
	100-95 人	「完成」——在規定的時間內完成任務，完成任務的數量、質量基本符合規定的標準
	94 分以下	「未完成」——①未在規定時間內完成任務；②即使完成任務，但其數量和質量不符合規定的標準

最終認定得分		考核者簽字：　　月　　日　被考核部門負責人簽字：　　月　　日

案例：某企業對部門績效計劃管理流程的規定如下。

➢各部門每月 29 日前擬定次月的月度績效計劃。

➢各部門在月度績效計劃形成後，應與部門的分管領導討論、達成共識並簽字確認。

➢每月 5 日前，各部門在月度績效會議上陳述本月績效計劃，公司領導及其他部門可提出績效計劃補充要求。

➢人力資源部將月度績效會議上討論通過的各部門績效計劃，形成正式文件。

➢經會議討論通過的績效計劃一式兩份，各部門及部門的分管領導各執一份，以便進行工作的檢查及核實。

6.4　績效輔導

績效輔導是管理者與員工討論有關工作進展情況、潛在的障礙及存在的問題，解決問題的辦法與措施等有針對性的指導與支持行為，是提升員工績效水準的有效工具。在績效管理工作中，績效輔導是容易被管理者忽略的，同時，績效輔導對管理者提出了更高的要求，包括管理者的責任心、溝通能力、發現

問題的能力以及管理者自己對管轄範圍內工作的熟悉與掌控情況。

6.4.1 績效輔導的作用

績效輔導的根本目的就在於對員工實施績效計劃的過程進行有效的管理，一般認為，只要過程都是在可控範圍之內的話，結果就不會出太大的意外。

1. 對直線經理的作用

➢瞭解工作的進展情況，以便於及時協調或做出調整。

➢瞭解員工工作中遇到的障礙，幫助員工分析問題，解決困難，使員工能按預期完成工作。

➢通過在過程中的溝通，提醒或規範員工行為，避免在績效考核時發生意料之外的情況。

➢即時掌握績效考核必須用到的信息，使考核有目的性和說服力。

➢提供員工需要的信息，讓員工及時瞭解自己的想法和工作以外的改變，以便管理者和員工步調一致。

2. 對員工的作用

➢得到關於自身工作績效的反饋信息，以便不斷改進與提升。

➢及時得到直線經理的資源支持與幫助，以便更好地達成績效目標，完成績效計劃。

6.4.2 績效輔導的時機

雖然制訂了績效計劃，上下級之間也達成了共識，但並不意味著員工能夠順利完成績效計劃中的各項工作。作為直線經理，應及時瞭解員工的工作情況，糾正其工作中的差錯，教會其有效的工作方法，以確保績效目標的達成。在此過程中，管理者應選對時機，就員工的工作進展、績效現狀、工作方法、工作結果等方面內容，與員工進行溝通並做出指導，對做得好的及時予以肯定，使其繼續發揚；對做得不好的及時予以糾正與引導，使其及時改進。

一方面，由於直線經理也有自己需要完成的工作，管理的下屬一般不止一個人，不可能隨時盯著下屬，另一方面，員工應該也需要有獨立工作、獨立發現問題與解決問題的能力，因此，在恰當的時機對員工進行績效輔導會收到事半功倍的效果，這樣既能降低管理者時間上的壓力，又能使員工更樂於接受輔導。績效輔導的時機主要包括以下五個方面。

1. 當員工希望直線經理對某種情況發表意見時

例如員工主動找到直線經理討論某個問題，或者徵詢直線經理對某個想法

的意見時。

2. 當員工希望直線經理解決某個問題時

例如員工在工作中遇到了阻礙或難以解決的問題,希望得到直線經理的幫助時,直線經理應借此機會給員工傳授一些解決問題的方法與技巧。

3. 當直線經理發現員工的工作過程中存在明顯的需要改進之處時

例如,發現某項工作可以用另外一種方式做得更快、更好時,就可以及時給員工指導,讓他試著採用一些更好、更快的方法。

4. 當員工通過培訓掌握了新技能,而直線經理希望他們將新技能運用於實際工作中時

直線經理可利用這個機會,指導員工如何將培訓後的知識轉化為實際的技能,同時瞭解員工所需要的支持,並給予工作上的協調與幫助。

5. 當工作差錯已經出現時

當員工由於工作差錯已經帶來了影響,這時直線經理應針對差錯出現的原因、已經產生的影響以及後期還有可能繼續導致的影響等,與員工展開討論,並借此機會對諸如員工的態度、責任心、工作方法等提出改進的要求。

6.4.3 績效輔導的主要內容

績效輔導的內容主要圍繞績效目標的達成,以及完成績效計劃的實際情況展開,直線經理在對員工開展績效輔導時,可以考慮以下幾個方面的問題。

➤關於達成目標或實現計劃的進展如何,員工是否在朝著既定的績效目標前進。

➤在工作過程中,哪些方面進行得好,有沒有特別可行適於廣泛推廣的經驗與方法可以總結的。

➤哪些方面需要進一步改善和提高,目前的差距有多大。為使員工更好地完成績效目標,需要做哪些改善。

➤為了有效達成目標或計劃,在提高員工的知識、技能和經驗方面,直線經理需要做哪些工作。

➤是否需要對員工的績效目標進行調整,如果需要,怎樣調整(包括調高與調低)。如何與員工就調整後的目標達成共識。

➤直線經理通過輔導與員工在哪些方面達成了一致,還有哪些問題是反覆出現的,原因是什麼。

➤直線經理與員工需要在哪些方面進行進一步的溝通探討。

直線經理應根據績效計劃對下屬工作進行對照,對於員工每一項工作可能

會達成的成果有所瞭解,並注意觀察其工作態度、工作行為、工作方法,做好記錄,以便在績效輔導時更有針對性。

6.4.4 績效輔導的方法

績效輔導的過程說到底就是「瞭解+溝通」,瞭解包括瞭解員工、瞭解工作;溝通包括傳達目標、傳授工作所需要的技能與方法等。

1. 分析與瞭解員工

績效輔導能夠有效促進員工改進的前提是直線經理對員工的深入瞭解,由於員工工作能力、態度、責任心等有較大的差異,在工作過程中表現出來的問題也有所不同,因此針對不同情況的員工,對其實施輔導的方法也應有所不同。一般在瞭解員工情況時,態度與責任心被統稱為工作的意願。我們可以從員工的工作能力與工作意願兩個方面著手分析,如圖6-17所示。

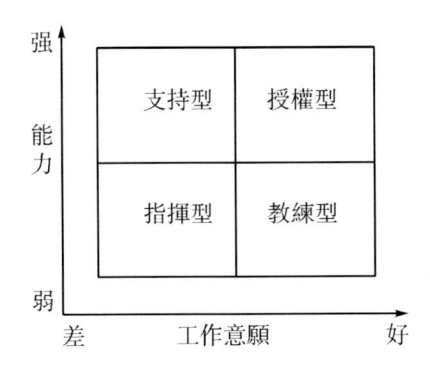

```
強
│
能   │  支持型  │  授權型
力   │
     │  指揮型  │  教練型
│
弱
  差        工作意願        好
```

圖 6-17 針對不同員工採用不同的績效輔導方式

支持型:這種情況下,員工的工作能力強,但是工作意願比較差。需要弄清楚員工工作意願差的原因,傾聽員工在意願方面遇到的障礙和困難,甚至是下屬的牢騷。造成員工工作意願差的主要原因通常包括:一是員工對工作本身的理解不夠,認為其所在崗位或者對其分配的工作不重要,二是組織的激勵制度引起員工不滿,三是員工需要的支持沒有予以滿足,而員工又不理解原因。不管是哪種情況,都需要與員工保持穩定的溝通頻度,疏導員工心中的不滿或疑慮,重點幫助員工解決認識上的問題。

授權型:這種情況下,員工的工作能力強,工作意願也強,這是最理想的。遇到這類員工,直線經理可以比較省心,減少溝通的頻度,溝通的內容以贊揚和肯定為主,以明確大的工作方向為主,同時多聽其建議。

教練型:這種情況下,員工的能力較弱,但工作意願比較強。員工能力較

弱的原因主要包括：一是員工完成工作的知識、技能與經驗累積不夠，二是員工本身的學習與改進的能力不夠。直線經理需要與員工保持穩定的溝通頻度。在溝通中，多瞭解其工作進度的情況，必要時可以要求檢查其階段性成果。對於具體工作給出比較詳細和明確的指導，在方法、技能上多指導，並給予能力提升的機會和時間。

指揮型：這種情況下，員工的能力較弱，工作意願也比較弱。一種可能是由於員工不能勝任工作，而導致的對工作興趣降低，影響工作意願；另一種可能是員工本身完成工作的知識、技能與經驗累積不夠，再加上不能正確客觀認識自身的情況以及組織的激勵制度、工作的安排等。對於前一種可能的情況，直線經理需要增加溝通的頻度，對於具體的工作給予詳細的方法、工具使用、工作成果的說明與要求，並給員工提供反覆訓練的機會。而對於後一種可能的情況，直線經理需要對員工進行疏導，並加強檢查與考核。

2. 績效溝通的方式

績效溝通的方式包括正式溝通與非正式溝通。正式溝通可供選擇的工具有定期的書面報告、定期的會議溝通、一對一正式面談等；非正式的溝通可供選擇的工具有走動式管理、工作間歇時的溝通、非正式的會議等。如表 6-10 所示。

表 6-10　　　　　　績效溝通方式可選擇工具

溝通方式	可供選擇的工具
正式溝通	定期的書面報告 定期的會議溝通 一對一正式面談
非正式溝通	走動式管理 工作間歇時的溝通 非正式的會議

➢定期的書面報告。可以要求員工通過文字的形式報告工作進展、反應發現的問題，主要可以採用周報、月報、季報或年報等形式。當員工與直線經理不在同一地點辦公或經常在外地工作的人員可通過電子郵件進行傳送。書面報告既可以培養員工理性、系統地考慮問題的能力，又可以提高邏輯思維和書面表達能力。此外，為了避免繁瑣、提高效率，可以從企業層面規範各種形式書面報告的內容與格式。

➢定期的會議溝通。會議溝通可以滿足團隊交流的需要；定期參加會議的人員相互之間能掌握工作進展情況；通過會議溝通，員工往往能從直線經理那

裡獲取到公司戰略或價值導向的信息。但應注意控制會議的頻率，明確會議重點，避免開無效的會議。

➢一對一正式面談。正式面談對於及早發現問題，找到推行解決問題的方法是非常有效的。面談可以使直線經理與員工進行比較深入的探討，特別是一些不易公開的觀點；使員工有一種被尊重的感覺，有利於建立直線經理與員工之間的融洽關係。面談的重點應放在具體的工作任務和標準上，鼓勵員工多談自己的想法，以一種開放、坦誠的方式進行談話和交流。

➢走動式管理。直線經理在工作時間抽空前往下屬工作的場所去觀察員工的工作，以獲得更豐富、更直接的員工工作相關信息，及時瞭解員工的工作狀態，在工作中存在的問題等，並及時予以反饋。

➢工作間歇時的溝通。直線經理通過下午茶、吃飯時間或是在電梯、樓道等工作場所相遇的時間，瞭解員工工作的進展情況，存在什麼問題，或是需要什麼樣的資源支持等，並及時對員工的信息給予反饋。

➢非正式會議。當直線經理發現需要協調的問題，或者員工向直線經理提出需要協調的問題，而時間又比較緊急，涉及不止 1 個人員時，直線經理可以馬上召集相關人員，共同就某一問題展開討論，從而使問題得以解決。

3. 績效溝通的步驟

在進行績效溝通，特別是需要員工個人做出改進時，管理者需要注意溝通的步驟，以便員工能夠認識到錯誤及其影響，並樂於改進。溝通的步驟包括描述行為、引用事例、闡明結果、表明期望四個過程，如圖 6-17 所示。

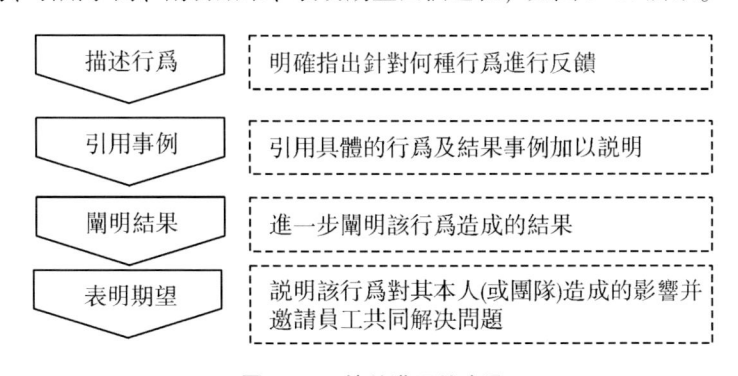

描述行為	明確指出針對何種行為進行反饋
引用事例	引用具體的行為及結果事例加以說明
闡明結果	進一步闡明該行為造成的結果
表明期望	說明該行為對其本人(或團隊)造成的影響并邀請員工共同解決問題

圖 6-17 績效溝通的步驟

案例：由於員工小王一週內連續遲到三次，其直線經理姚經理找到小王就此事進行溝通，並希望小王以後不再遲到。

姚經理對小王說：你這是本周第三次遲到了（描述行為），週一、周二你

分別遲到了 15 分鐘和 20 分鐘（引用事例）。周二因為你遲到，客戶來沒找到你，提出了投訴，今天因為你遲到，大家等了 10 分鐘才開會（闡明結果）。按公司規定，一個月累計遲到三次以上是要通報的，希望你管理好時間，不要再遲到了（表明期望）。

小王回答道：沒想到我這幾次的遲到產生了如此大的影響，我保證以後不遲到了。

6.5 績效考核

績效考核是績效管理中的一個環節，是指考核主體對照工作目標和績效標準，採用科學的考核方式，評定員工或團隊（部門）的工作任務完成情況、員工或團隊（部門）的工作職責履行情況以及員工的態度、責任心等個人情況，並且將考核結果反饋給員工或團隊（部門）的過程。

6.5.1 績效考核的週期

績效考核週期的選擇會影響績效管理的效果，考核週期過短，考核過於頻繁，會增加管理成本；但是，考核週期過長，又會降低績效考核的準確性，不利於績效的改進，從而影響績效管理的效果。

績效考核週期通常可以分為月度考核、季度考核、半年度考核和年度考核。另外，根據企業所處行業的實際情況，某些特殊的情況下還會出現按旬考核、按周考核以及按項目節點考核。

1. 月度考核

月度考核一般適用於基層員工。通過月度考核，配合績效工資的發放，可以在短期內充分地調動員工的積極性，起到對員工及時激勵、對企業及時糾正差錯的良好效果。但是，這樣頻繁的考核會加大直線經理、人力資源部等相關考核統計人員和部門的工作量。月度考核的內容以計劃考核與行為考核為宜。

2. 季度考核

季度考核一般適用於基層員工和基層管理者，是對被考核者一段時期內工作的督導和評價。對於大部分職能部門來講，以季度為考核週期既可以避免月度考核工作量大的問題，又可以相對有效地反應出各個部門或各個崗位在這段時間內的工作成效。季度考核的內容以計劃考核為宜。

3. 半年度考核

半年度考核一般適用於企業的中高層管理人員，是對管理人員一段時間內工作的評價。考慮到中高層管理者既要對公司整體的戰略負責，又要對公司的整體經營目標負責，對其考核的很多指標都只適合在中長期進行，所以採用半年度的考核對這類管理者更適合。半年度考核的內容，以績效指標考核為宜。

4. 年度考核

年度考核一般適用於公司全體員工，對所有的員工而言，年度考核是對一年工作的檢查和檢驗。這其中不僅包含了對所有員工經營業績完成情況的考核，還包含對員工一年的工作能力與態度的考核。所以對員工而言，年度考核一般是一個相對綜合、相對全面的考核。年度考核配合日常的月度、季度考核，從過程到結果都可以起到比較全面的監控。年度考核的內容，以績效指標考核為宜。

表 6-11 是不同考核週期適宜的對象與考核內容。

表 6-11　　　　　不同考核週期適宜的對象與考核內容

考核週期	適宜對象	考核內容
月度考核	部門考核、基層員工	績效計劃完成情況、行為考核
季度考核	部門考核、基層員工、中層管理者	績效計劃完成情況
半年度考核	部門考核、中高層管理者	績效指標完成情況
年度考核	部門考核、全體員工	績效指標完成情況

6.5.2　績效考核的內容

績效考核的內容選擇會直接影響考核的結果，以及績效管理的有效性。對於部門或團隊的考核內容重點是目標達成及職責履行情況，主要通過績效指標考核及績效計劃完成情況的考核來衡量。而對於員工個人的考核內容則要複雜一些，不僅要考核目標達成及職責履行情況，還要考核員工的工作表現與工作能力。由於不同層級的員工對其要求不同，因此在考核內容方面也有較大的差異。詳見表 6-12。

表 6-12　　　　　　　　　　績效考核的內容

考核對象		考核內容	說明
部門或團隊		績效指標 績效計劃	由於部門工作性質的差異，指標考核與計劃考核的權重可以不同
員工個人	基層員工	績效指標 績效計劃 工作表現考核	三項考核的權重，可以根據崗位分類，分別設計
	中層管理者	績效指標 績效計劃 工作能力考核	部門指標與計劃完成情況應與中層管理者的指標與計劃完成情況有關聯
	高層管理者	績效指標 工作能力考核	根據分管工作，指標的權重應有所不同，體現主要責任與次要責任。

1. 績效指標考核

一是指標的來源必須是企業目標的分解，並且與本部門或本崗位的職責是相關的，是本部門或本崗位通過努力能夠控制其結果的。目標分解的方法可以參見第 6.2 節；二是考核的週期要符合指標本身的規律，原則上不宜太短，以半年度或年度為宜，也可以以項目週期作為考核的時間點分配。三是對部門的考核可以通過目標責任書的形式，將需要達成的目標由企業高層與分管部門或項目團隊簽訂目標責任書，約定考核內容。績效指標設計的方法可以參見第 6.2 節。

有一些企業由於認為主要的生產經營指標與企業所有的部門有關，所以設計了通用指標作為所有部門的考核內容。這樣做雖然可以讓大家感受到生產經營指標對績效乃至薪酬的影響，但是，能夠直接影響指標的部門畢竟有限。因此，像這樣的通用指標的設計，一是要注意考核權重，對於直接影響指標的部門或個人給予較高的權重，而對於非直接責任部門，其權重不能大於 20%；二是這樣的通用指標不宜太多，原則上不能超過 3 個，否則各部門的主要工作無法得到有效的考核與控制。

2. 績效計劃考核

一是部門績效計劃與員工個人績效計劃之間要建立關聯，二是績效計劃的考核週期不宜過長，原則上不超過一個季度，部門績效計劃的考核與員工個人的績效計劃考核應同步。績效計劃的管理可參見 6.3。

3. 基層員工的考核

基層員工的考核內容主要包括績效指標、績效計劃以及工作表現考核，對

於不同類型崗位的員工，在三項內容上占的權重是不同的，比如服務類崗位的員工，相對指標與計劃來說，其工作責任心、工作態度對績效的影響更直接，所以服務類崗位的員工的工作表現的權重占比應該比較大；而業務類的崗位的員工，由於其從事的工作可以量化的指標不多，更多的是對於日常事務工作的處理，相對而言，績效計劃的占比就應比較大。

➤員工績效指標：基層員工的績效指標包括 KPI 與 KBI，主要來自部門目標的分解以及完成所在崗位職責的要求。一般來說，所有崗位的員工都有績效指標，只是針對不同類型崗位的員工，其 KPI 與 KBI 的數量不同，例如，行銷類的員工更多的是 KPI，而服務類的員工更多的是 KBI。對於 KBI 的考核，週期適宜短一些，比如月度或季度，而對於 KPI 的考核，則應以指標可統計的時間週期為準。同時，員工的績效指標考核週期應與部門績效指標的考核週期對應。

➤員工績效計劃：基層員工的績效計劃主要來自部門計劃的分解，以及所在崗位職責履行的要求。對於工作職責簡單固定、任職要求不高的崗位來說，可以沒有績效計劃的要求，例如保潔、保安等崗位的員工。

➤員工工作表現：工作表現考核的內容主要包括工作態度、責任感、團隊精神、工作效率、計劃性、溝通協調、成本意識、工作品質、時間意識、服務意識等內容，不同類型的崗位在工作表現的內容選擇上有一定的差異。**雖然工作表現無法量化表述，但需要做細化的衡量標準規定。**由於員工的工作表現會受到外界環境以及自身情緒的影響，因此，考核週期不宜太短，以半年度或年度為宜。表 6-13 為某企業基層員工的工作表現考核表。

表 6-13　　　　　　　　　員工工作表現考核表示例

部門		姓名		工號		考核者維度：（請在相應的框內打「∨」）□直接上級　□間接上級				
考核期間：自 _年_月_日起至 _年_月_日止											
考核等級 考核項目	優秀			良好			合格			需改進		
	15	14	13	12	11	10	9	8	7	6	5	4
1. 責任感 衡量責任承擔及服務理念	責任心強，總是主動提供相關工作的支持，發現問題並能積極尋找處理的方法			有較強的責任心，主動提供相關工作的支持			基本上能承擔責任，能夠提供相關工作的支持			推卸責任，工作敷衍了事		
2. 工作態度 衡量其對工作的興趣、服從性及對主管安排工作的反應	一直保持做事求盡善盡美的動機，認真積極，完成職責			工作認真，能夠接受批評指導，勇於改過，努力克服困難，完成交辦工作			大體而言，對上級的指示能認真執行，執行力一般			對職責內的工作缺乏興趣，對上級安排的工作偶爾不從		

表6-13（續）

3. 團隊精神 與人合作的意願與態度	工作中主動配合，總是能共享資源，與人相處融洽	工作中能主動配合，與人相處融洽	工作中基本上能配合，與人相處偶有紛爭	工作中時常不能配合，難以相處
4. 工作效率 衡量工作的效率及正確性	能主動注意工作時效性，工作的效率及正確度高	不發生工作錯誤，效率及正確性保持在平均水準	職責內的工作大致可如期完成，偶爾有小錯，但能及時糾正	交辦的事情需催促，且常出錯
5. 溝通協調 考查化解問題的能力	善於協調，精通解決問題的要領，溝通疏導能力強	能充分溝通，找到解決問題的辦法，並具成效	基本上能溝通協調，但偶爾也會因協調不力完不成工作	無解決問題的能力，總是協調不善，致使工作發生困難
6. 計劃性 衡量其工作的條理性	有很強的條理性，總是能清晰規劃並完成每一項工作	有較強的條理性，能有序完成各項工作	工作條理性一般，偶爾出現工作無序的狀況	工作無條理性，工作程序混亂
7. 工作品質 衡量工作是否完整、正確	工作精確、完整，有強烈的自我品質要求	工作基本保持正確，有錯及時改正	工作大體令人滿意，偶爾有小錯誤	經常犯錯，工作不細心
8. 成本意識 設備、物料及工具的使用是否合宜	成本意識強烈，能精極節省，時常提出合理的節約成本建議	具備成本意識，並能節省物料，愛惜公物	尚具有成本意識，節省、愛護公物	缺乏成本觀念，稍有浪費，不愛惜設備

綜合評分＝1至8項分數總和/120（小數點後四捨五入）

➤由於工作表現不便於量化，且考核的週期要求比較長，因此在考核時出現誤差的概率比較大，為了使考核更客觀、公正，可以使用關鍵事件法，由員工的直線經理做關鍵事件的記錄。

4. 中層管理者的績效考核

中層管理者的績效考核內容包括績效指標、績效計劃以及工作能力的考核。由於中層管理者需要對部門或團隊的績效指標與績效計劃完成情況負責，在對中層管理者進行個人考核時，可將其與部門或團隊的指標與計劃完成情況關聯在一起，通常的做法有兩種：一是將部門或團隊的指標與計劃考核得分作為中層管理者在指標與計劃完成情況上的得分；二是部門或團隊的指標與計劃考核得分在中層管理者的指標與計劃完成情況考核中占一定權重。

對中層管理者的能力考核內容主要包括組織能力、協調能力、目標達成能力、計劃能力、創新能力、學習能力、培育下屬能力、溝通能力、領導能力等，由於組織的導向不同，在能力考核內容的選擇上有一定的差異。**工作能力**

的考核標準同樣是無法量化的，但需要細化衡量標準。表 6-14 是某企業中層管理者工作能力考核用表。

表 6-14　　　　　　　　　中層管理者能力考核表示例

部門		姓名		崗位名稱		考核維度（請在相應的框畫「√」） □公司領導　□同級　□下級			
考核期間：自 __年__月__日起至__年__月__日止											

考核等級 考核項目	優秀			良好			合格			需改進	
	15	14	13	12	11	10	9	8	7	6	5	4
1. 責任心 考核其是否勇於承擔責任，是否具有服務理念	有高度的事業心和工作責任感，敬業奉獻，勇挑重擔，敢於負責，不計得失，辦事公正，服務意識強			有較強的責任心和工作責任感、敬業、遇事能主動承擔責任。有較強的服務意識			有責任心和工作責任感，具有服務意識			責任心不強，缺少大局意識和服務意識，不思進取，工作敷衍了事，推卸責任	
2. 組織能力 衡量其資源分配、激勵和協調群體活動的能力	工作有計劃，條理清楚，有很強的資源配置和利用能力，善於領導下屬提高工作意識，積極達成目標			工作有計劃，條理清楚，有較強的資源配置和利用能力，能靈活領導下屬順利達成目標			工作有計劃，條理基本清晰，有一定的資源配置和利用能力，尚能領導下屬達成目標			工作缺少計劃，條理紊亂，不能合理配置和利用資源，領導方式不佳，常使下屬不服或反抗	
3. 協調能力 衡量其對上對下的溝通及協作能力	善於上下溝通協調，能很好地與人合作，顧全大局			能上下溝通協調，樂意與人合作，順利完成任務			尚能與人合作，達成工作要求			與人協調不善，致使工作開展較困難	
4. 創新能力 考核其接受新觀念、使用新方法及學習的能力	善於採用新思想、新方法指導和不斷改進工作，善於出點子、出思路			能採用新思想、新方法，工作中能出點子，比較注重改進工作方法			有時學習、接受新思想、新方法，工作能動腦筋，但趨向安於現狀			工作中不愛動腦筋，沒有改進工作的願望	
5. 目標達成能力 衡量工作其目標達成能力	工作仔細，提前或按期完成任務，正確性無懈可擊，工作水準出眾			工作較仔細，能正確、按期完成任務，工作水準較好			一般能正確、按期完成任務，偶爾出現差錯			辦事粗糙，不按期完成任務，經常出現差錯	
6. 工作效率 衡量其時間觀念及解決問題是否準確及時	時間觀念強，解決問題迅速準確，方法合理，時間使用十分有效			時間觀念較強，解決問題較為迅速，時間使用較為有效			時間觀念不強，工作有時需要催促才能完成，時間使用一般			無時間觀念，工作經常需要催促才能完成，時間使用不合理	
7. 廉潔自律 能否帶頭遵守公司各項規章制度	自覺遵守黨紀國法和廉潔自律行為規範，認真落實黨風廉政建設責任制和廉潔從業的各項規定，從無違紀行為			能遵守廉潔自律的行為規範和公司有關的規章制度，能比較自覺地維持工作場所的秩序			基本能遵守公司規章及行為規範			不遵守規章制度和行為規範的事時有發生	
8. 培訓下屬能力 衡量其自我提高及指導下屬的能力	積極傳授工作技能，正確指導下屬，積極支持、參加、開展培訓工作，並能很好培育下屬			有效傳授工作技能，能對下屬進行指導，能夠支持、參加培訓工作			勉強能對下屬的工作進行指導，有時參加培訓			不能對下屬進行有效的指導，對培訓工作不參加、不支持	

綜合評分＝1～8項分數總和/120（小數點後四捨五入）：

考評人其他建議（該項為選填內容）：

6.5.3 考核者的選擇

績效考核由誰來考核？這也是績效考核過程中比較重要的一件事情，考核者太多，既給考核者增加了工作量，也給數據的收集與整理帶來較大的工作量；而如果考核者太少，又怕考核得不準確，漏掉重要信息。

通常對於可以量化的指標考核，哪個部門或崗位能夠直接給出一手的數據，就由哪個部門來考核，在實際操作中，也被稱作為「數據提供部門」。而對於不能直接量化的員工工作表現或工作能力的考核，則需要根據實際情況來確定。一般對於基層員工工作表現的考核，由直接上級、間接上級給予考核即可，如果確實存在較多的橫向合作，部門內的同級可以參與評價。而對於中、高層管理者的工作能力考核可以採用360度的考核，即由中、高層管理者的上級、同級以及下級給予評價，必要時還可以增加外部客戶參與評價。詳見表6-15。

表 6-15　　　　　　　　　不同考核對象的考核者選擇

考核對象		考核內容	考核者的選擇
部門或團隊		績效指標完成情況	一手數據提供部門
		績效計劃完成情況	部門或團隊分管領導 績效管理委員會
員工個人	基層員工	績效指標完成情況	一手數據提供部門
		績效計劃完成情況	員工的直接上級（直線經理）
		工作表現	員工的直接上級（直線經理） 間接上級 必要時可增加同級
	中層管理者	績效指標完成情況	一手數據提供部門
		績效計劃完成情況	分管領導
		工作能力	360度考核
	高層管理者	績效指標完成情況	績效管理委員會
		工作能力	360度考核

當有多個考核者時，應注意不同身分考核者所占的權重，以體現主要管理、次要管理以及協助工作的差異。企業可根據實際的情況設計權重，表6-16為某企業中層管理者工作能力360度考核時權重分配的示例。

表 6-16　某企業中層管理者工作能力 360 度考核時的權重分配示例

考核者 考核維度及權重 被考核者	上級評價：權重 60%		同級評價：權重 25%	下級評價：權重 15%
	分管領導 40%	間接領導 20%		
各部門負責人	直接分管的公司領導	不分管該部門的公司領導	其他部門負責人	所在部門一般員工

6.5.4　績效考核時容易出現的誤差

由於績效考核方法以及考核實施者的多樣性，使績效考核的過程中會出現各種各樣的問題。績效考核的客觀性、可靠性和有效性，主要受以下幾種誤差的影響。

1. 寬厚性誤差

寬厚性誤差導致考核結果呈負偏態分佈，也就是大多數員工被評為優良。究其原因，有幾種可能：①評價標準過低；②主管為了緩和關係，避免衝突和對抗，給下屬過高的評價；③採用了主觀性很強的考核標準和方法；④「護短」心理，為了避免本部門「不光彩」事情的擴散，擔心如果不良記錄人員過多，會「砸牌子」，影響本部門的聲譽；⑤對那些付出很大努力但工作效果不佳的員工進行鼓勵，或希望提高那些薪資水準低的員工的薪酬待遇。

考核過鬆、過寬，容易使低績效的員工滋生某種僥倖心理，持有「蒙混過關」的心態，不僅不利於組織的變革和發展，容易形成狹隘的內部保護主義的錯誤傾向，更不利於促進個人績效的改進和提高，特別容易使那些業績優秀的員工受到傷害。

2. 嚴苛性誤差

嚴苛性誤差導致考核結果呈正偏態分佈，也就是大多數員工被評為不合格或勉強合格。究其原因主要是：①考核標準過高；②懲罰那些難以對付、不服管理的人；③迫使某些有問題的員工辭職，或為有計劃的減員提供有說服力的證據；④壓縮提薪或獎勵人數的比例。

考核過於嚴苛，對組織來說，容易造成緊張的組織氛圍；對個體來說，容易增加工作壓力，打擊員工的士氣和鬥志，降低工作的滿意度，不利於調動員工的主動性、積極性和創造性。

3. 趨中性誤差

趨中性誤差導致考核結果相近，且都集中在某一分數段或所有的員工都被評為「一般」，使被考核者全部集中於中間水準，或者說是平均水準，沒有真正體現員工之間的實際績效的差異。產生這種誤差的原因在於：①考核標準不明確；②考核者對考核標準不理解；③考核者刻意的平均主義。

這種考核結果會造成績效管理的扭曲，出現「好人不好，強人不強，弱者不弱」，某些人的考核結果高於實際績效水準，而某些人的考核結果又低於實際績效水準的現象。

4. 暈輪效應

考核者往往因為被考核者在某一特性上受到很高評價，進而高估被考核者的其他特徵。例如，某個員工總是全勤，考核者就認為他的工作效率也會很高。再比如，某個員工的溝通能力很強，就認為他的團隊精神也很強。

這種誤差主要是由於缺乏明確、詳盡的評價標準，或考核者沒有嚴格按照評價標準進行考核。

5. 個人偏見

考核者在進行考核時，可能對員工的個人特徵，如種族、民族、性別、年齡、性格、愛好等方面存在偏見，或者偏愛與自己行為或人格相近的人，造成考核不公平。例如，有些人不喜歡性格外向的人，有些人認為年輕人工作沒經驗，在考核時就會給他們較低的評價，無論他們的表現多好，分數往往偏低。

產生這種誤差的主要原因是考核者的管理素養欠缺或者缺乏理性的思維。

6. 近期影響效應

考核者在考核過程中受被考核者近期工作表現左右，被考核者在績效考核前的表現影響整個考核週期的考核結果。

這類效應產生的原因主要是欠缺有關績效的信息，左右考核結果的都是被考核者的局部信息（數據資料），信息資料的局部性、片面性制約和影響了績效考核的正確性和準確性。

7. 類似誤差

考核者對與自己具有相似特徵和專長的被考核者給予較高評價，同我者必佳的心態影響考核結果。

這種誤差的產生主要有兩種可能的原因，一是考核者以自我為中心，忽視評價標準，二是考核者本身能力較強，同時又缺乏比較明確而客觀的評價標準。不管是哪種原因都會使員工績效水準得不到客觀、真實的反應。

8. 相比誤差

如果部門裡有一名員工表現特別優秀，那麼考核者評分時，會自然而然將其他人與他進行比較，導致其他員工的考核分數偏低。

產生這種誤差的原因主要是缺少具體、明確的評價標準，或者缺少被考核者的關鍵業績或關鍵行為表現的詳實數據資料，使得考核者在考核員工時沒有可以參照的考核依據。

9. 人際關係化傾向

把被考核者與自己的關係好壞作為考核的依據，或作為拉開考核檔次的重要因素，或把考核作為打擊報復的工具。

產生這種現象的主要原因在於：一是考核者的個人素養差，缺少作為管理者應有的自律；二是企業對於考核的監控不夠，沒有及時發現存在的問題；三是被考核者缺少可以申訴的渠道。

為了減少誤差，可以針對誤差產生的原因，採取相應的方法與手段。表6-17列出了克服以上各種誤差的主要方法。

表6-17　　　　　　　常見的考核誤差及其克服的方法

誤差	現象	克服誤差的方法
寬厚性誤差	大多數員工被評為優良	強制正態分佈
嚴苛性誤差	大多數員工被評為不合格或勉強合格	
趨中性誤差	所有員工的考核結果相近，且都集中在某一分數段	◇強制正態分佈 ◇對比法
暈輪效應	考核者往往因為被考核者在某一特性上受到很高評價，進而高估其他特徵	◇參考員工的工作日誌 ◇參考主管對關鍵事件的記錄
個人偏見	考核者對員工個人特徵的偏見影響考核結果	◇嚴格執行KPI考核 ◇臨近考核時將偏見項一一列出，以提醒自己盡量避免這種思維定式
近期影響效應	被考核者近期工作表現影響了整個考核結果	◇以客觀數據作為考核依據 ◇參考主管對關鍵事件的記錄
類似誤差	考核者對與自己具有相似特徵和專長的被考核者給予較高評價	◇參考員工的工作日誌 ◇參考主管對關鍵事件的記錄

表6-17(續)

誤差	現象	克服誤差的方法
相比誤差	如果部門裡有一名員工表現特別優秀，考核者以此為參照導致其他考核者的考核分數偏低	◇嚴格執行KPI考核 ◇參考主管對關鍵事件的記錄
人際關係化傾向	把被考核者與自己的關係好壞作為考核的依據	◇建立員工申訴制度 ◇以客觀績效標準為依據 ◇二級考核監督

6.6 績效考核結果的應用

說到績效考核結果的應用，大家首先想到的是績效獎金，但實際上績效考核結果的應用遠不止這麼狹窄，績效考核的結果主要應用於績效改進、員工培訓、人才選拔、薪酬管理、員工分析等方面。

6.6.1 應用於績效改進

通過績效考核，發現了實際工作成果與目標之間的差距，或者是超出了預期的目標，直線經理應將考核結果正面反饋給下屬。對於做得好的，直線經理應與下屬共同分享經驗，必要時可以提煉好的固化方法及過程，以便繼續實現更好的績效水準。對於做得不好的，有一定差距的，直線經理應與下屬共同分析原因，找到哪些是可以控制而沒有控制的，哪些是還可以提高的，還有哪些資料沒有利用，還有哪些潛力沒有挖掘等，對於員工自身來說，還需要提升哪些能力，以便下一個績效週期可以有所改進。

1. 為員工的績效改進指導做足準備

對員工績效改進的指導是一個持續的過程，因此，管理者需要做一個「有心人」，在日常管理中，通過適當途徑，收集員工績效的數據和信息，為員工績效改進的指導服務。通常管理者可從以下方面獲得必要的信息。

➤對照崗位說明書、績效指標、績效計劃檢查員工的工作進展，考察工作過程或工作成果是否與目標達成相一致。

➤通過走動式管理，到工作現場進行日常觀察或者與員工進行非正式的溝通瞭解工作方面的信息。

➤從員工的同事那裡獲得有關信息。

> 檢查工作結果的質量與數量是否符合相關要求。
> 通過周報、月報、季報或年報,分析存在的問題。
> 關注員工服務對象的投訴和滿意度。
> 匯總與員工定期會談的有關資料和記錄。

2. 制訂績效改進計劃

當一個比較完整的考核週期過去之後,就需要針對存在的問題制訂績效改進計劃,因此一般半年度或一年制訂一次績效改進計劃,但對改進計劃的實施檢查卻應根據實際需要設定時間週期,可以是月度、季度、半年度或年度。另外,如果員工發生了重大的影響績效事件,可以圍繞該事件做一個單項的改進計劃。表 6-18 是某企業的績效改進計劃用表。

表 6-18　　　　　　　某企業績效改進計劃用表示例

部門		姓名		直接上級	
存在問題描述(或績效目標差距描述):					
績效改進描述				績效改進的檢查評價	
序號	改進內容	結果檢驗標準	檢查時間	檢查自評	上級評價
員工計劃確認:　　年　月　日			直接上級確認:　　年　月　日		
績效改進的綜合評價:					
			直接上級確認:　　年　月　日		
員工簽字確認:　　年　月　日					

6.6.2　應用於員工培訓

1. 應用於員工培訓計劃的制定

通過績效考核的結果可以發現人員培訓和開發的需要,一方面,由直線經理將員工的實際考核結果與崗位要求比較,發現員工在某方面存在不足而導致不能勝任工作,就可提出相關的培訓需求與建議;另一方面,員工可以在績效改進計劃中提出培訓的需求。另外,企業也可以對未來的變化進行考慮,當績

效考核結果顯示員工不具備未來發展所需要的技能或知識時，對員工進行開發是常見的選擇。

2. 應用於員工培訓效果的評估

績效考核的結果還可以運用於對培訓的效果進行評估，一般可以採用效益差額法來分析。首先，找出影響培訓效益的因素，將其分解為一些具體的指標，找出這些指標與培訓效益之間的關係表達式；然後通過測量這些指標計算培訓效益的值。

在分析時可以使用公式：$B = T \cdot N \cdot (X_t - X_0) - N \cdot C$。式中，各要素的意義如下：

- B 為員工整個培訓活動的淨收益。
- T 為培訓將產生效益的時間。
- N 為受訓者的數量。
- X_t 為受訓後的平均工作績效。
- X_0 為受訓前的平均工作績效。
- $X_t - X_0$ 為員工受訓前後平均工作績效的變化水準。
- $T \cdot N \cdot (X_t - X_0)$ 為培訓 N 名員工所能夠獲得的總收益。
- C 為人均培訓成本。
- $N \cdot C$ 為培訓活動的總成本。

在這個公式中，X_t 與 X_0 是兩個最關鍵的要素。在績效考核方法科學、有效，並且其他外部因素沒有發生變化（包括生產技術的變化、員工個人情況的變化等）的前提下，收益能夠直接通過培訓前後績效考核結果的差異表示出來。

6.6.3 應用於人員調配

通過績效考核可以發現優秀的、有發展潛力的員工。對於在潛力測評中表現出特殊的管理才能的員工，可以進行積極的培養和大膽的提拔。這種培養還包括在各個職位之間的輪崗，培養其全面的業務能力並熟悉組織的運作為其今後在部門間的交流與協調做好準備。同時，員工績效考核的結果是橫向的工作輪換的依據。如果員工績效考核的結果總是不盡人意，經過反覆的績效改進計劃也不能有效提升，說明員工無法勝任現有的工作崗位，就需要查明原因，並果斷地調整崗位，安排到他能夠勝任的崗位。績效考核應用於人員調配的幾種情況如圖 6-18 所示。

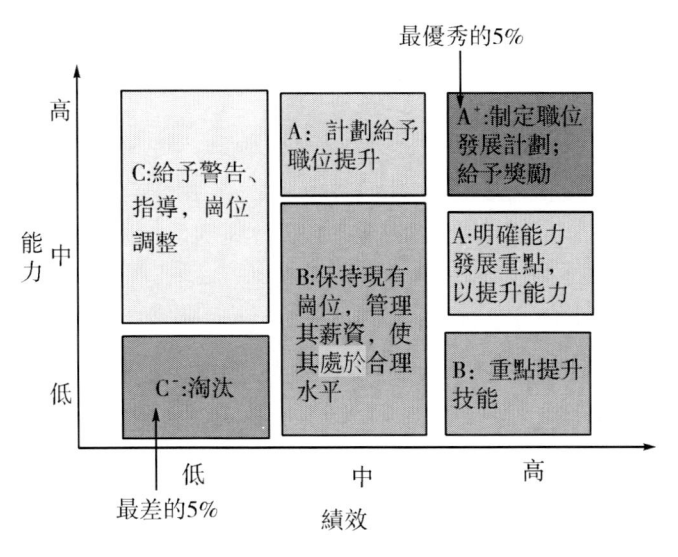

```
         最優秀的5%
高
    ┌─────────┬─────────┬─────────┐
    │         │         │A⁺:制定職位│
    │C:給予警告、│A：計劃給予│發展計劃；│
    │指導，崗位 │職位提升  │給予獎勵 │
能  │調整      │         │         │
    ├─────────┼─────────┼─────────┤
中  │         │B:保持現有│A:明確能力│
力  │         │崗位，管理│發展重點，│
    │         │其薪資，使│以提升能力│
    │         │其處於合理│         │
    │         │水平     │         │
    ├─────────┼─────────┼─────────┤
低  │  C⁻:淘汰 │         │B：重點提升│
    │         │         │技能     │
    └─────────┴─────────┴─────────┘
         低        中        高
     最差的5%    績  效
```

圖 6-18 績效考核結果應用於人員調配

6.6.4 應用於薪酬管理

績效考核結果應用於薪酬管理，主要有三種方式，一是應用於獎金或者績效獎勵的分配，二是應用於員工固定薪酬的調整，三是應用於福利的物質激勵。

1. 應用於獎金或績效獎勵的分配

當績效考核結果應用於獎金或績效獎勵的分配時，可以包括月度績效獎勵、季度績效獎勵以及年度績效獎勵的分配。這時需要考慮的是組織績效、團隊績效以及個人績效之間如何協調地體現在員工的績效獎勵分配中。

案例：某企業在薪酬制度中，設計了這樣的員工月度績效工資以及年度績效工資。

①員工月度績效工資（MP）＝員工月度績效考核系數（MR）×部門月度績效考核系數（DMR）×員工月度績效工資基數（MB）。

其中：員工月度績效考核系數（MR）＝員工月度績效考核得分÷95

部門月度績效考核系數（DMR）＝部門月度績效考核得分÷95

員工月度績效工資基數（MB）＝員工崗位工資×80%。

②員工年度績效工資（YP）＝員工年度績效考核系數（YR）×部門年度績效考核系數（DYR）×員工年度績效工資基數（YB）。

其中：員工年度績效考核系數（YR）＝員工年度績效考核得分÷95

部門年度績效考核系數（DYR）＝部門年度績效考核得分÷95

員工年度績效工資基數（YB）＝員工崗位工資×20%×12×年度產量計劃完成率。

2. 應用於員工固定薪酬的調整

根據員工績效考核的結果，對員工的薪酬實施動態管理。這時，一般應用的是一年或者一年以上績效考核的結果。需要注意的是，在實施薪酬動態管理時，應考慮提高和降低，而不是只提高不降低。

案例：某企業在薪酬制度中提出如下的薪酬縱向發展的方式。

▷年度績效考核結果為「優秀」的員工，可在相應職等內晉升一個薪級，從次年起開始執行。

▷連續兩年的年度績效考核結果為「良好」的員工，可在相應職等內晉升一個薪級，從次年起開始執行。

▷當員工薪級處於所在職等的最高薪級，並連續兩年的年度績效考核結果為「優秀」時，則可晉升一個職等，即執行上一職等的最低薪級，同時，交通補貼、電話補貼與晉升後的職等對應。

▷年度績效考核結果為「需改進」的員工，在相應職等內下調一個薪級。

▷若員工崗位工資已經處於所在職等的最低薪級，且連續兩年的年度績效考核結果為「需改進」，則下調至下一職等的最高薪級，同時，交通補貼、電話補貼與下調後的職等對應。

3. 應用於福利的物質激勵

在績效考核結果應用於福利的物質激勵時，可以根據企業的實際情況設計不同的獎勵措施，比如，對於績效考核優秀或者卓越的員工，給予額外的休假獎勵，並給予報銷度假費用，如果企業財力允許，還可以獎勵其帶上家人，報銷費用。再比如，給績效考核優秀或卓越的員工提供培訓或進修的機會，為後續的提拔做準備等。

6.6.5 應用於員工分析

將員工的績效考核結果記錄並保存下來，對較長一段時間內員工的績效考核結果做統計分析，可以比較系統地分析員工的績效發展趨勢。圖 6-19 是某企業甲、乙、丙三個員工 24 個月的績效考核數據，從圖中數據分析可以發現，甲員工的績效一直是上升趨勢，而且是穩定上升，但一開始該員工的績效並不理想，這時可以根據甲員工的具體情況分析，其績效一開始為什麼不理想，又為什麼能夠不斷提升；乙員工的績效波動比較大，時好時差，這時就需要根據

乙員工的實際情況分析其績效波動的原因，是工作任務的原因還是其本身工作態度、工作能力的原因；丙員工的績效卻是一直往下降的趨勢，是什麼原因造成了這樣的情況，是該員工不能勝任現在的工作，還是有其他的原因。通過這樣的量化分析，在與員工進行績效溝通或指導其制訂績效改進計劃時，直線經理可以更有針對性，更加有的放矢。

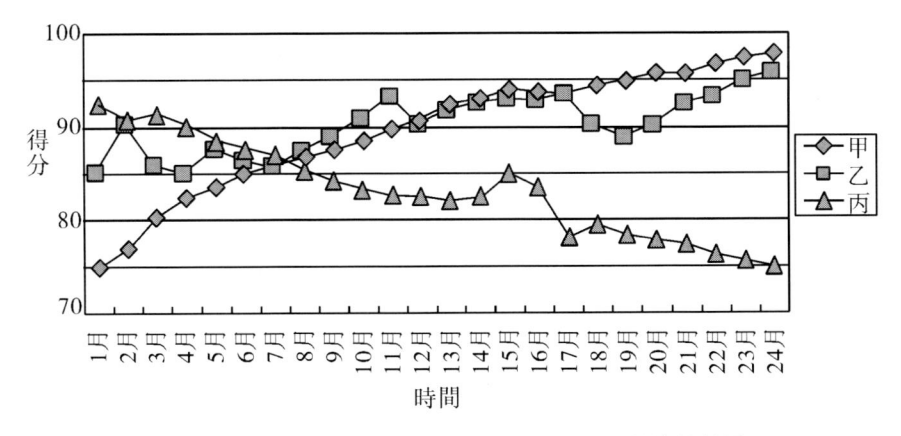

圖 6-19　某企業 3 個員工 24 個月的績效考核數據統計圖

6.7　績效管理體系設計

績效管理體系包括組織戰略、績效指標庫、績效管理工具表單、各部門各層級的績效管理制度、績效管理評審與改進等內容。績效管理體系的設計步驟如圖 6-20 所示。

1. 組織戰略分析

一是分析組織的內部環境，包括組織意願、戰略、價值觀、企業文化以及現有的績效管理活動與人力資源管理政策的匹配情況和薪酬制度等。分析的內容是分析企業目標與績效管理目標及其之間的關係，即企業戰略目標是什麼，企業的關鍵績效如何界定，誰來實現這些關鍵績效，企業期望與員工達成什麼樣的績效契約或認同。設計的績效管理體系在近期及中長期要達到的目的是什麼，例如企業是為了吸引、保留、激勵、控制員工，還是為了其他目的。企業能否以所希望的方式衡量績效並設計相應的報酬制度，員工能否認識到績效與報酬的關係。分析績效管理對員工行為會有什麼影響，是對現有行為的強化還是激發了新行為等。

```
┌──────────────┐    ┌─────────────────────────────────────────────┐
│ 組織戰略分析  │    │ ◇內部環境分析，包      ◇外部環境分析，包      │
│              │    │  括組織願意、戰略、     括競爭對象、行業發     │
│              │    │  價值觀、企業文化       展趨勢、技術變化等    │
└──────┬───────┘    └─────────────────────────────────────────────┘
       ▼
┌──────────────┐    ┌─────────────────────────────────────────────┐
│ 建立績效指   │    │ ◇分解組織目標          ◇設計部門績效指標庫  │
│   標庫       │    │ ◇分解部門目標          ◇設計崗位績效指標庫  │
└──────┬───────┘    └─────────────────────────────────────────────┘
       ▼
┌──────────────┐    ┌─────────────────────────────────────────────┐
│ 績效管理工具 │    │ ◇部門績效管理各種表單  ◇各層級員工考核量表  │
│   設計       │    │ ◇崗位績效管理各種表單  ◇績效管理流程        │
└──────┬───────┘    └─────────────────────────────────────────────┘
       ▼
┌──────────────┐    ┌─────────────────────────────────────────────┐
│ 績效管理制度 │    │ ◇績效管理組織體系      ◇員工績效管理制度    │
│   設計       │    │ ◇部門績效管理制度      ◇績效申訴制度        │
│              │    │ ◇中層管理者績效管理制度 ◇績效檔案管理制度  │
└──────┬───────┘    └─────────────────────────────────────────────┘
       ▼
┌──────────────┐    ┌─────────────────────────────────────────────┐
│ 績效管理體系 │    │ ◇績效管理體系宣傳                            │
│   運行       │    │ ◇相關人員培訓                                │
└──────┬───────┘    └─────────────────────────────────────────────┘
       ▼
┌──────────────┐    ┌─────────────────────────────────────────────┐
│ 績效管理運行 │    │ ◇績效管理制度執行情況評估                    │
│   評審       │    │ ◇績效管理效果評估                            │
└──────────────┘    └─────────────────────────────────────────────┘
```

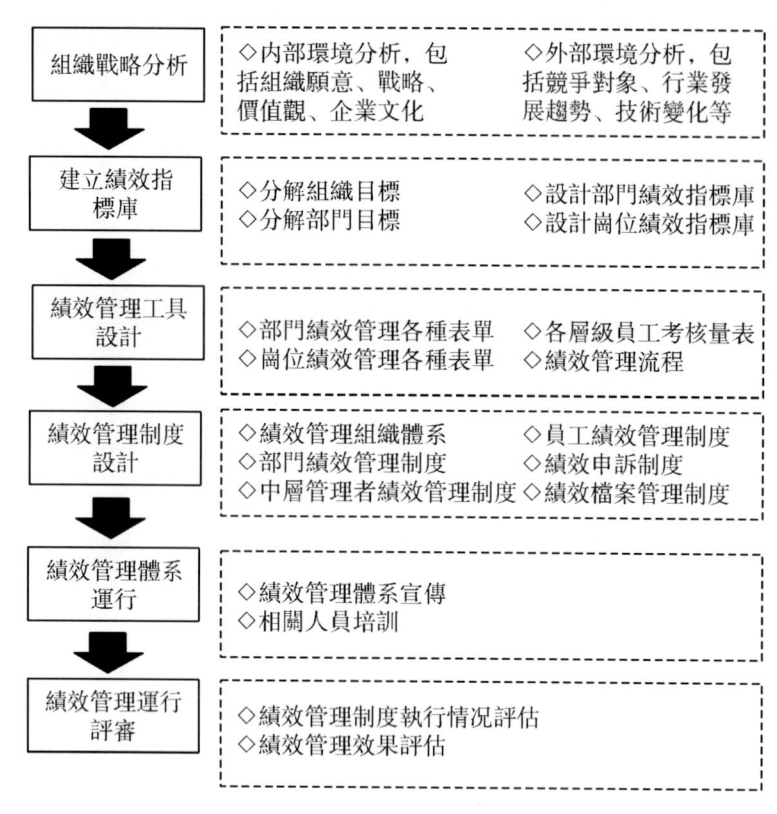

圖 6-20　績效管理體系設計的步驟

二是分析企業的外部環境，包括競爭對象、行業發展趨勢、技術變化等。分析的內容是分析企業正處於經營週期中的哪一個階段，未來將如何變化，面臨的機遇與挑戰是什麼，如何通過績效管理來應對未來的挑戰。

2. 建立績效指標庫

在組織戰略分析的基礎上，明確了企業的近期以及中長期發展目標後，就需要分解組織目標形成專業或部門目標，再進一步分解到崗位。同時，結合部門職責與崗位說明書，構建部門的績效指標庫以及崗位的績效指標庫。通常對高層、中層以及基層員工個人實施考核的關鍵績效指標來源於績效指標庫。因此，當組織的戰略發生變化以後，需要對企業的績效指標庫進行適時的更新與修改。圖 6-21 展示了從戰略目標、到關鍵績效指標的分解過程。

3. 績效管理工具設計

績效管理的工具包括部門績效管理的各種表單、崗位績效管理的各種表單、各層級員工的考核量表以及績效管理的流程。表 6-19 列出了某企業使用

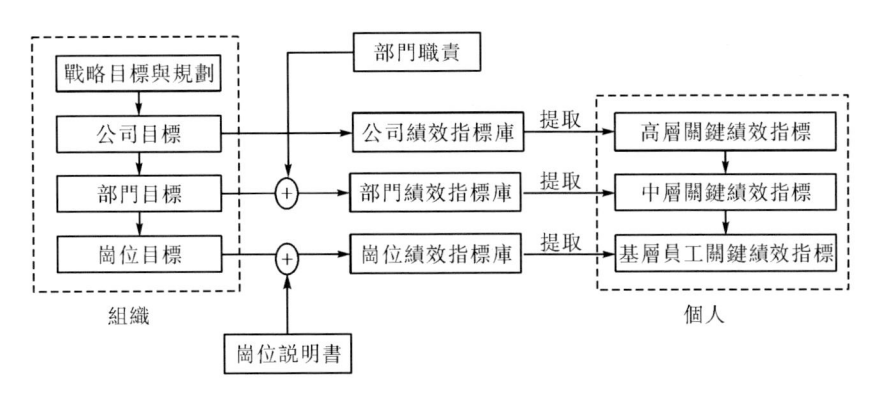

圖 6-21　從戰略目標到關鍵績效指標的分解過程

的績效管理工具表單名稱。雖然績效管理的工具表單是績效管理制度文件的一部分，但這些流程或表單又相對獨立，在實際的操作中，這些流程與表單對績效管理的日常工作有重要的作用。

表 6-19　　　　　　　某企業使用的績效管理工具示例

屬性	表單名稱
部門績效管理工具	年度績效目標分解表 績效目標年中檢視表 年度績效目標考核表 部門績效計劃/考核表 部門月度績效考核得分匯總表 績效指標更新維護申請表
員工績效管理工具	中層管理者年度考核自評表 中層管理者個人年度績效匯總表 員工月度績效考核記錄表 員工月度考核匯總表 員工個人年度績效匯總表 員工績效申訴表
員工的考核量表	中層管理者能力考核量表 員工工作表現考核量表
績效管理流程	年度績效目標管理流程 部門績效計劃管理流程 績效指標更新維護流程 中層管理者年度績效考核流程 員工績效管理流程

4. 績效管理制度設計

績效管理制度是績效管理體系的核心，主要包括績效管理組織體系、部門

績效管理制度、中層管理者績效管理制度、基層員工績效管理制度、績效申訴制度、績效檔案管理制度等。

(1) 績效管理組織體系

績效管理是一項全員參與的工作，從企業最高層到最基層的員工都需要參與其中才能達到好的效果，而不是單一部門或單一個人的事情。圖6-22描述了績效管理中組織成員的角色定位。其中，績效管理委員會主要由企業的中高層管理者、人力資源部、員工代表構成。

◇審定績效管理政策
◇審議年度經營目標
◇審議考核結果
◇審議員工申訴

高層管理者

◇政策制定
◇明確年度經營目標
◇對直接下屬進行績效輔導
◇實施考核
◇結果反饋

績效管理委員會

績效管理中的角色定位

人力資源部

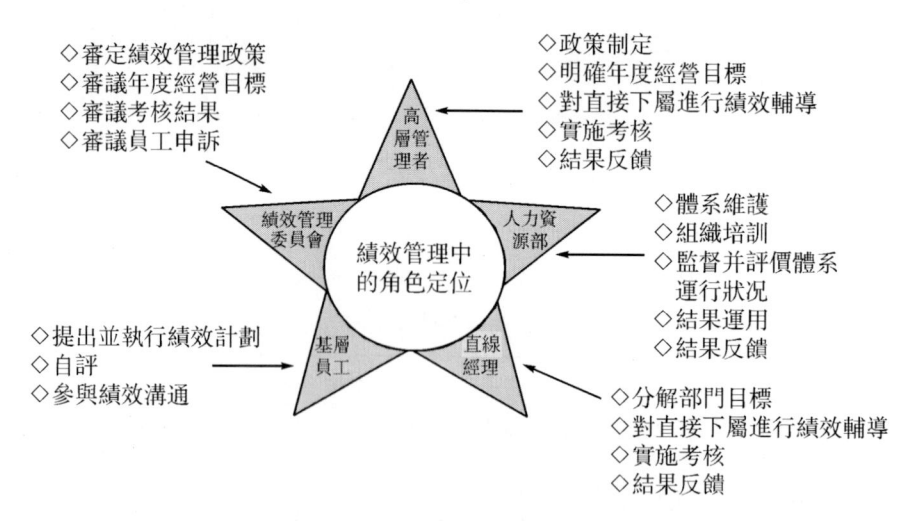

◇體系維護
◇組織培訓
◇監督并評價體系運行狀況
◇結果運用
◇結果反饋

◇提出並執行績效計劃
◇自評
◇參與績效溝通

基層員工

直線經理

◇分解部門目標
◇對直接下屬進行績效輔導
◇實施考核
◇結果反饋

圖6-20　績效管理中的角色定位

(2) 部門績效管理制度

部門績效管理制度應規定以下內容。

➤部門績效管理的內容。

➤年度績效目標管理，包括年度績效目標分解、年度績效目標考核、考核標準以及目標責任書的簽訂等。

➤績效計劃管理，包括績效計劃制訂的流程，時間節點，績效計劃考核的流程以及績效計劃考核標準。

➤績效考核結果應用，包括績效計劃考核結果的應用以及年度目標考核結果的應用方式等。

(3) 中層管理者績效管理制度

中層管理者與基層員工的績效管理制度都是對員工層面的管理，但通常會將中層管理者與基層員工績效管理兩個制度分開，因為中層管理者的績效管理內容與基層員工績效管理的內容有較大的差異，且中層管理者的考核需要與部

門掛勾。在制度規定方面一般包括以下內容。

➢中層管理者月度績效考核的內容：中層管理者月度績效考核內容通常包括部門月度績效計劃完成情況如何與其個人績效考核掛勾、個人出勤情況以及違反公司規定的考核。

➢中層管理者年度績效考核的內容：中層管理者年度績效考核的內容通常包括部門年度績效目標完成情況如何與其個人的年度績效考核掛勾、中層管理者本人能力考核的流程以及能力考核等。

➢中層管理者績效考核得分計算方法：包括月度績效考核得分計算及年度績效考核得分計算等。

➢中層管理者績效考核結果應用。

（4）基層員工績效管理制度

基層員工績效管理制度應規定以下內容。

➢基層員工月度績效考核的內容與考核方式：基層員工月度績效考核內容通常包括出勤考核、計劃或指標完成情況考核以及違反公司規定的考核等。

➢基層員工年度績效考核的內容與考核方式：基層員工年度績效考核內容通常包括年度績效指標完成情況考核、個人表現考核等。

➢得分計算方法：包括月度績效考核得分計算以及年度績效考核得分計算的方法。

➢考核結果的應用。

（5）績效申訴制度

當員工對績效考核結果不認可時，可以提出申訴。通常由人力資源部處理員工申訴。當員工提出申訴時，需要開展如下工作。

➢調查事實：與申訴涉及的各方面人員核實員工申訴事項。

➢協調溝通：在瞭解情況、掌握事實的基礎上，與申訴雙方當事人進行溝通，探討解決方案。

➢提出處理意見：在綜合各方面意見的情況下，對申訴所涉及事實進行認定，確認在績效考核中是否存在違反公司規定的行為，提出處理意見。

➢落實處理意見：將事實認定結果和申訴處理意見反饋給申訴雙方當事人，並督促落實處理意見。

（6）績效檔案管理制度

員工績效檔案管理制度一般應規定以下內容。

➢績效檔案的存放地點及時限規定。在績效管理的全過程建立並保存相關績效資料、檔案，不同的績效檔案資料存放的地點與時限應做詳細規定。

➢保密規定：對績效檔案應有具體的保密規定，通常績效管理委員會及員工的直線經理可查閱員工績效檔案；員工可查閱自己的績效檔案；其他人員如因工作需要查閱檔案，須經員工的直屬上級或績效管理委員會同意。

➢檔案銷毀：對於超過保存時限的績效管理檔案資料，由指定部門統一組織銷毀。

5. 績效管理體系運行

一方面，績效管理體系是全員參與的一項管理活動，另一方面，績效管理涉及較多的理念、技術與方法，因此在績效管理體系運行前以及運行的過程中，都需要對相關人員進行體系的宣貫與培訓。宣傳貫徹的內容主要是績效管理的理念、績效管理體系包括的績效管理工具表單、流程以及各項制度，宣傳貫徹的對象應該是組織的全體人員。同時，企業需要對相關操作人員，特別是直線經理進行績效目標分解、績效計劃制訂、績效溝通、績效考核等方法與技術的培訓，使他們熟練掌握績效管理的操作細則。

6. 績效管理體系運行評審

通過對績效管理體系運行情況的評審，可以發現績效管理各項活動在執行過程中存在的問題，並及時予以糾正，提高績效管理體系的效率。

評審檢查依據：評審的依據包括企業戰略規劃、經營目標、目標責任書、績效管理流程、績效管理制度。

評審週期：在績效管理建立時間不長，或做了較大幅度調整的情況下，評審週期應較短，半年或一年一次；在績效管理體系的使用比較成熟的情況下，評審週期可以兩年一次。

評審組織體系：評審可以有兩種方式進行，一是由企業自行開展評審，通常由人力資源部牽頭，由企業的高層管理者代表、企業內績效管理工作執行較好的部門負責人以及員工代表，共同組成評審小組。二是可以聘請外部專家組成評審小組，這種方式可以使評審更客觀、更徹底，也更容易發現深層次的問題。

評審結果處理：對於在評審中發現的不符合項，應通知相關部門或個人實施整改，並在下一次評審時檢查整改落實情況。

後記

　　成書之際,不勝感慨,本書凝聚了筆者十多年的管理諮詢實踐經驗,整個寫作過程既是對過去工作累積內容的梳理,也是再一次深入、系統的學習與研究。正好看到朋友圈裡一位企業家的感慨「人人都在說宏觀的、模糊的、表面的東西,人人都恐懼談到微觀的、準確的、深層次的問題」,對此深有同感。企業管理是一件很微觀的事情,也是一件需要長期地不斷堅持才能看見效果的事情。總是有人將「經營」與「管理」對立起來,討論是「經營」重要,還是「管理」重要,事實上,我們需要將二者融合與滲透,企業的不同發展階段,二者的重要性略有差異,但不能顧此失彼。

　　值得慶幸的是,很多企業家已經意識到了企業管理的重要性,正在不斷推動企業管理的標準化、規範化、信息化、量化與細化,對標國際上的先進管理模式。

　　最後,要特別感謝資深的諮詢顧問張權林、光耀華、馬力平、何筆、劉硯儀等,我們在一起碰撞出了管理諮詢的火花,提升了管理實踐的能力。感謝所有在我的管理諮詢實踐中給予過我支持、幫助的企業家朋友以及企業管理者們。

國家圖書館出版品預行編目（CIP）資料

量化與細化管理實踐 / 文革 著. -- 第一版.
-- 臺北市：財經錢線文化, 2019.10
　　面；　　公分
POD版

ISBN 978-957-680-359-8(平裝)

1.企業管理 2.績效管理

494　　　　　　　　　　　　　　　　108016338

書　　名：量化與細化管理實踐
作　　者：文革 著
發 行 人：黃振庭
出 版 者：財經錢線文化事業有限公司
發 行 者：財經錢線文化事業有限公司
E-mail：sonbookservice@gmail.com
粉 絲 頁：　　　　　　網　址：
地　　址：台北市中正區重慶南路一段六十一號八樓 815 室
8F.-815, No.61, Sec. 1, Chongqing S. Rd., Zhongzheng
Dist., Taipei City 100, Taiwan (R.O.C.)
電　　話：(02)2370-3310 傳　真：(02) 2370-3210
總 經 銷：紅螞蟻圖書有限公司
地　　址：台北市內湖區舊宗路二段 121 巷 19 號
電　　話:02-2795-3656 傳真:02-2795-4100　網址：
印　　刷：京峯彩色印刷有限公司（京峰數位）

　本書版權為西南財經出版社所有授權崧博出版事業股份有限公司獨家發行電子書及繁體書繁體字版。若有其他相關權利及授權需求請與本公司聯繫。

定　　價：550元
發行日期：2019 年 10 月第一版
◎ 本書以 POD 印製發行

◆崧博出版　◆崧燁文化　◆財經錢線

最狂
電子書閱讀活動

活動頁面

即日起至 2020/6/8，掃碼電子書享優惠價　**99/199元**